核电厂维修人员通用技能培训教材

电气维修

中核核电运行管理有限公司　组织编写

中国原子能出版社

图书在版编目（CIP）数据

核电厂维修人员通用技能培训教材．电气维修 / 中核核电运行管理有限公司组织编写．—北京：中国原子能出版社，2020.11（2024.7 重印）

ISBN 978-7-5221-0957-2

Ⅰ．①核… Ⅱ．①中… Ⅲ．①核电厂-电气设备-维修-技术培训-教材 Ⅳ．①TM623.7

中国版本图书馆 CIP 数据核字（2020）第 192087 号

核电厂维修人员通用技能培训教材　电气维修

出版发行 中国原子能出版社（北京市海淀区阜成路 43 号　100048）
责任编辑 刘东鹏
装帧设计 赵　杰
责任校对 冯莲凤
责任印制 赵　明
印　　刷 中煤（北京）印务有限公司
经　　销 全国新华书店
开　　本 787 mm×1092 mm　1/16
印　　张 17
字　　数 425 千字
版　　次 2020 年 11 月第 1 版　2024 年 7 月第 2 次印刷
书　　号 ISBN 978-7-5221-0957-2　　**定　价　120.00 元**

网址：http://www.aep.com.cn　　**E-mail：atomep123@126.com**
发行电话：010-88828678

核电厂维修人员通用技能培训教材

电气维修

编审委员会

主　任　邹正宇

副主任　朱晓斌　刘崇都　吴炳泉　董军成

委　员　王孔钊　王晓波　方幼君　卢才华
叶丹萌　朱　磊　孙国忠　李厚文
吴小海　吴明亮　邹俊磊　张世敏
周瑞东　郑建华　费志松　徐宏明
盛建华　韩光辉　蒲晓彬　樊鹏飞

编　者　王　波　王　琳　王瑞青　邓胚强
叶红枫　师　伟　刘驰程　刘　鹏
李　平　李　伟　李　强　杨忠友
杨建明　邱立伟　邹　平　易非凡
岳新晖　冒　杰　施凯华　贾小强
贾良博　徐　明　徐佳杰　唐芳轩
魏彦勋　金国强

审　者　卫毓卿　方幼君　卢才华　包彦省
冯勇胜　朱　磊　孙国忠　李嘉敏
余前军　陈景荣　金国强　胡思光
贾小强　钱厚军　唐元琦　黄水养
韩光辉

出版前言

为保障入职核反应堆维修新员工获得应对正常工况和紧急情况所需的基本工作技能和技术水平，在中核核电维修管理有限公司的指导下，中核核电运行管理有限公司维修领域各处室和技能培训处在完成维修通用技能培训科目编制和教学实施工作的基础上，继续推动了《维修通用技能培训教材》电气合订本的出版工作。

《维修通用技能培训教材》电气合订本中所有科目于2014年中核核电运行管理有限公司各维修处室与技能培训处合力制定并编制完成。2015年开始面向维修领域新员工在入厂培训后进行教学实施，并纳入中核核电运行管理有限公司各维修处室的岗位培训清单。《维修通用技能培训教材》电气合订本的所属科目在维修领域的新员工技能培训工作中起到了"提高维修技能水平、保障机组安全生产"的作用。为了更好发挥维修通用技能培训教材的作用，配合核电厂维修领域工作的顺利有序开展，便于培训部门有效地组织培训，正确引导学员通过培训、学习，提高自身素质和能力，中核核电运行管理有限公司技能培训处组织印刷出版《维修通用技能培训教材》电气合订本。

《维修通用技能培训教材》电气合订本内容紧扣维修领域新入职员工所迫切需要掌握的基本电气维修相关技能；通过对核电厂共性通用电气设备知识学习和基本操作技能演练，从而达到可以对核电厂电气设备进行辨识；通过对核电厂共性电气设备基本操作演练，正确认识岗位上电气设备的基本操作方法，进而具备核电厂电气维修人员对现场设备检修的基本能力。

《维修通用技能培训教材》电气合订本包含10个部分，10个部分涵盖核电厂共性通用电气设备的理论知识和基本操作技能。由技能培训处统编，其中第一部分　低压配电盘检修由王琳、李平、邓胚强负责编写，第二部分　发变组保护维修由冒杰负责编写，第三部分　干式变压器预防性维修和试验由杨忠友、易非凡、岳新晖负责编写，第四部分　中压断路器维修由叶红枫、李强负责编写，第五部分　中压接触器柜维修由刘驰程、金国强负责编写，第六部分　GUTOR 充电器维修由徐明、师伟负责编写，第七部分　GUTOR 逆变器维修由王瑞青、师伟负责编写，第八部分　阀门电动装置维修由徐佳杰负责编写，第九部分　6 kV 厂用电综合保护及二次回路维修由魏彦勋负责编写，第十部分　低压三相异步电动机检查维护由岳新晖负责编写。内容均涵盖核电厂工艺系统中涉及维修管辖的共性化电气设备基本维修技能。

《维修通用技能培训教材》电气合订本的编制出版，凝聚着编、审、校、排、印及组织管理人员的大量辛勤劳动和心血，同时得到了中核核电运行管理有限公司等相关单位的大力支持和热情帮助，在此表示深深地谢意！

《维修通用技能培训教材》电气合订本中如有不妥之处，恳请批评指正。

中核核电运行管理有限公司

目　录

第一部分　低压配电盘检修

第二部分 发变组保护维修

第三部分　干式变压器预防性维修和试验

第四部分 中压断路器维修

第五部分 中压接触器柜维修

第六部分 GUTOR 充电器维修

第七部分　GUTOR 逆变器维修

第八部分 阀门电动装置维修

第九部分 6 kV 厂用电综合保护及二次回路维修

第十部分 低压三相异步电动机检查维护

第一部分　低压配电盘检修

第一章　配电盘应知应会

1.1　配电盘结构原理

低压配电盘 MNS 系统，是经过形式试验的组合式低压开关柜(简称 TTA)，整体外观图和结构图如图 1-1 和图 1-2 所示。

图 1-1　MNS 型配电盘整体外观图

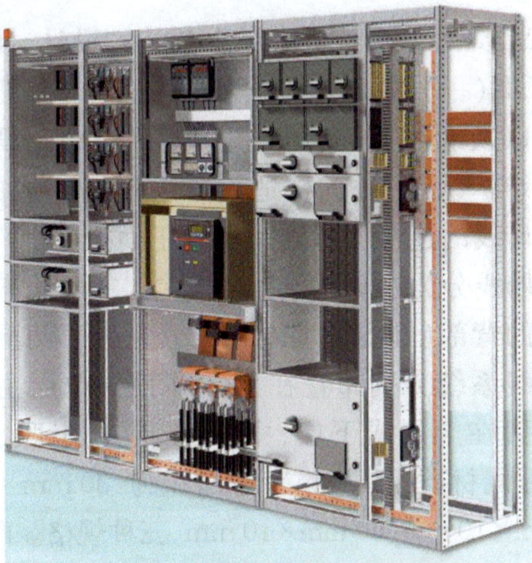

图 1-2　MNS 型配电盘结构图

1.1.1　配电柜框架

开关柜由独立的单柜通过螺栓连接成一体，框体如图 1-3 所示。柜体的底部由前后面以 3 毫米覆铝锌的钢片牢固焊接板组合制成，每一个配电柜均通过把水平与垂直的 C 型骨架用螺栓精确拼接而成，利用拴接和压板设计形成一个牢固的结构。

C 型骨架根据德国工业标准 43660 间隔 25 mm 冲孔，以 2 mm 厚高强度、不锈覆铝锌钢板制成。所有的框架部件以螺纹成型自攻螺丝锁紧，配电柜框架为模块式设计，仅改变隔室分隔板的位置即可随意摆列功能单元，顶部骨架带有吊耳。

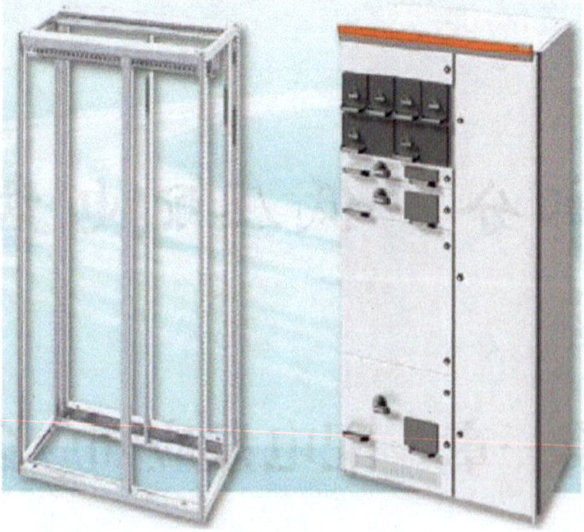

图 1-3 配电盘的框架

1.1.2 母线

铜质母线根据德国工业标准制造而成，开关柜后部的独立母线室内可安装 3 相或 4 相水平母线，MNS 可以使用安装在这一母线隔室上下两层的两个母线系统，配电盘母线如图 1-4 所示。

MNS 母线系统具有一个独特的设计，使用涂有 ESLOK(一种乐泰型化合物)的螺栓、圆锥形弹簧垫圈以及螺纹板，利用扭矩扳手拉紧，此设计已通过免维护认证，并同样适用于在现场完成的互连，所有母线的连接均从开关柜的正面操作。

母线分为主母线和配电母线，主母线布置在开关柜的背部(母线小室内)，可分为上下两层。双层主母线系统分别布置在上、下两层；单层主母线系统布置在上层或下层；主母线单联、串联、并联均可；母线材质为铜(Cu)，截面积为 30 mm×10 mm，40 mm×10 mm，60 mm×10 mm 三种规格。配电母线用于功能单元组件与母线之间的连接，配电母线(垂直母线)分布在母线小室内，母线材质为铜(Cu)，单根直角型铜牌，其截面为 L 型 50 mm×30 mm×5 mm。

图 1-4 配电盘的母线

1.1.3 多功能分隔板

配电母线(直角型铜排)安装在绝缘多功能分隔板中，同整个母线一起，无需另外增加隔板即可达到抗电击防护等级(IP20)的要求，配电盘的分隔板如图 1-5 所示。

多功能分隔板有抗故障电弧性能，也作为装置小室和母线小室的隔离。可有效隔离故障电弧，防止手指误插入(IP20)，具有绝缘、隔离、自熄、阻燃、熄弧、灭弧的作用。

图 1-5 配电盘的分隔板

1.1.4 转接件

转接件单元方便了垂直配电母线的水平配电，使 4 或 2 个出线功能单元可以紧密地排列在电柜的同一个水平位置内，从而优化了开关柜内可利用的空间。

四回路转接件的额定电流为每个回路 45 A，两回路为每回路 63 A。转接件单元已预留了出线电缆，可在电缆室中接外部出线。转接件单元有 3 极和 4 极两种规格，每一个功能单元有 20 个辅助端子。

1.1.5 一次接插件

一次接插件是一个精确设计的部件，每一个触点在制造过程中均经过功能和压力测试，然后将制造日期和触点压力与序列号一道，刻在触点组件上。一次插件为镀锡，额定电流为 250 A。根据现场电缆尺寸的不同，其线鼻子将有差异。每个一次插件都有插件保护盖，确保在与配电母线接触之前触点完全隔离，如图 1-6 所示。

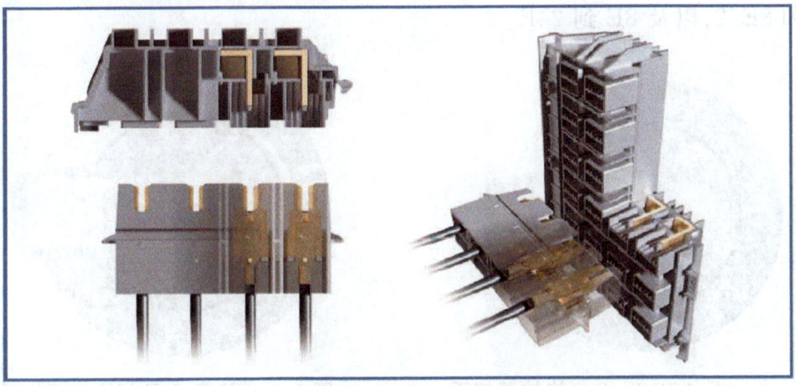

图 1-6 抽屉一次拆件连接示意图

1.1.6 电缆接线

进、出线电缆和控制线接线位置位于电缆小室的右侧电缆安装导轨上，主回路端子位于其后部，控制线端子位于其前方 45°方向上。控制线端子的接线可用螺丝或插入式线鼻子连接，或者用端子连接。主回路端子小于 63 A 的抽出式组件，转接件上配有 PE 端子。

1.1.7 抽屉

MNS 开关柜的模块化设计是基于 25 毫米的模数孔的(根据德国工业标准 436600)；该模数以字母 E 表示，即 E=25 mm。8E 抽屉的高度为 8 × 25 mm=200 mm。组件规格为：8E/4、8E/2、8E、16E、24E 等等，如图 1-7 所示。

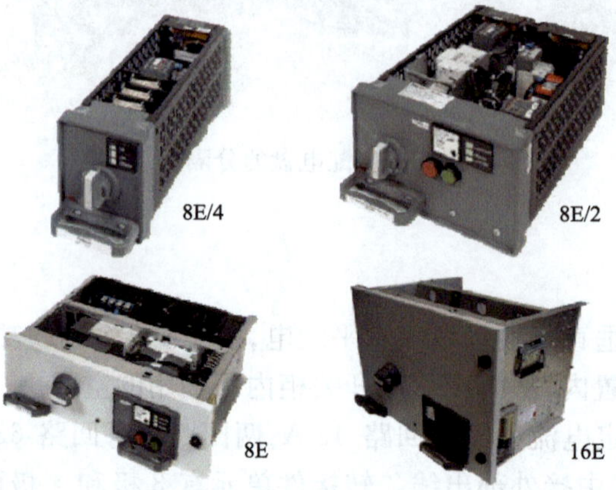

图 1-7 各种规格尺寸示意图

1.2 配电抽屉操作方法

1.2.1 配电抽屉的分类

配电盘抽屉的操作，是靠操作抽屉把手至相应的位置来实现的，配电盘抽屉把手大致分两类，8E/4 和 8E/2，以及 8E 到 24E。

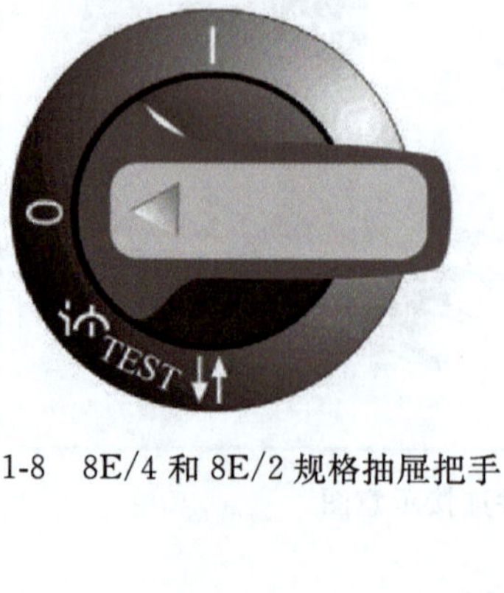

图 1-8 8E/4 和 8E/2 规格抽屉把手

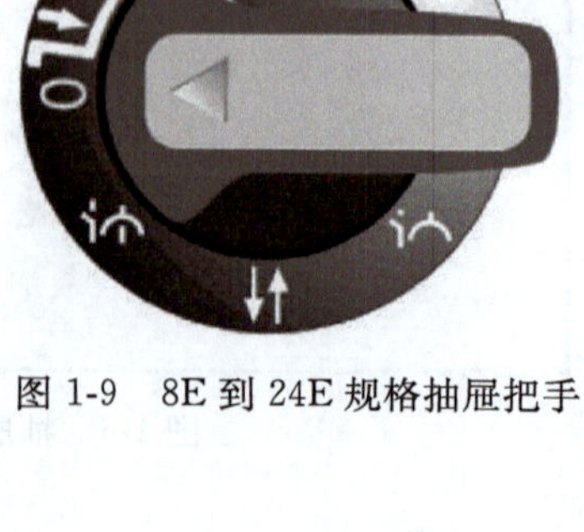

图 1-9 8E 到 24E 规格抽屉把手

配电抽屉把手通过连杆机构，带动抽屉内的开关实现分合闸操作，抽屉示意图如图 1-10 所示。

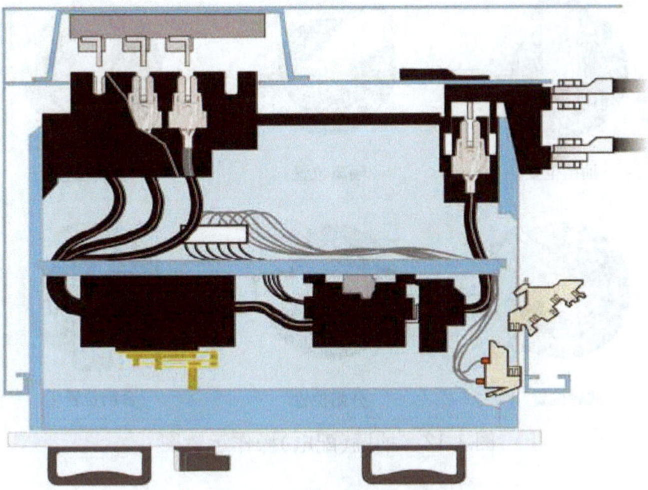

图 1-10　8E 抽屉（配电）原理示意图

1.2.2　配电抽屉把手状态

抽屉把手有以下几种状态。

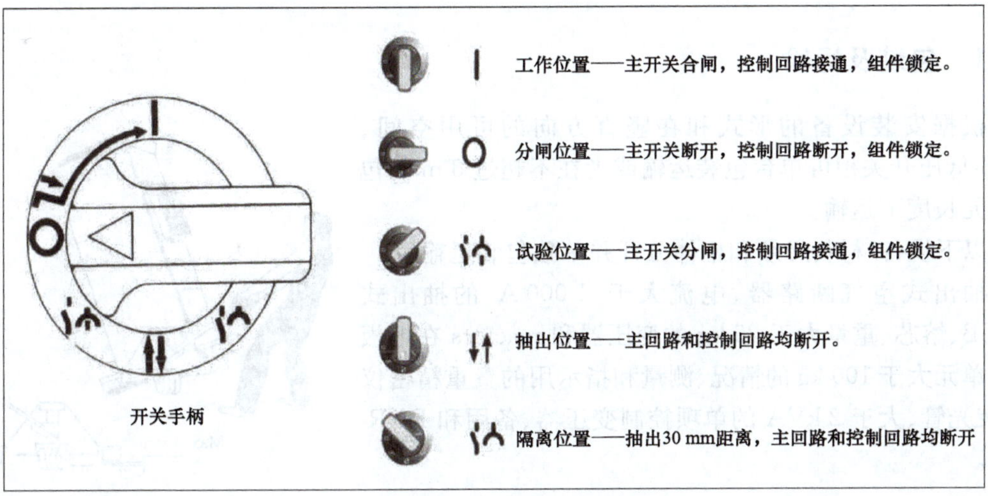

图 1-11　抽屉（配电）把手位置示意图

工作位置——主开关合闸，控制回路接通，组件锁定；

工作位置——主开关合闸，控制回路接通，组件锁定；

试验位置——主开关分闸，控制回路接通，组件锁定；

抽出位置——主回路和控制回路均断开；

隔离位置——抽出 30 mm 距离，主回路和控制回路均断开。

1.2.3 配电抽屉操作步骤

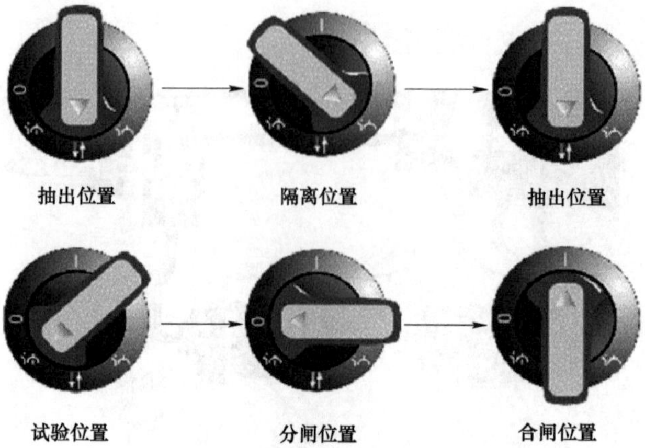

图 1-12 抽屉(配电)操作示意图

操作手柄向里按动后,方能从O位置向I位置转动。操作手柄上可给主开关分闸、试验、隔离三个位置加挂锁以作为安全保护。最多可加 3 把锁,必须保证把手操作到位后,才可以进行下一步抽屉操作。

1.3 配电盘的安装调试方法

1.3.1 包装及运输

根据安装设备的形式和在竖直方向的可用空间,MNS-低压开关柜可单台包装运输或者在不超过 3 m 的包装单元长度下运输。

以下设备/材料必须和柜体分开并单独包装运输:

抽出式空气断路器、电流大于 1 000 A 的抽出式 MCCB、熔芯、重量大于 25 kg 的变压器和 reactors 在地板安装单元大于 100 kg 的情况、测量和指示用的贵重精密仪器、荧光管、大于 2 kVA 的单项控制变压器、备用和 P-/R-抽屉。

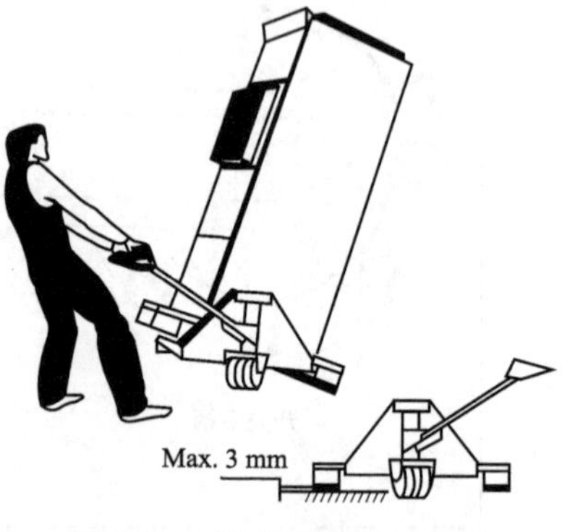

图 1-13 配电盘运输示意图

1.3.2 断路器运输

固定式断路器必须要额外拴牢,抽出式空气断路器和额定电流超过 1 000 A 的抽出式塑壳断路器必须拆下单独包装,母排重量很重的结构在运输过程中需要用足够的方式支撑,在低压柜现场安装时卸掉运输用固定材料的警示标签是非常有必要的,如果可行的话,最初的包装材料应该在包装卸掉的空气断路器时再次使用,在试运行之前需要把额外的固定件卸掉,分开运输的断路器需根据附上的安装说明进行安装。

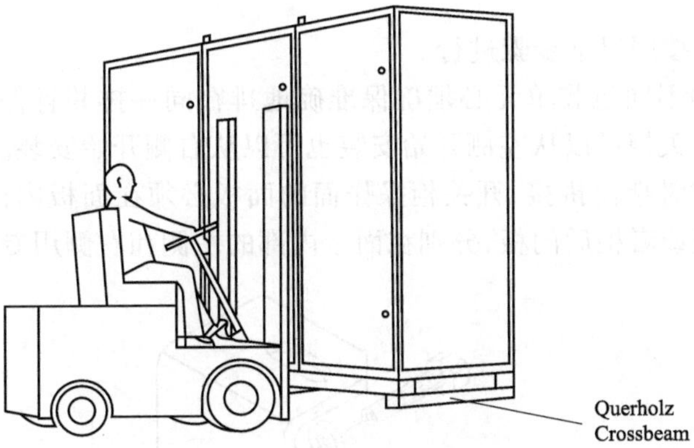

图 1-14 配电盘运输示意图

1.3.3 抽屉运输

抽屉需要在运输过程中通过每个抽屉自己经旋转手柄操作的机械连锁(ON,OFF,TEST 位置)保障安全,重量≥30 kg 的抽屉需分开单独运输;在试运行之前所需的旋转手柄位置;旋转手柄必须在 OFF 位置;高度大于 11E 小于 31E 的抽屉在运输过程中应该用两个螺栓和一个螺栓盖固定;高度≥31E 的抽屉在运输过程中需要用四个螺栓和一个螺栓盖固定。

1.3.4 开关柜体运输注意事项

必须要避免倾斜,如果门口高度不允许竖直运输的话,单柜(不带抽屉的抽屉柜,不带断路器的开关柜)可以倾斜到水平位置,在这种情况下,柜子必须有一个宽面来支撑。

图 1-15 配电盘运输示意图

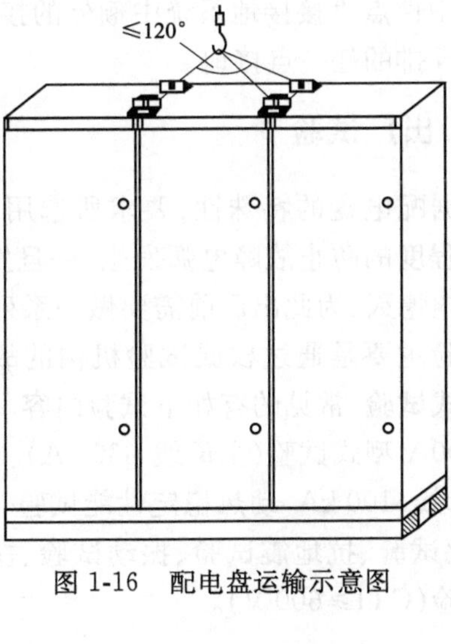

图 1-16 配电盘运输示意图

1.3.5 安装技术

开关柜的安装需按照以下步骤进行。

安装在同一排的不同包装单元必须确保准确地排在同一排并且保持垂直树立;开关柜的门板不能挤压。开关柜可以从左侧开始安装也可以从右侧开始安装。

不同运输单元的骨架需拼接,开关柜操作面的面板必须在面板内部的左侧用四个专用螺栓固定。柜前门板或者柜后门板,分别在面板内部的左侧和右侧用专用螺栓固定。

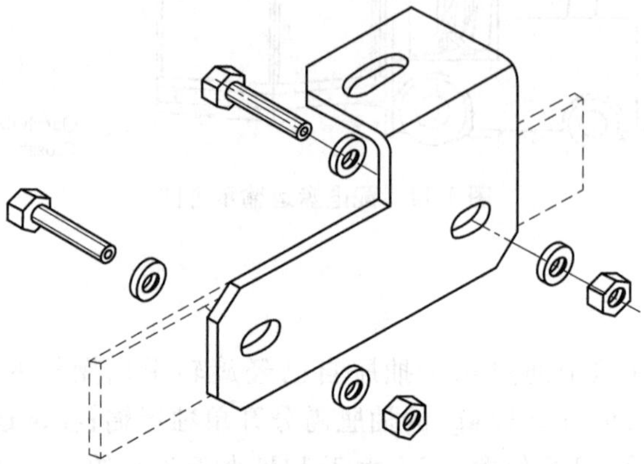

图 1-17 开关柜安装示意图

整排柜子末端的一侧必须安装侧板,并且使用规格为 M6×10 的拼台螺丝。在安装侧板的时候必须确保至少每个连接点都使用连接垫片。

保护排(PE 排)与中性排(N 排)需在包装单元的连接处用专用的螺栓连接,保护导体固定在 PE 或者 PEN 排中。中性点直接接地系统中额外的接地点可以选取 PE/PEN 排的任一点接地。

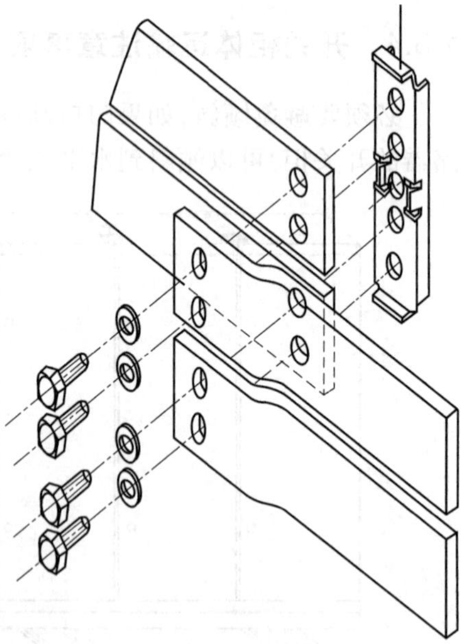

图 1-18 开关柜安装示意图

1.3.6 出厂试验

根据配电盘的特殊性,要求所选用的设计和材料能最大程度的防止故障电弧发生,一旦发生电弧,能在短时间内熄灭,为此出厂前需要做一系列的试验。

试验主要是通过权威试验机构的故障电弧测试,以及型式试验,常见的有如下试验内容。

6300A 型式试验(主母线 6300 A)、6300 A 温升试验、主母线 100 kA 动热稳定性能试验、抗故障电弧试验、老化试验、抗地震试验、振动试验、盐雾试验、绝缘材料试验(CTI≥600 V)。

图 1-19　500 ms 故障电弧的破坏试验

图 1-20　抗地震试验

图 1-21　故障电弧测试

1.4　模拟体配电盘一次、二次图纸

1.4.1　图解电气一次图

一次图，是直观展示配电盘负荷列表，以及每个负荷供电方式、供电类型的图纸，同时也是运行做隔离的依据文件。

通过一次图，可直观地看到某个配电负荷的抽屉动力回路构成、负荷额定容量、额定电流、抽屉规格、二次原理图号、开关型号、配件型号等参数。

操作模拟体一次图如图 1-22 所示。

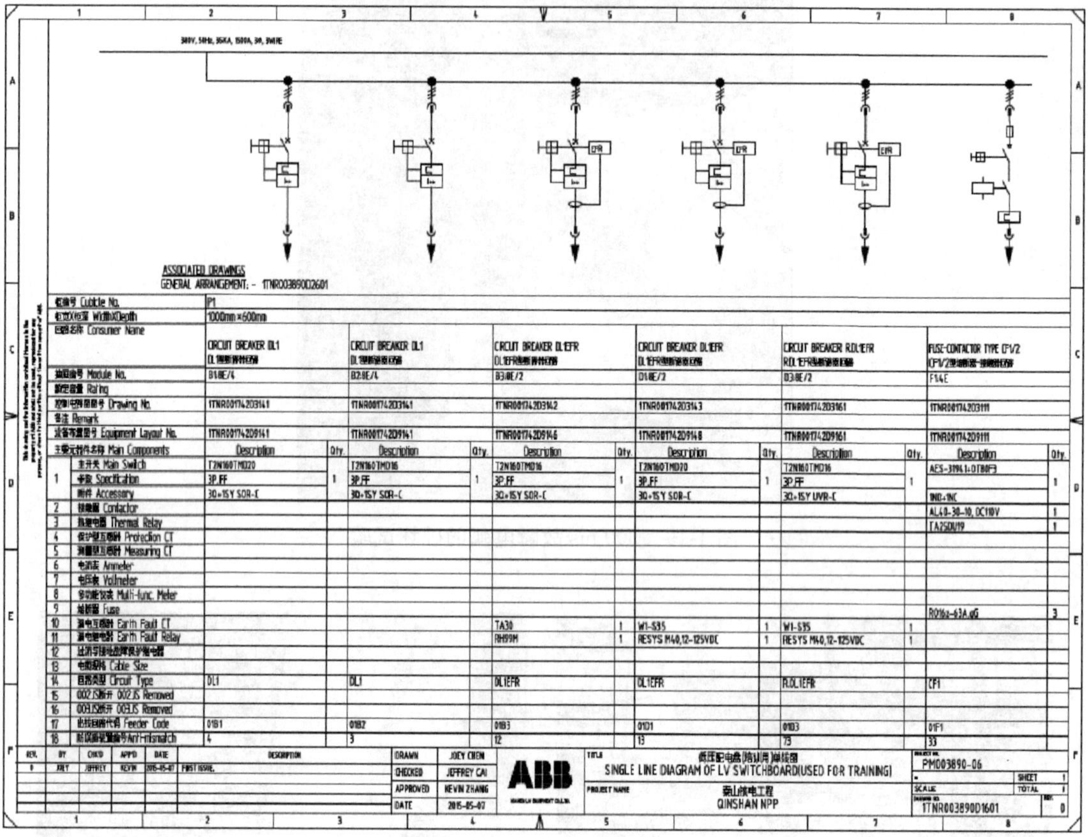

图 1-22 模拟体一次图

1.4.2 图解电气二次图

与一次图不同，二次图详细解释了某个配电负荷抽屉内的接线原理，包括动力回路、控制回路、上送报警信号回路、端子排接线方式等内容。

下面以一例简单的 0～7.5 kW 直接起动回路控制二次图为例，讲解二次图的原理和识图技巧，其余模拟教学盘的二次图，可依据本原理图分析过程自行分析。

图 1-23 为动力回路，可以看到动力回路由熔丝开关、接触器、热继电器构成，这也是我们常说的“F+C”控制方式。

图 1-24 为该动力回路的控制原理图，控制过程大致如下：合上 Q8 开关（或抽屉切至试验位置时，S6 的 1～6 触点闭合），控制回路接通控制电源，在未插上试验插座的情况下，K207 辅助继电器未得电，K207 常闭触点不动作，此时若 48 V 远方直流控制给出合闸信号，K205 线圈得电，K205 常开触点闭合，K203 跳闸继电器未得电，常闭触点不动作，则 K201 主接触器线圈得电。

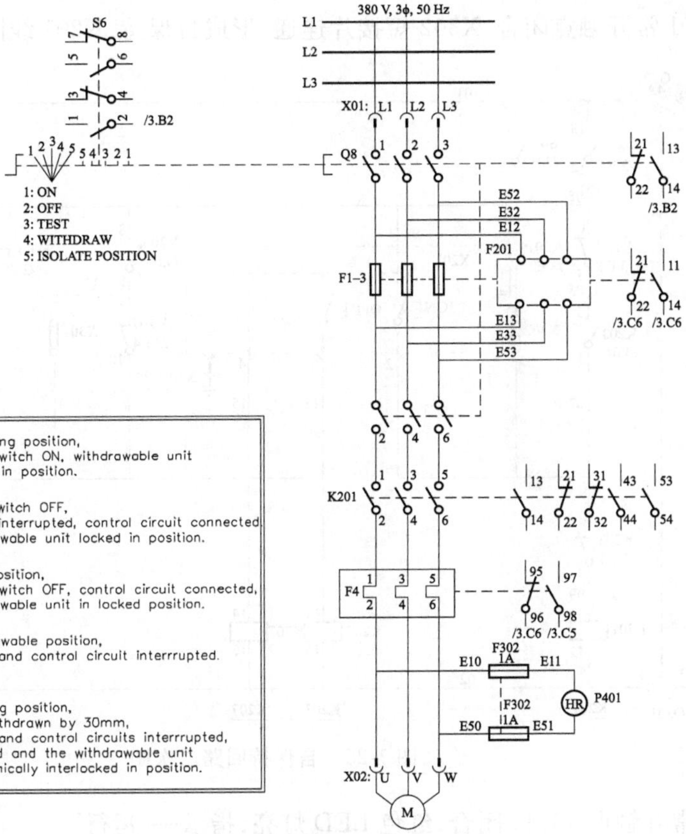

图 1-23　0～7.5 kW 原理图主回路

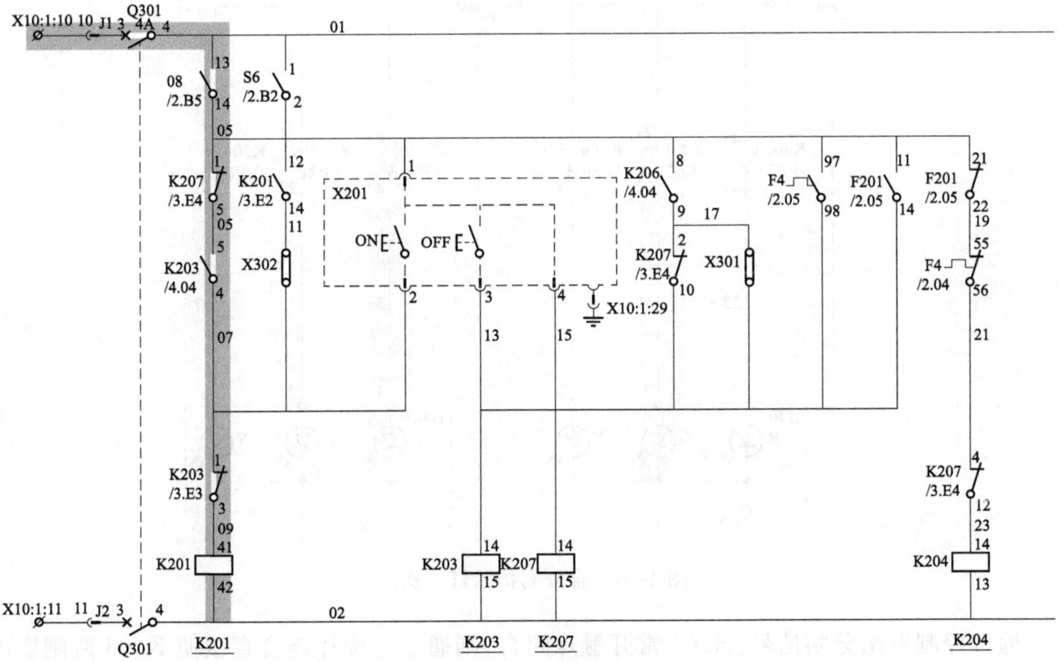

图 1-24　合闸回路二次图

而 K201 常开触点闭合，X302 短接片连通，形成自保持，K201 线圈一直得电。

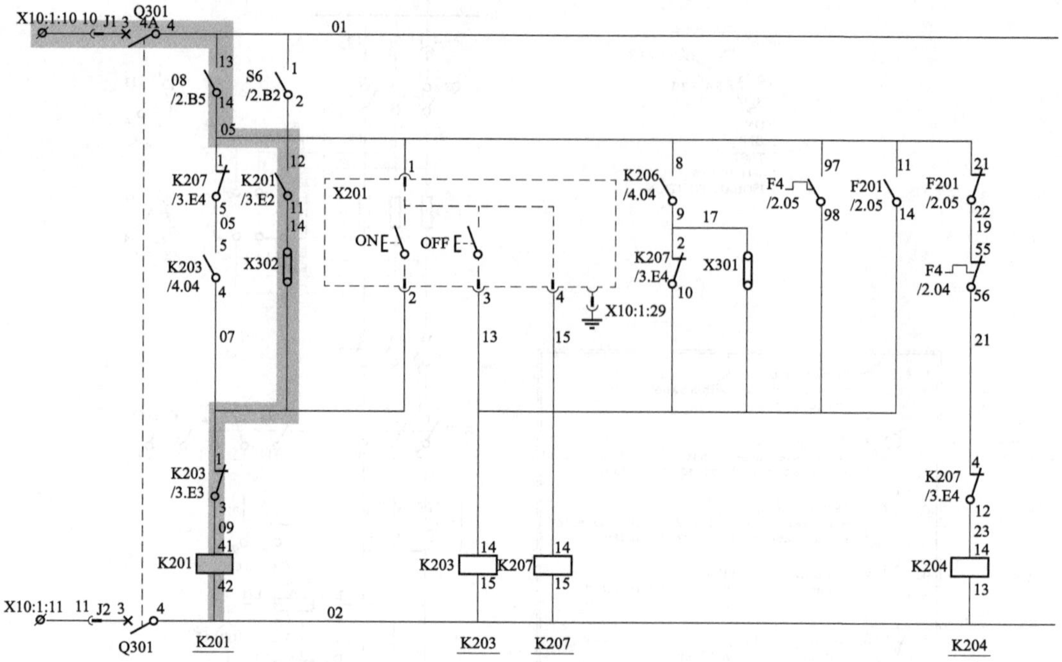

图 1-25 自保持回路二次图

K201 常开触点 43、44 闭合，红色 LED 灯亮，指示—“运行”。

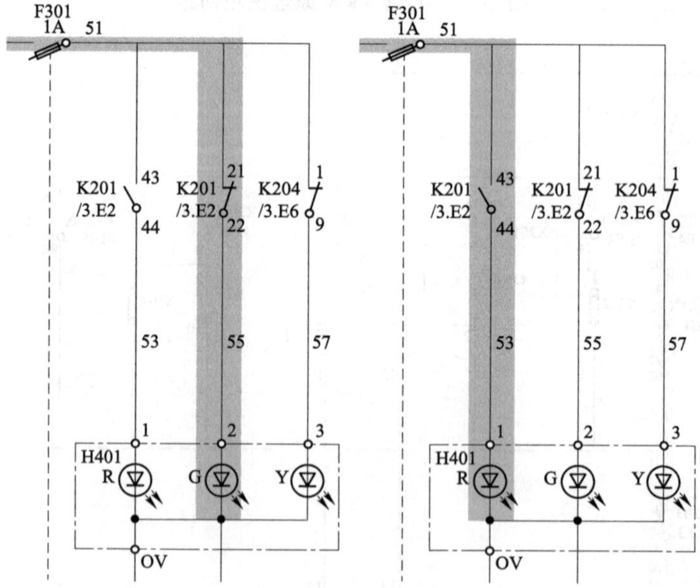

图 1-26 合分闸指示灯二次图

远方控制发出分闸信号，K206 常开触点闭合，则通过短接片连合直接使 K203 跳闸继电器得电，达到远方信号优先的效果。

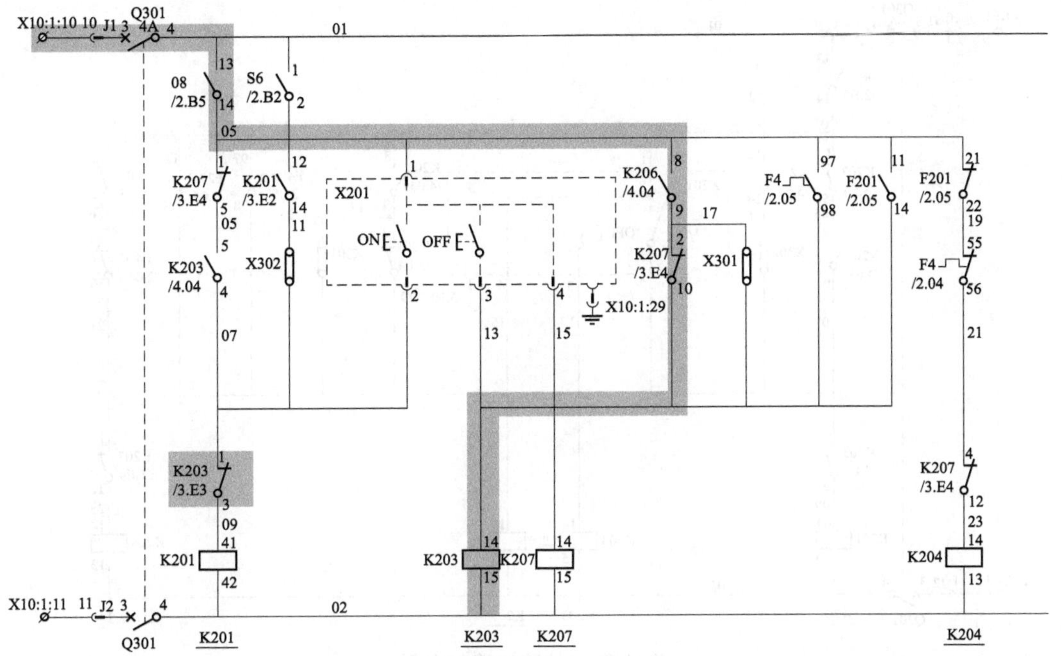

图 1-27　远方停止回路二次图

插上试验插座后，辅助继电器 K207 得电，远方合闸回路断开，此时按下"ON"，K201 线圈得电；按下"OFF"跳闸继电器 K203 得电，则 K203 常闭触点断开，主线圈 K201 失电。

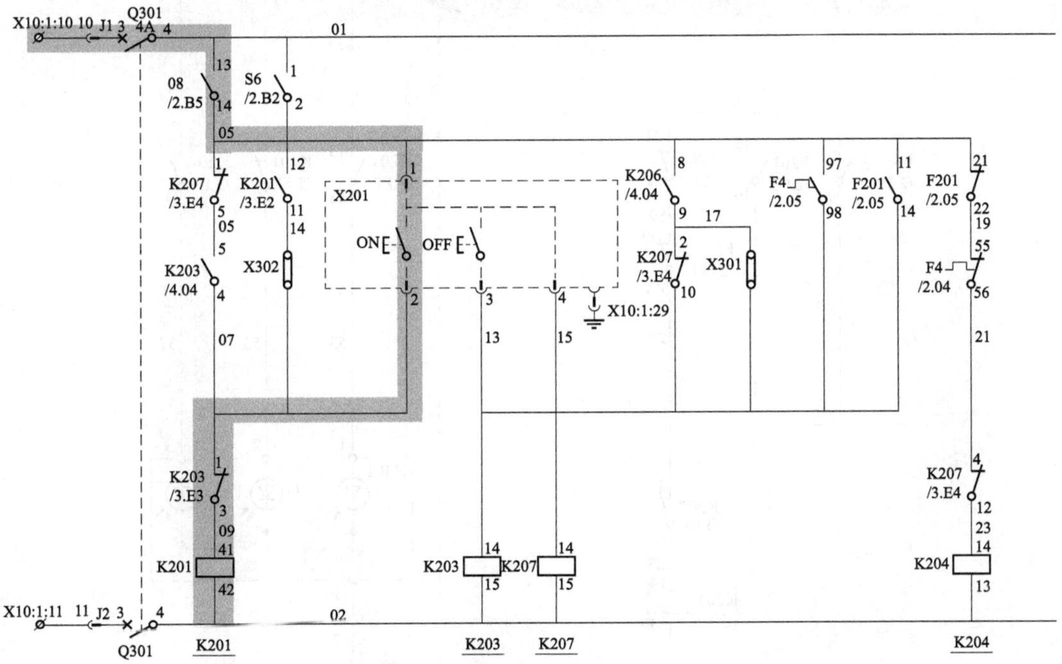

图 1-28　试验盒回路二次图

在熔芯未熔断下 F201 常闭触点不动作，热继电器未过载 F4 常闭触点不动作，未插上试验插座，K207 线圈未得电，则 K204 报警/指示继电器得电。

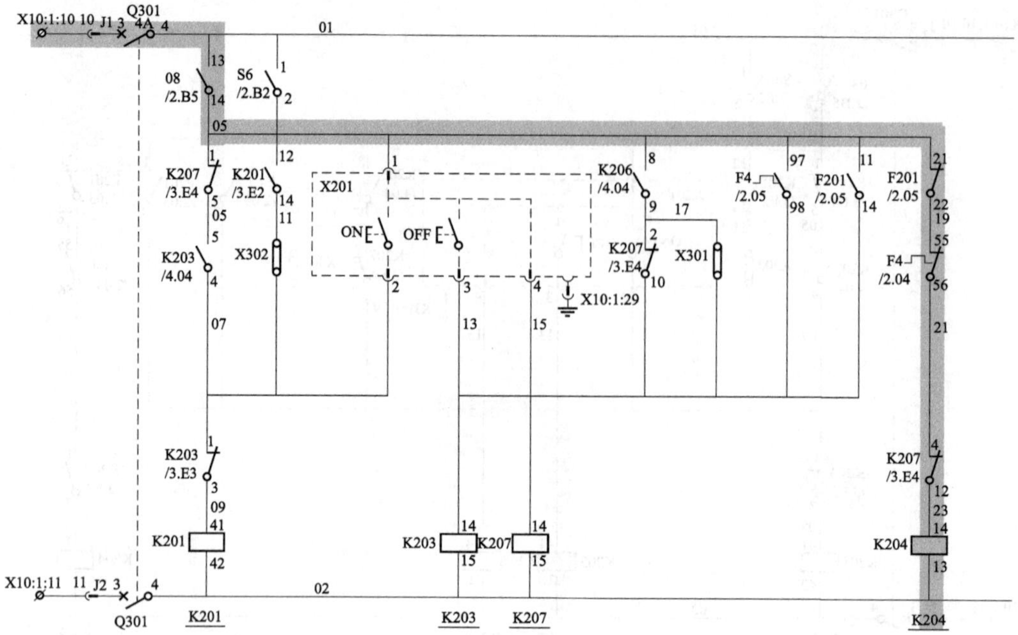

图 1-29 故障回路二次图

故障情况下，K204 常闭触点 1/9 断开，"故障"指示灯亮。

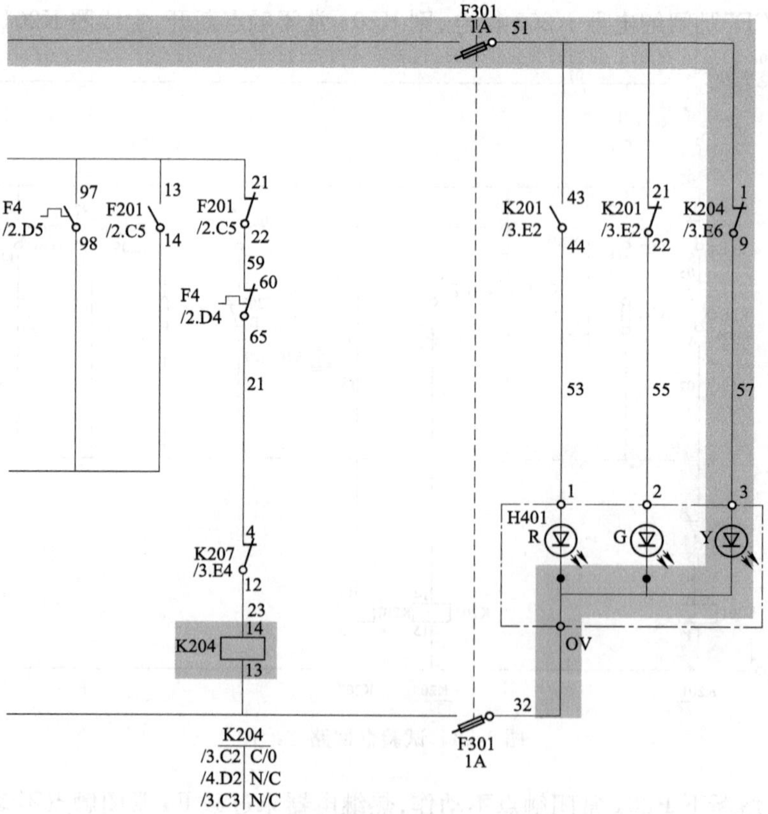

图 1-30 故障指示灯回路二次图

图 1-31 左为配电盘公共报警，若 K204 故障继电器未得电，则常闭触点不动作，故障上传。图 1-31 右为故障指示和分合闸指示。

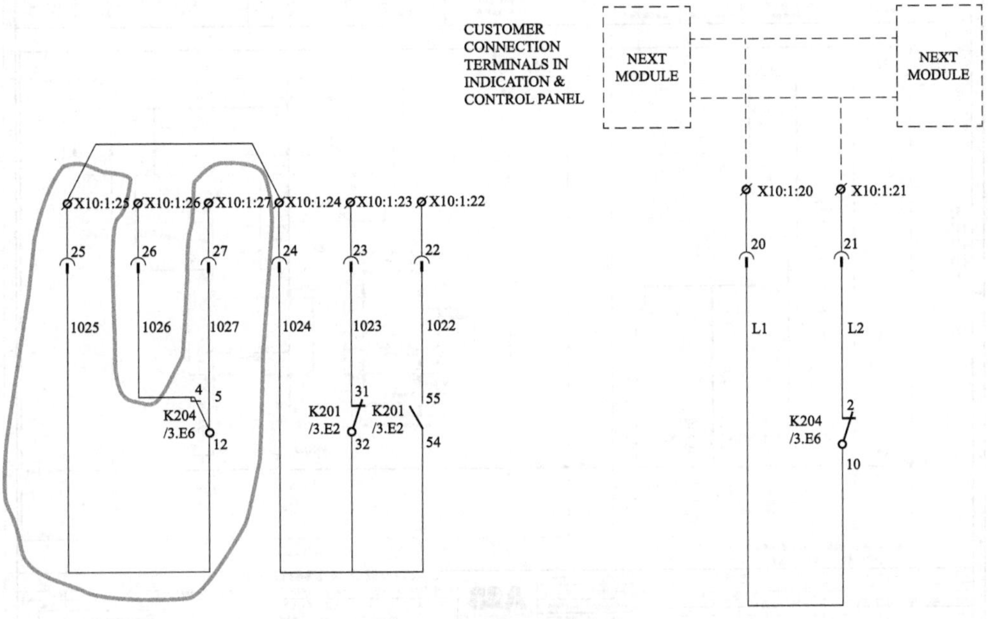

图 1-31　远方信号二次图

以上就是一例“0～7.5 kW 电机启动停止控制原理图”的详细分析，以下为模拟盘各类型抽屉的二次原理图及图号，可参照上图的分析过程，自行分析下列的原理图。

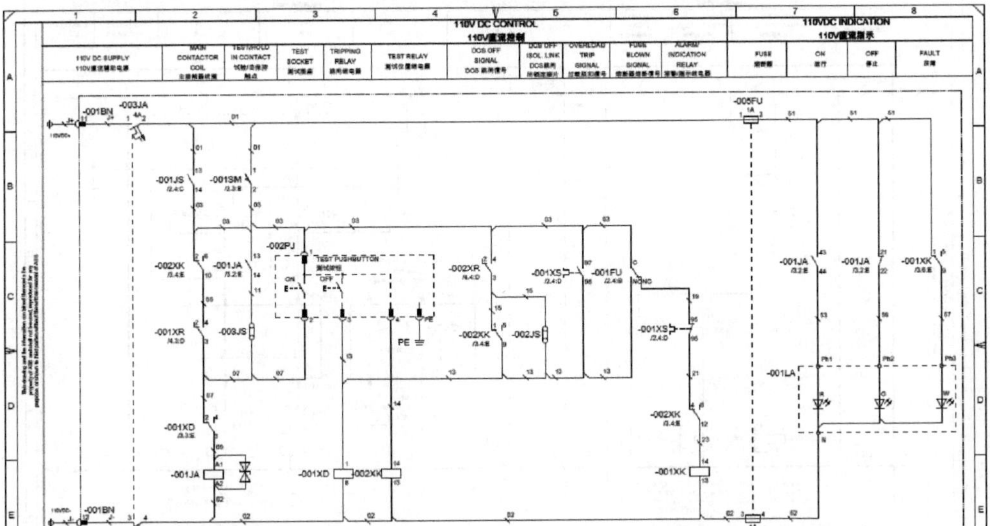

图 1-32　电气二次原理图(图号 111)

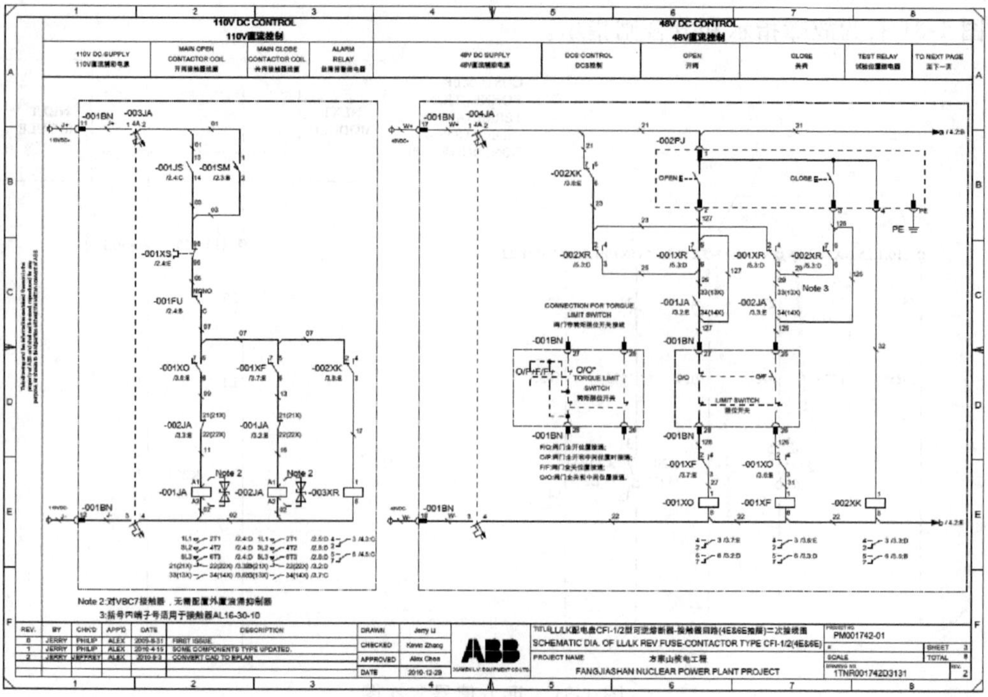

图 1-33 电气二次原理图(图号 131)

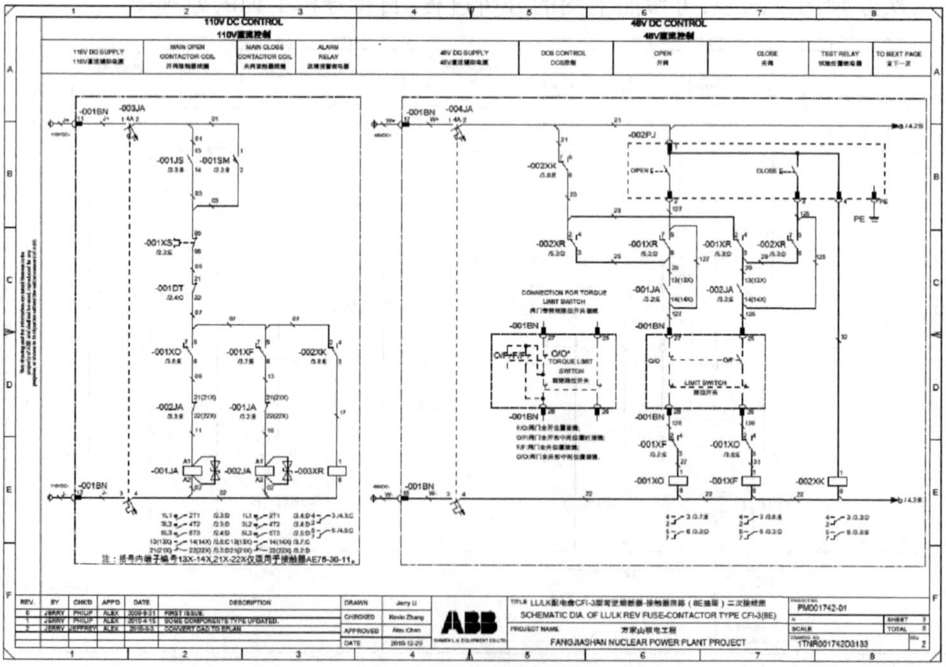

图 1-34 电气二次原理图(图号 133)

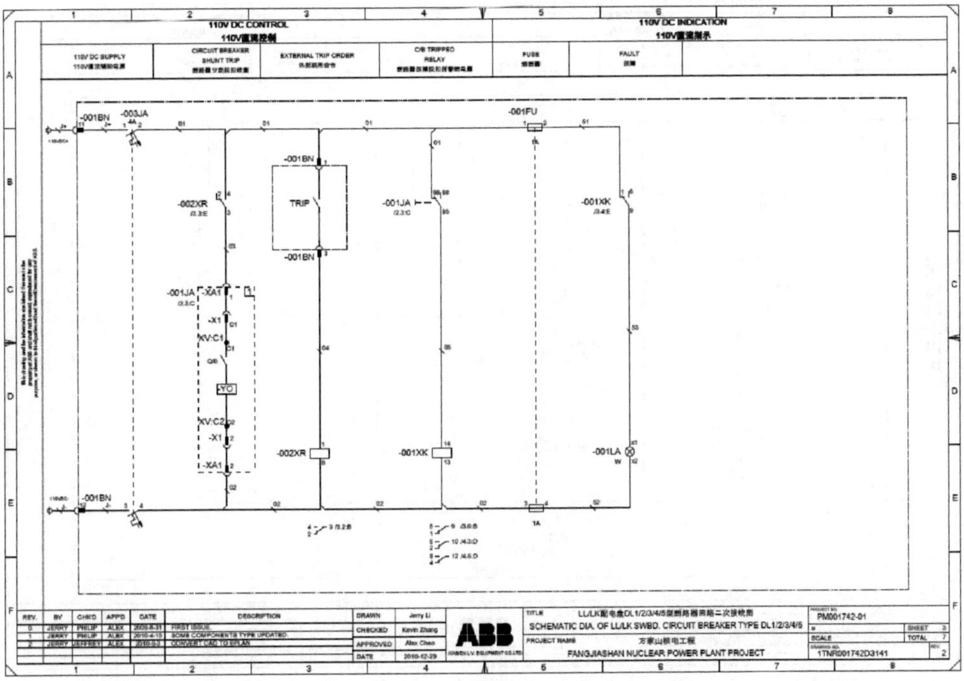

图 1-35　电气二次原理图(图号 141)

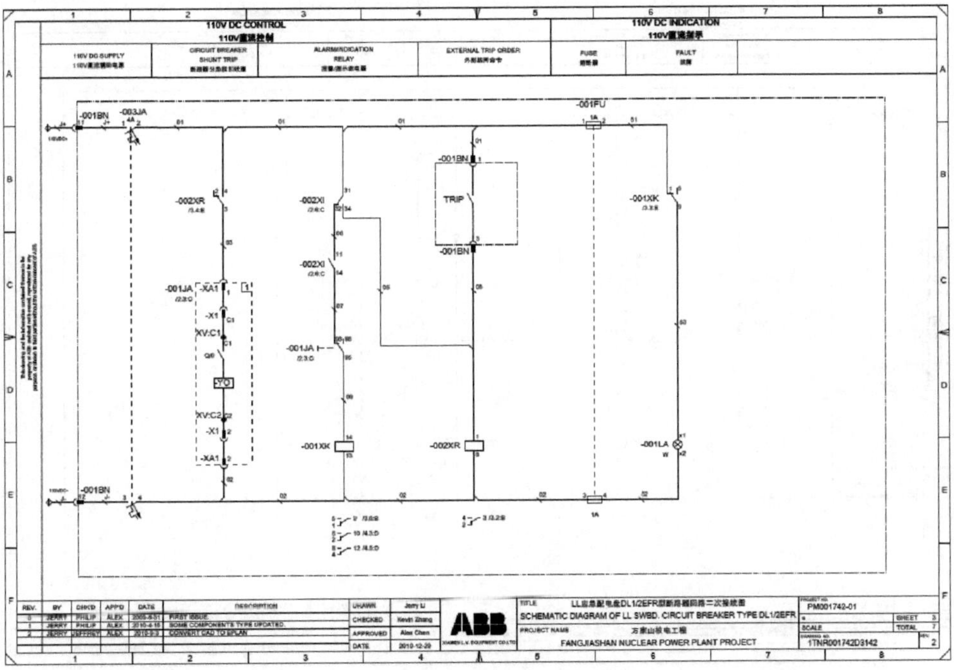

图 1-36　电气二次原理图(图号 142)

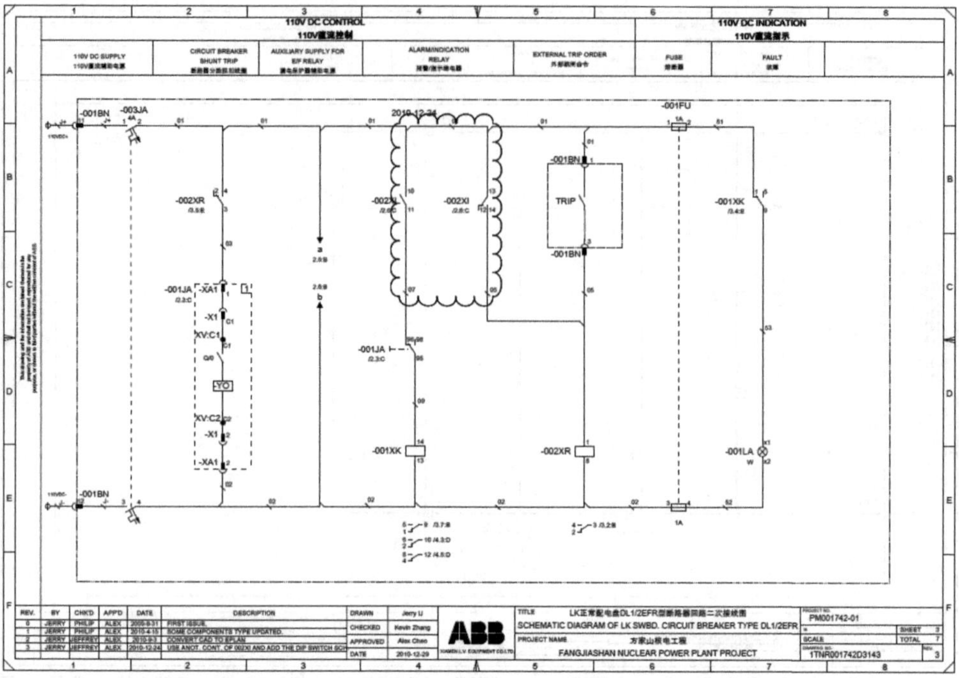

图 1-37 电气二次原理图(图号 143)

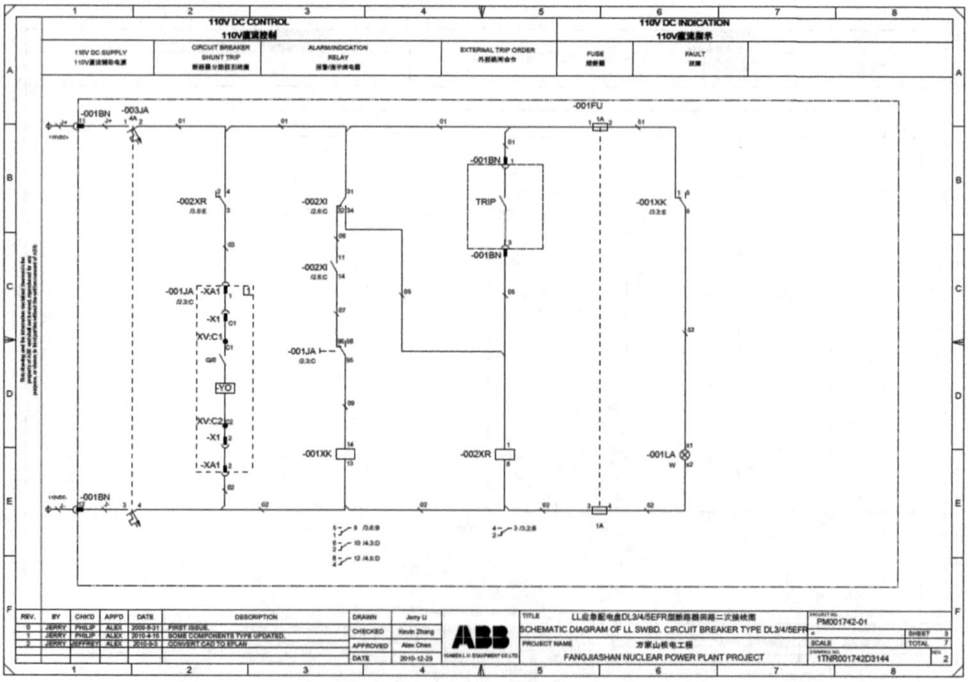

图 1-38 电气二次原理图(图号 144)

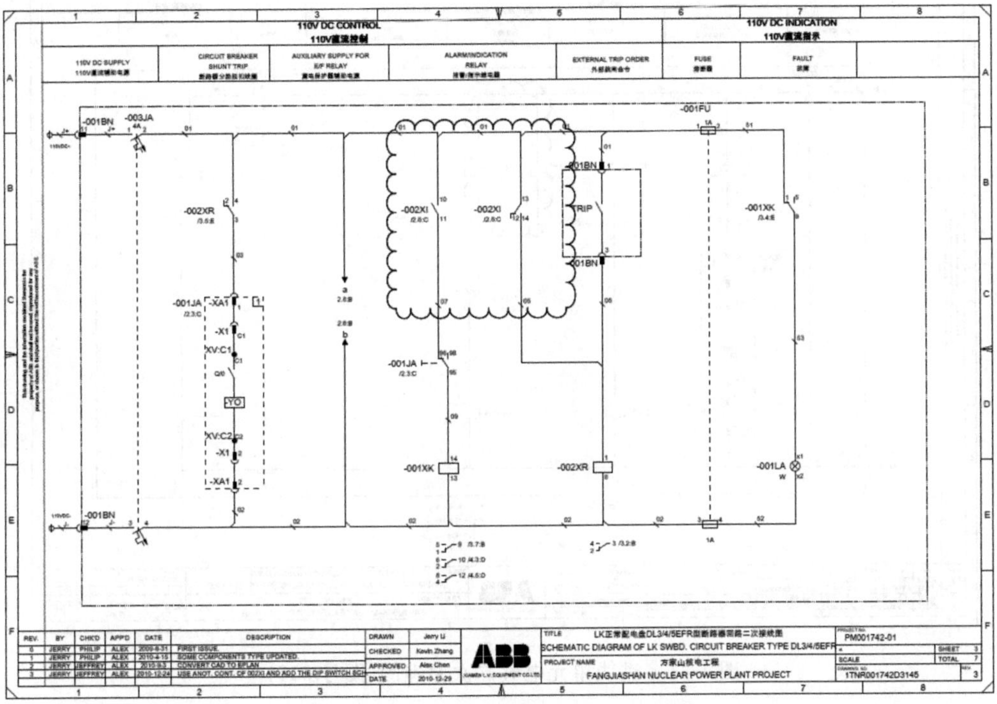

图 1-39　电气二次原理图(图号 145)

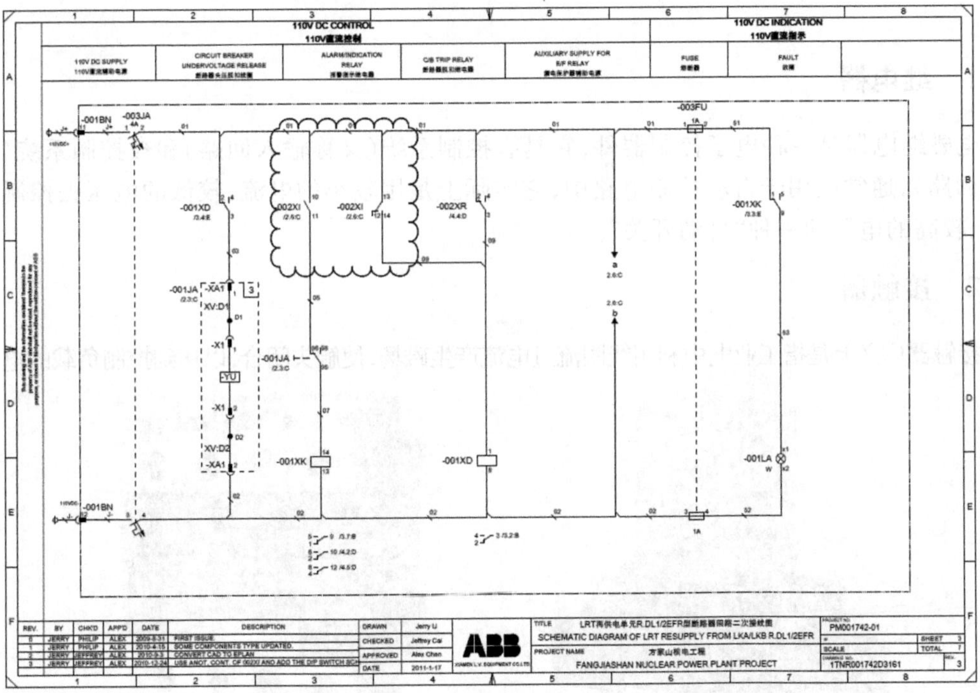

图 1-40　电气二次原理图(图号 161)

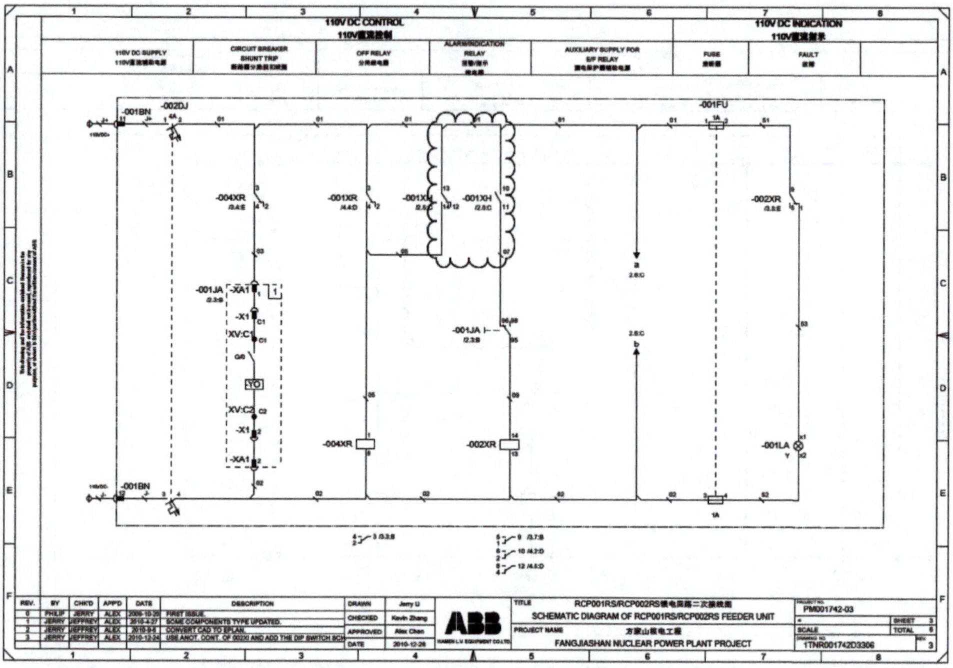

图 1-41 进线单元电气二次原理图(图号 306)

1.5 常见元器件识别

1.5.1 继电器

电磁继电器是一种电子控制器件，它具有控制系统(又称输入回路)和被控制系统(又称输出回路)，通常应用于自动控制电路中，它实际上是用较小的电流、较低的电压去控制较大电流、较高的电压的一种“自动开关”。

1.5.2 接触器

接触器广义上是指工业电中利用线圈流过电流产生磁场，使触头闭合，以达到控制负载的电器。

图 1-42 中间继电器

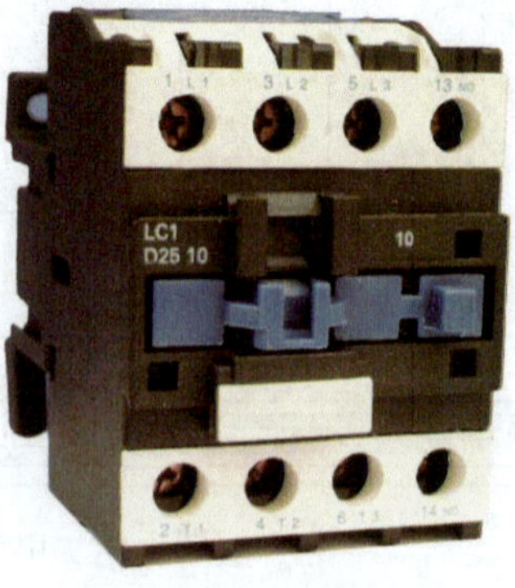

图 1-43 接触器

1.5.3 热继电器

热继电器的工作原理是由流入热元件的电流产生热量，使有不同膨胀系数的双金属片发生形变，当形变达到一定距离时，就推动连杆动作，使控制电路断开，从而使接触器失电，主电路断开，实现电动机的过载保护。

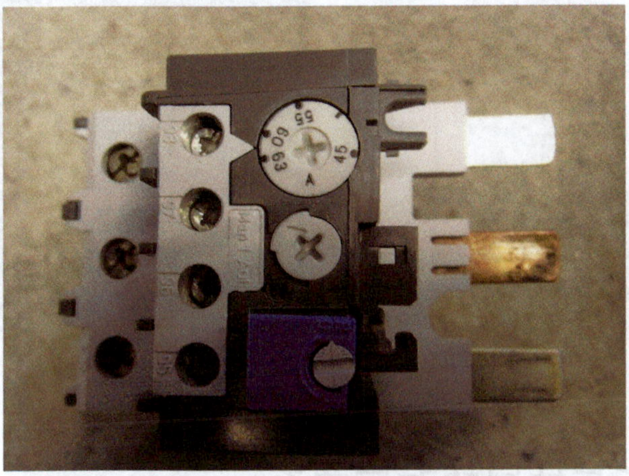

图 1-44 热继电器

1.5.4 熔断器

在线路短路或严重过载的情况下，用以熔断保护电路的一种导体，这种能在大电流产生高温熔断的导线叫作熔丝。

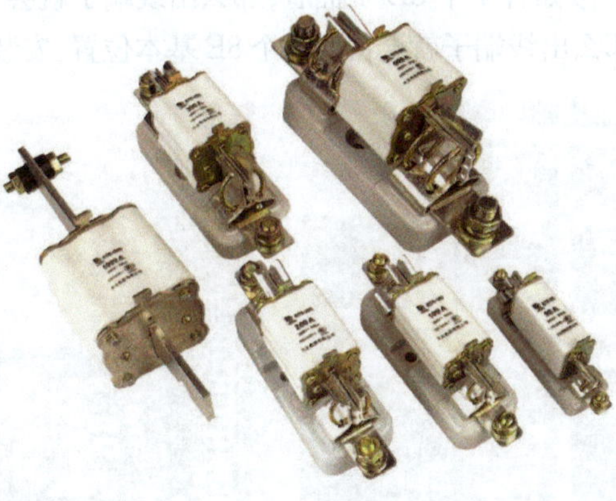

图 1-45 熔断器

1.5.5 空气开关

空气开关，又名空气断路器，是断路器的一种。是一种只要电路中电流超过额定电流就会自动断开的开关。空气开关是低压配电网络和电力拖动系统中非常重要的一种电器，它集控制和多种保护功能于一身。

1.5.6 Emax 开关

Emax 是断路器的一种，是用于分合大电流的，能够关合、承载和开断正常回路条件下的电流并能关合、在规定的时间内承载和开断异常回路条件下的电流的开关装置。

图 1-46 空气开关

图 1-47 Emax 开关

1.6 出线端子与抽屉的对应关系

在日常维护中，我们需要通过测量配电盘出线柜中出线端子，来检测负荷直阻或绝缘，以及测量电压等，但这种情况很容易出现抽屉与二次端子对应不起来或则对应错误的情况，现简要介绍如下。

由图 1-48 所示，出线柜中的二次端子和一次端子，分别与配电抽屉一一对应，出线柜端子是以一个 8E 位置为基本单元的，假如有 4 个 8E/4 抽屉，那么出线端子就会安装 4 个一次端子和二次端子，假如是个 16E 的抽屉，那么出线端子就会占用 2 个 8E 基本位置，安装一个因此端子和二次端子。

图 1-48 Emax 开关

从端子测量参数时，一定要核对出线柜中的抽屉位码，并数一下端子位置，确保端子与抽屉一一对应。

1.7 模拟体配电盘材料清单

模拟体配电盘材料清单见表 1-1。

表 1-1 模拟体配电盘材料清单

序号	项目代号	名称	规格	数量	安装地点	备注
1	HR1-4	红色信号灯	AD1-30/111	4	配电盘面板上	220 V
2	FU1-7	熔断器	RT-20/10	14	配电盘内	
3	QT1	电压转换开关	LW5-15-YH3/3	1	配电盘面板上	
4	PV1	电压表	42L20-V	1	配电盘面板上	450 V
5	QF2	自动开关	C45N-10A 2 级	1	配电盘内	
6	KA1-4	中间继电器	DZ-30E DC 110 V	2	配电盘内	
7	KM1	接触器	CZ0-40D DC 110 V	1	配电盘内	
8	KT1	时间继电器	BS-73E/I DC 110 V	1	配电盘内	10 s
9	KT2	时间继电器	BS-73C/I DC 110 V	1	配电盘内	2 s
10	KV1-2	低电压继电器	DY-37	2	配电盘内	270 V
11	001BN	端子排				
12	QF1	自动开关	FIN12503P	1	配电盘内	
13	K	自动开关内脱口线圈				
14	HY1	黄色信号灯	AD1-30/111	1	配电盘面板上	110 V
15	QF2	自动开关	C45N-10A 2 级	1	配电盘内	
16	KA1-2	中间继电器	DZ-30E	2	配电盘内	
17	KA1-2	辅助分励脱扣器		1		
18	001BN	端子排		1		
19	FU1	熔断器	RT-20/10	2	配电盘内	
20	HR1	红色信号灯	AD1-30/111		配电盘面板上	110 V
21	HG1	绿色信号灯	AD1-30/111		配电盘面板上	110 V
22	HY1	黄色信号灯	AD1-30/111		配电盘面板上	110 V
23	QF1	自动开关	C45N-10A 2 级		配电盘内	
24	KA1-5	中间继电器	DZ-30E DC 110 V		配电盘内	
25	001BN	端子排				
26	XS1	实验插座				型号待定
27	FU2	熔断器	RT-20/10		配电盘内	

第二章　操作准备

2.1　文件准备

配电盘操作工作完全模拟现场工作，具有完整的工作文件包，包括工作指令单，质量计划、风险分析、领料、隔离指令等、工前会、工后会等。

2.2　工器具准备

工器具准备见表 2-1。

表 2-1　工器具准备

工器具名称	规格型号	数量	用途
摇表	HIOKI 3452-13	1个	测量控制回路绝缘
个人常用工具		1套	检修时使用
接地线		2根	接地保护
万用表	FLUKE 179	1台	元件检查

2.3　模拟体准备

操作所选用模拟体为 MNS 系列低压配电盘，安装在培教中心配电盘模拟体房间，包括 1 面进线单元屏及 1 面馈电屏。

在本次配电盘通用培训中，基于培训对象的安全意识还不足够强，为避免通电操作带来的一系列风险，本次配电盘通用培训实操需要确认配电盘隔离情况，上游电源隔离箱应断电上锁，并确保二次端子控制电源也没电；确定各抽屉功能完好，操作机构动作正常，以确保教学过程的顺利实施。

2.4　辐射防护准备

配电盘检修工作无辐射风险，无需进行特殊防护。

2.5　工业安全准备

按照电力安规相关规定执行，所有人员需规范穿戴劳动保护用品，包括安全帽、绝缘鞋、工作服、绝缘手套等。检修场地使用警示带进行围栏，确保工作过程中无非工作人员进入。

2.6　配合人员准备

需两名助教配合教学过程。助教主要负责操作指导及安全监护工作。助教需有一定电气检修工作经验，参加过配电盘检修、抽屉故障处理等检修工作，持有 QC 证。

2.7　场地准备

现场铺设白布用于摆放工器具；合理分配场地，确保工具、设备的合理分布，方便检修，一般按照文件、工具、备件/材料、工具包区域布置场地；在场地外围布置警示带；完工后清理场地，确保检修场地无其他异物。

第三章　操作实施

在本次配电盘通用培训中，基于培训对象的安全意识还不足够强，为避免通电操作带来的一系列风险，加之本次配电盘通用培训实操内容为配电抽屉的操作，需要学员熟练操作配电抽屉的几个状态，因此全程不通电操作，为此需要确认配电盘上游电源隔离情况，并同时确保二次端子控制电源也没电。

3.1　操作实施：隔离验证

隔离验证操作见表 3-1。

表 3-1　隔离验证操作

序号	操作步骤	操作要求	工器具	测评标准	备注
1	设备信息核对	检查设备标识与工作票一致	目视	工作票与模拟体铭牌对应	
		一人核对、一人复核			
2	确认上游 6 kV 电源已隔离并合上接地闸刀	口述验证过程	口述	正确说验证隔离内容	
3	检查低压侧接地线挂接情况	目视连接正确性用手轻摇确认连接可靠	目视、手触	A\B\C\N 连接正确、可靠	
4	验证 110 V 直流电源隔离情况	万用表选择直流档	万用表	万用表档位	
		测量 001BN 上“J+”“J–”		测量端子正确、说明无电	
5	验证 48 V 直流电源隔离情况	万用表选择直流档	万用表	万用表档位	
		测量 001BN 上“W+”“W–”		测量端子正确、说明无电	
6	绝缘测量	测绝缘	摇表	正确校表，档位正确	

3.2　操作实施：将运行中的某抽屉隔离上锁

运行中的某抽屉隔离上锁操作见表 3-2。

表 3-2 运行中的某抽屉隔离上锁操作

序号	操作步骤	操作要求	工器具	测评标准	备注
1	设备信息核对	检查设备标识与工作票 一人核对、一人复核	目视	工作票与模拟体铭牌对应	
2	确认此配电抽屉已合闸	口述验证过程	口述	正确说验证隔离内容	
3	按顺序将合闸的抽屉切至分闸位置	操作正确	操作	分闸应果断	
4	将抽屉切至试验位置拉出位置	验证操作顺序	操作	操作顺序正确	
5	将抽屉拉出，并切至隔离位置	验证抽出后成功切到隔离位置	操作	操作正确	
6	隔离位置挂锁	挂锁挂牌	操作	正确挂锁并将标牌正面朝外	

3.3 操作实施：解锁抽屉并切至试验位置

表 3-3 解锁抽屉并切至试验位置

序号	操作步骤	操作要求	工器具	测评标准	备注
1	设备信息核对	检查设备标识与工作票	目视	工作票与模拟体铭牌对应	
2	解锁	用专用钥匙解锁	无	锁应合理存放	
3	将抽屉切至抽出位置	将抽屉切至抽出位置	操作	操作正确	
4	推入抽屉	将抽屉推入	操作	应稍微用力保证抽屉接触良好	
5	将抽屉切到试验位置	切换顺序正确	操作	方向正确且到位	
6	确认抽屉状态	观察此时抽屉把手状态	目视	应有此项动作	

3.4 操作实施：用试验盒在试验位置启动某负荷

用试验盒在试验位置启动某负荷操作见表 3-4。

表 3-4 试验盒在试验位置启动某负荷操作

序号	操作步骤	操作要求	工器具	测评标准	备注
1	设备信息核对	检查设备标识与工作票	目视	工作票与模拟体铭牌对应	
2	检查抽屉位置	检查是否在试验位置	操作	应有此项检查	

续表

序号	操作步骤	操作要求	工器具	测评标准	备注
3	插入试验盒	正确插入试验盒	操作	插头方向正确	
4	电话三向交流,向主控汇报	三向交流,汇报主控即将在试验位置启动某负荷	电话	三向交流正确	
5	启动某负荷	按下试验盒启动按钮	操作	操作应果断	
6	观察指示灯及抽屉状态	观察指示灯抽屉状态正常	操作	注意观察	
7	停运某负荷	按下试验盒停止按钮	操作	操作应果断	
8	检查指示灯状态及抽屉状态	观察指示灯抽屉状态正常	操作	观察到位	
9	汇报主控	汇报主控试验盒启动停止正常	汇报	三向交流	
10	拔除试验盒	将试验盒拔除	操作	注意检查抽屉状态	

3.5 操作实施:切至运行位置启动某负荷

切至运行位置启动某负荷操作见表 3-5。

表 3-5 切至运行位置启动某负荷操作

序号	操作步骤	操作要求	工器具	测评标准	备注
1	设备信息核对	检查设备标识与工作票	目视	工作票与模拟体铭牌对应	
2	将抽屉由试验位置切至运行位置	正确切入注意 8E/2 以下抽屉需要向内按一下才能切	操作	操作正确	
3	检查指示灯状态	检查指示灯	目视	有此项检查	
4	电话三向交流,向主控汇报	三向交流,汇报主控可以启动某负荷	电话	三向交流正确	
5	主控答复现场用试验盒点动	三相交流正确性	三向交流	三向交流正确	
6	插入试验盒	正确插入试验盒	操作	插头方向正确	
7	检查指示灯状态	检查故障黄灯亮	目视	有此项检查	
8	电话三向交流,向主控汇报	三向交流,汇报主控及就地即将在试验位置启动某负荷	电话	三向交流正确	
9	启动某负荷	按下试验盒启动按钮	操作	操作应果断	

续表

序号	操作步骤	操作要求	工器具	测评标准	备注
10	观察指示灯及抽屉状态	观察指示灯且抽屉状态正常	操作	注意观察	
		并询问就地负荷情况			
11	停运某负荷	按下试验盒停止按钮	操作	操作应果断	
12	检查指示灯状态及抽屉状态	观察指示灯抽屉状态正常	操作	观察到位	
13	汇报主控	汇报主控试验盒启动停止正常	汇报	三向交流	

3.6　操作实施:清理现场

清理现场操作见表 3-6。

表 3-6　清理现场操作

序号	操作步骤	操作要求	工器具	测评标准	备注
1	清理现场	清理设备表面,清理检修设备附近区域的异物	操作	检修设备无异物	
2	做到工完料尽场地清	清理检修完成后的零部件、材料等	操作	无零部件、材料遗漏	

3.7　实施中需要特别注意的几个关键点

虽然本次通用实操在全程没电的情况下进行,但教员仍应时刻向学员灌输“没电设备当有电设备看”的理念,在配电盘操作过程中,为保证检修工作顺利进行,必须注意如下关键点,指导教师及助教应适时提醒学员注意,对于存在触电风险的操作步骤或容易引起设备损坏的操作,以演示为主。

1) 始终强调电气作业的潜在风险性,时刻提醒学员对于带电体保持一定安全距离;

2) 抽屉拉出时,注意对抽屉滑轨及底部的保护,防止轨道变形;

3) 抽屉操作中的顺序一定要正确,避免损坏设备;

4) 注意三向交流的规范性。

第四章　配电盘故障及处理办法

4.1　常见故障现象和处理方法

常见故障现象和处理方法见表4-1。

表4-1　常见故障现象和处理方法

序号	故障现象	判断方法	故障原因分析	故障排除方法
1	把手损坏	把手损坏	操作人员转动把手时用力过猛,硬扳把手所致	更换
2	开关无法合闸	抽屉抽出,机构分离	抽屉内的空气开关连杆与小把手脱开	重新安装;更换机构或小把手
3	抽屉无法插入或者抽出	把手位置正确,转动灵活,而抽屉卡涩	操作人员未将抽屉侧板插入卡槽	重新推送,抽拉
4	抽屉在隔离位置仍可推入	抽屉在隔离位置仍可推入	抽屉机械联锁限位损坏	更换机械连锁机构
5	抽屉无法切到合闸位置	操作方法不对	小抽屉把手切到合闸位置需要向内推一下	重新操作

4.2　特殊故障原因分析和故障排除方法

特殊故障原因分析和故障排除方法见表4-2。

表4-2　特殊故障原因分析和故障排除方法

序号	故障现象	判断方法	故障原因分析	故障排除方法
1	抽屉送电后,电源指示灯不亮	电源指示灯不亮	指示灯故障或是抽屉插件接触不良	将其拉出,重新送入
2	抽屉柜故障指示灯亮(黄灯)	抽屉柜故障指示灯亮(黄灯)	通过二次图分析可能原因	根据复位按钮排除

第五章　操作结束

5.1　总结培训过程

对于一个新入职的核电员工来说，在配电盘部分最需要也最急切的是一些基础知识和常见的操作方法，为此本次培训着重从什么是配电盘，配电盘是什么？配电盘怎么操作？怎么看懂这些配电抽屉的一次图和二次图？掌握这些基础知识后，在后续一年的工作岗位中，才能以此为基础，通过现场的实际学习加深印象，尽快熟悉掌握配电盘的知识和检修技能，一年后配以《配电盘专业技能培训》，就能迅速从根儿上掌握配电盘的维护技能。

在实操部分，我们知道配电盘抽屉的操作工作，是电气专业和运行人员必须掌握的一门技能，主要是涉及配电抽屉各个位置状态的识别、抽屉分合闸的操作等。学员要认真听取各环节操作要点，多动手，勤加练习，掌握抽屉操作基本技能及各种校验设备的基本操作，并对常见缺陷有一定的认识，对今后的工作有一定的指导。

强调电气工作的广泛危险性，学员应加以足够的重视！

5.2　评判

学员对配电盘检修工作进行简述，并说明其中的关键点以及注意事项。教员对学员的陈述简要记录，根据阐述评判学员的掌握情况。其中隔离验证，抽屉检查细节需要详细阐述。教员指出学员阐述过程中的错误以及需要注意的事项，并且依据评判表，对学员的学习情况作出整体评判。

5.3　清理现场

工作结束后，做到工完料尽场地清。操作过程中有问题，应记录损坏情况并汇报，必要时开缺陷票进行处理。

5.4　工后会

工后会是对整个工作的过程的回顾以及必要的经验反馈。

回顾工作过程：工作许可证已归还，场地已清理，设备标牌完好，对检修任务进行评价，是否达到预期的目的，试验设备与工器具已经归还。

工作后的经验反馈是对以后同类型的阀门工作的经验积累，以提高工作的检修技能，能够更好的完成检修工作，其主要有以下内容：

1) 工期是否安排合理；

2) 工作人员是否配备充足；
3) 工作文件的合理性；
4) 工作人员的检修技能是否满足要求；
5) 规程、图纸是否需要升版；
6) 检查过程中的异常；
7) 工作的经验反馈；
8) 协调事项。

第六章　经验反馈

6.1　抽屉一次插保护罩变形的修复

2013 年 4 月 3 日工作负责人在进行 1LKP 配电盘清洁检查工作时发现 1LKP371JA 抽屉一次进线母排侧 C 相垂直母排保护罩变形，抽屉侧 C 相接插件错位。如图 6-1 和图 6-2 所示。

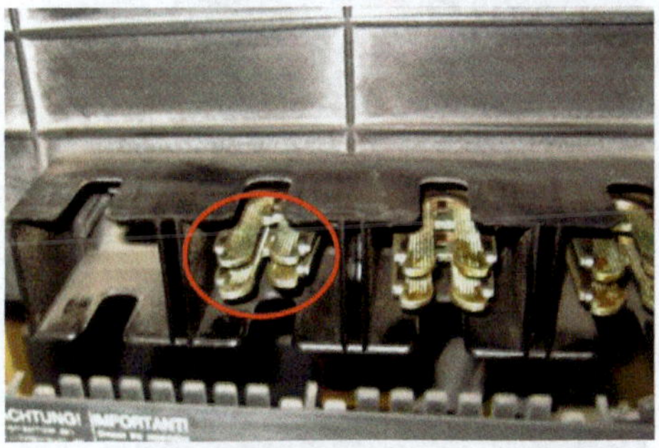

图 6-1　垂直母排保护罩变形图

图 6-2　抽屉侧插件错位

原因分析：该抽屉规格为 16E，安置在配电柜最下层，抽屉较重且位置较低，操作时难于发力，操作不当可能导致抽屉推入角度与垂直母排有些许位移，引起接插件错位，最终导致该缺陷发生。

ABB 低压配电盘垂直母排保护罩，可以拆卸，同一列垂直母排由几块保护罩拼接而成用螺丝固定（不涉及力矩）在框架上，实现对垂直母排的封闭。如图 6-3 所示。

图 6-3　垂直母排保护罩安装方式

通过现场查看，缺陷保护罩可以和 1LKP361JA 间隔的保护罩互换，缺陷位置刚好错开，而达到两者同时满足使用要求。如图 6-5 所示。

处理办法：

1）将缺陷保护罩用备用位置保护罩进行替换；

2）将轨道及触头涂抹凡士林，进行润滑；

3）处理 1LKP371JA 错位一次插件，并进行张力测试，校验合格进行恢复；

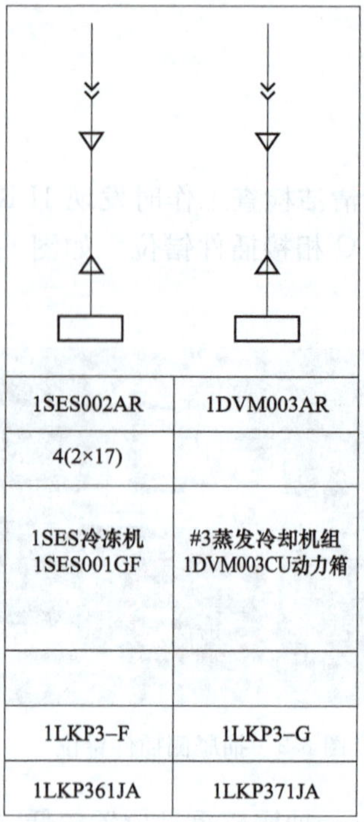

图 6-4　电气一次图

图 6-5　现场抽屉位置

4）确定方案后，按 QDR 流程实施，拆下缺陷保护罩和替换位置保护罩，进行替换。

图 6-6　单片保护罩外形（损坏）

通过对比 1LKP361JA 和 1LKP371JA 抽屉一次进线，可以看出互换后，缺陷保护罩不影响 1LKP361JA 的正常使用。

图 6-7　互换保护罩的两个间隔一次进线位置对比

最后对错位一次插件进行复位，测量张力为 130 N，满足合格范围（90～140 N）。

图 6-8　一次插复位后进行张力测试

6.2　断路器跳闸线圈失效

在执行 3LAA002RD 预防性维修后的试验过程中，发现充电器直流电压高后无法联跳上游的开关 3LLC181JA。经过检查发现在跳闸命令发出后，3LLC181JA 内的 K206 跳闸继电器能够正常动作，但断路器无法跳闸，进一步检查测量发现断路器跳闸线圈 Y0 的阻值测量不到，故判断断路器的跳闸线圈失效的可能性最大。

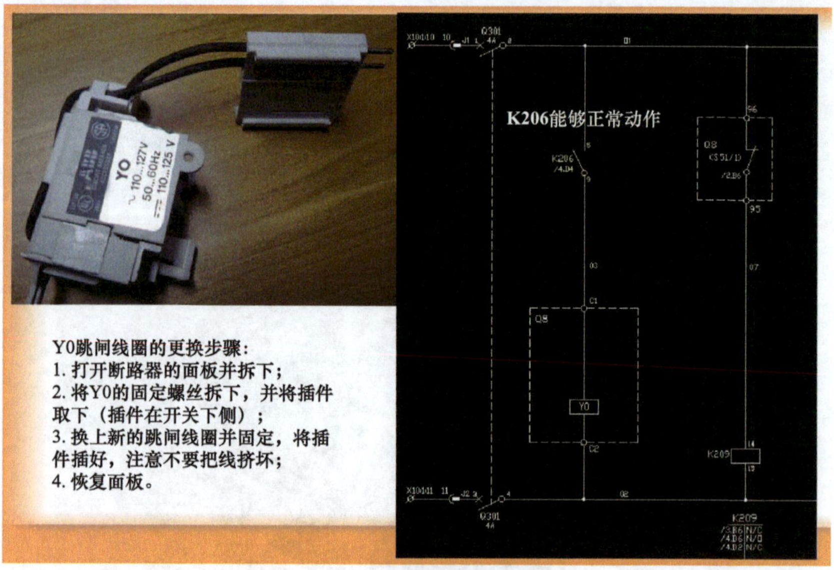

图 6-9　跳闸线圈更换步骤

领取备件进行更换，更换完成后故障消除，跳闸正常。

物资编码	物资名称	规格型号
5603100021	分励线圈	SOR-C 110…127 VAC110…125 VDC(T4-T6)

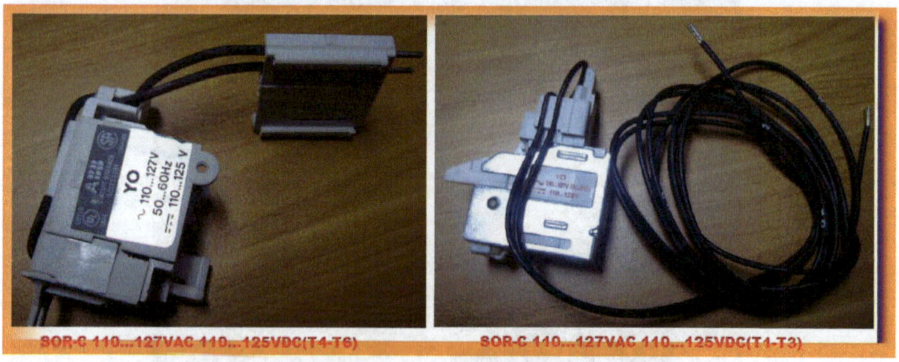

图 6-10　跳闸线圈备件

相似地，在执行 3LBP 蓄电池过流联跳上游充电器进出线开关及蓄电池进线开关时，发现条件达到后，充电器 3LBP001RD 上游的开关没有动作跳闸。经过检查，发现在跳闸命令发出后，3LLB351JA 内的 K206 跳闸继电器能够正常动作，但断路器无法跳闸，进一步检查测量发现断路器跳闸线圈 Y0 的阻值忽大忽小，怀疑断路器跳闸线圈失效。

领取备件进行更换，更换完成后故障消除，跳闸正常。

物资编码	物资名称	规格型号
5603100023	分励线圈	SOR-C110…127 VAC110…120 VDC(T1-T3)

注意：虽然两个故障都是跳闸分励线圈的更换，但存在许多不同：

1) 两个分励线圈的规格型号不一样，一个是用于 T1～T3 的断路器，一个是用于 T4～T6 的断路器，注意在更换时不要弄错备件(具体实物见照片)；

2) 由于型号不同，所以更换过程中的方法也略有不同；用于 T4～T6 的断路器更换时只需要将接插件更换即可，而用于T1～T3的断路器更换时，则需要将走线进行重新布置，在断路器内有很细的线槽，将线从下图位置引出，接至相应的位置。

6.3　接触器失效

在进行 3LKH 母线清扫后的试验时发现 110 VDC 电源时有时无，经过检查发现给负荷供 110 VDC 的接触器接触不良，导致下游 110 VDC 电源不稳定。这里使用的是 K206 的常闭点，在 K206 失电后，其常闭主触点应闭合。而实际测量其常闭点未能完全闭合。

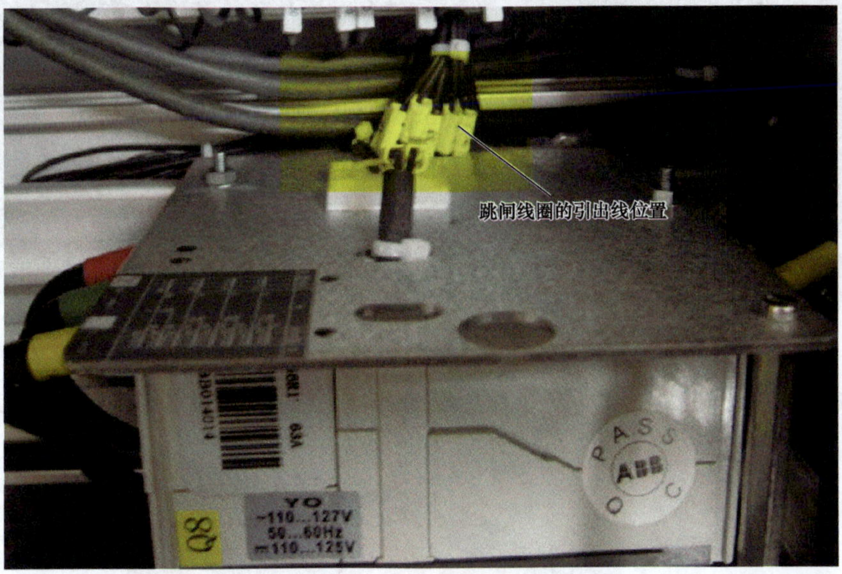

图 6-11　接触器异常

领取备件进行更换，更换完成后动作正常。

物资编码	物资名称	规格型号
3310000261	接触器	AF75-22-00，DC 48～130 V

6.4　二次插针缩回导致开关误发报警或者拒动

秦二厂 3/4 号机组使用的配电盘中，8E/2 和 8E/4 抽屉开关的二次插针在开关柜的背部，当开关推入时和母线的 L 型转接件接触，从而与系统构成相应的回路。

抽屉每抽出或推入一次，二次插针就要断开或接触一次，久而久之，可能导致二次插针松动乃至缩回，从而有误发报警或者拒动的现象发生。在本次大修发现 3LCB133JA 在抽屉侧的公插针缩回，导致抽屉没有控制电源，报警继电器常闭触点闭合，触发 3LCB001AA 配电盘故障报警。

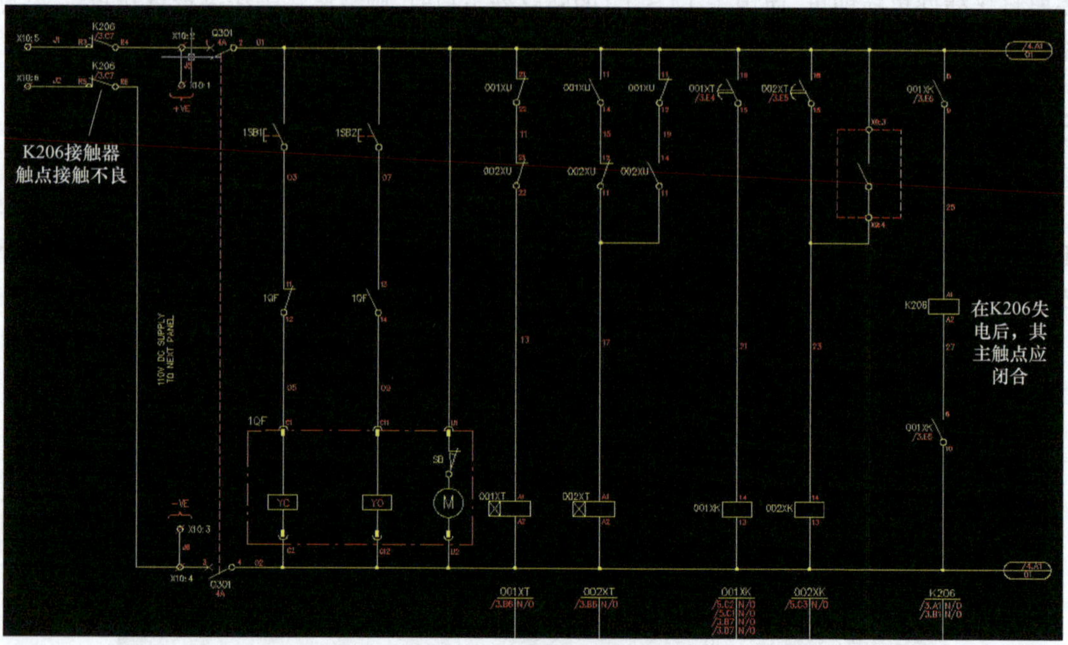

图 6-12　二次插位置

将 3LCB133JA 断开后，检查发现其二次插针(11)缩回，导致 48 VDC 电源没有送达抽屉内。

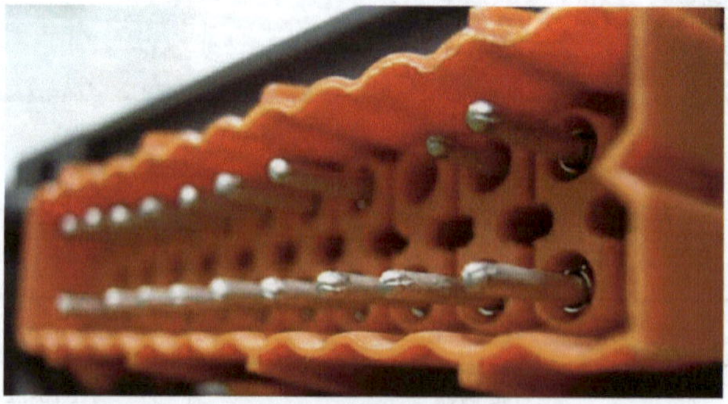

图 6-13　二次插照片

更换公插针需要有专用工具，具体方法如下：

1) 用专用的退针工具将二次插针从黄色固定块中退出；

2) 插针退出后检查相应的插针是否有变形的现象；

3) 若需要更换插针时，先将之前的插针剪掉；

4) 然后剥线至适当长度；

5）用新的插针进行替换，注意外面的卡子压绝缘皮，里面的卡子压导线；

6）压接完毕后，将插针插回原来位置，更换完毕；

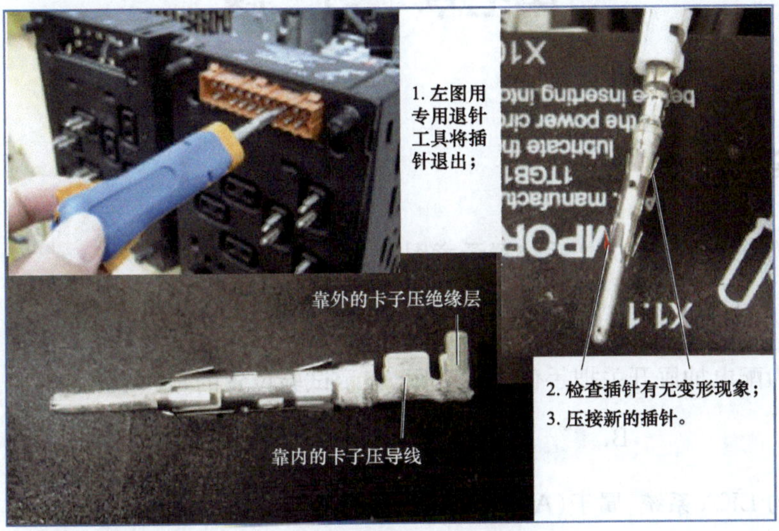

图 6-14　更换二次插步骤

第七章　习　题

7.1　选择题(24 分)

1. 以下为配电抽屉开关把手位置示意图,表示隔离位置的是(D)。

A. 　B. 　C. 　D. 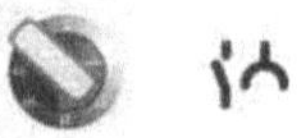

2. 以下为配电抽屉开关把手位置示意图,表示试验位置的是(C)。

A. 　B. 　C. 　D. 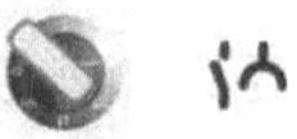

3. 二厂的 LKA 系统,属于(A)列配电盘?

A. A　B. B

4. 配电抽屉的规格中,8E/2 中的 E,指示是(C)mm?

A. 10　B. 15　C. 25　D. 50

5. 一个 8E/2 的抽屉从合闸位置切至拉出位置,正确的顺序是(B)。

A. 合闸-试验-分闸-拉出　B. 合闸-分闸-试验-拉出

C. 合闸-隔离-分闸-拉出　D. 合闸-试验-隔离-拉出

6. 模拟体二次端子中的 J+和 J−是多少伏的电压(C)。

A. 24　B. 48　C. 110　D. 220

7. 按钮试验盒上的绿色按钮代表的是(A)。

A. 合闸　B. 分闸　C. 点动　D. 测试

8. F+C 回路中 003JS 的用途是(C)。

A. 分闸自保持　B. 屏蔽远方启动信号

C. 合闸自保持　D. 试验盒接入

7.2　判断题(10)

1. 低压配电盘,是指 380 V 及以下的配电盘。　(√)
2. F+C 指的是熔断器和接触器回路。　(√)
3. 配电抽屉的规格,不是根据负荷电流来设计的。　(×)
4. 配电盘出厂的时候,反正到现场需要组装,所以不需要再考虑运输的问题。　(×)
5. 插入试验盒的时候,配电盘的故障灯会点亮。　(√)

7.3　简答题(20 分)

1. 8E/4 及 8E/2 馈电单元的操作是通过装在仪表板上的手柄开关来实现的,该手柄开关有五个位置,请简单说明这几个位置的功能。

2. 请简述工后会需要交代的内容?

7.4　操作题(46 分)

1. 考核要求:
2. 本题分值:46
3. 考核时间:40 min
4. 考核形式:实操
5. 具体考核要求:
6. 否定项说明:无

配分与评分标准:

题目:点动运行 F1 抽屉负荷

序号	考核内容	考核要点	配分	评分标准	扣分	得分
1	工前会	交代此次工作内容	2	有此项行为		
2	核对标牌	核对操作票和设备的代码 F1 一致	2	核对一致		
3	初始状态确认	检查 F1 抽屉的初始状态	2	有此项行为		
4	母线带电检查	检查确认母线已有电	2	需有检查确认母线带电的行为		
5	元器件检查	拉出抽屉检查内部元器件,尤其是开关	5	检查并发现开关是断开的		
6	元器件识别	说出各元器件名称	5	能说出各元器件名称		
7	推入抽屉	将抽屉推入,需双手操作	2	正确推入		
8	切至试验位置	将抽屉由推入位置切至试验位置	2	操作正确		
9	切至分闸位置	将抽屉由试验位置切至分闸位置	2	操作正确		
10	切至合闸位置	将抽屉由分闸位置切至合闸位置	4	操作正确		
11	汇报主控	三向交流汇报主控将插入试验盒	2	未得到主控允许不得插入		
12	插入试验盒	能正确插入试验盒	2	操作正确		
13	查看指示灯	插入试验盒后故障灯将点亮	2	有此项检查		

续表

序号	考核内容	考核要点	配分	评分标准	扣分	得分
14	汇报主控	三向交流汇报主控将点动	2	未得到主控允许不得点动		
15	点动操作	按一下合闸,按一下分闸	4	操作正确		
16	汇报主控	三向交流汇报主控操作完毕	2	三向交流正确		
17	拔除试验盒	拔除试验盒,并观察指示灯	2	正确操作和观察		
18	召开工后会	交代工后会事宜	2	有此项行为		

评分人： 年 月 日 核分人： 年 月 日

第二部分　发变组保护维修

第一章　操作准备

1.1　原理描述

1.1.1　保护装置硬件说明

WFB-800 微机型发电机变压器组保护装置采用许继公司新一代基于 32 位浮点 DSP 技术的通用硬件平台。整体大面板，全封闭机箱，硬件电路采用后插拔式的插件式结构，CPU 电路板采用 6 层板，表面贴装技术，提高了装置可靠性。

机箱采用 19 英寸 6U 全宽机箱，抗干扰能力强。

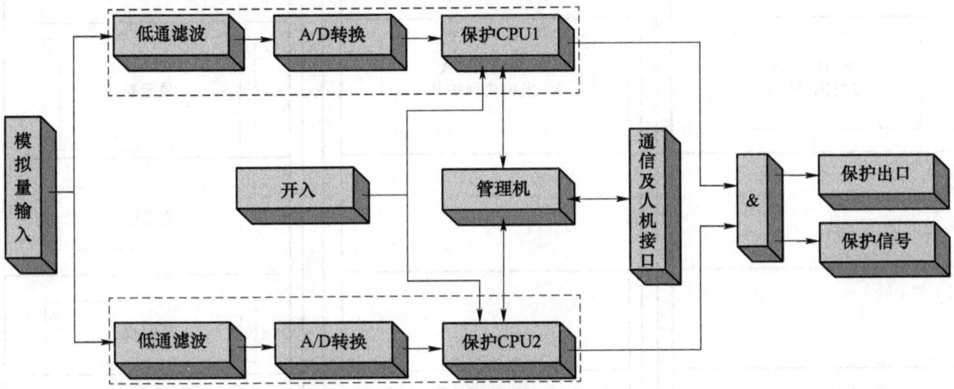

图 1-1　硬件框图

装置由双 CPU 系统构成，它们是完全相同的两套系统，但相互之间又完全独立。每套系统中均包含滤波、采样、CPU 及 CPLD 等硬件回路，可独立完成采样、保护、出口、自检、故障信息处理和故障录波等全部功能。各 CPU 系统中针对不同的保护设置启动元件，启动元件动作后开放保护装置的出口继电器正电源。装置采用双 CPU 互“与”出口方式，各保护动作元件只有在其对应的启动元件动作后才能跳闸出口，从而有效地防止了硬件回路中元件损坏造成保护装置误出口，使装置具有冗余性，提高了装置运行的可靠性。

另有一块管理机接口板，由一片 DSP 专门处理键盘操作、液晶显示、信息打印等人机对话任务。正常运行时，液晶可显示当前时间、发-变组单元主接线以及电压、电流等实时数据，人机对话中所有的菜单均为简体汉字。通过提供的专用软件,可对保护进行更为方便、详尽的监视与控制。

装置核心部分采用德州仪器公司(Texas Instruments)的32位数字信号处理器TMS320C33,主要完成保护的出口逻辑及后台功能,使保护整体精确、高速、可靠。

1.1.2 发电机-变压器组保护配置

发电机-变压器组的微机继电保护装置按双重化配置(非电气量除外),要做到如下要求。

1) 两套发电机-变压器组的微机继电保护装置(包括出口跳闸回路)应完整、独立安装在各自的屏内,之间没有任何电气联系。当运行中的一套保护装置因异常需退出或检修时,应不影响另一套保护装置的正常运行。

2) 每套保护装置均应配置比较完整的差动,后备保护及异常保护,能反映被保护设备的各种故障运行状态。

3) 每套装置的交流电压和交流电流应分别取自电压互感器和电流互感器互相独立的绕组,其保护范围应交叉重叠,避免死区。

4) 非电量保护应设置独立的电源回路(包括直流小空气开关及直流电源监视回路),出口跳闸回路应完全独立,在保护柜上的安装位置也应相对独立。

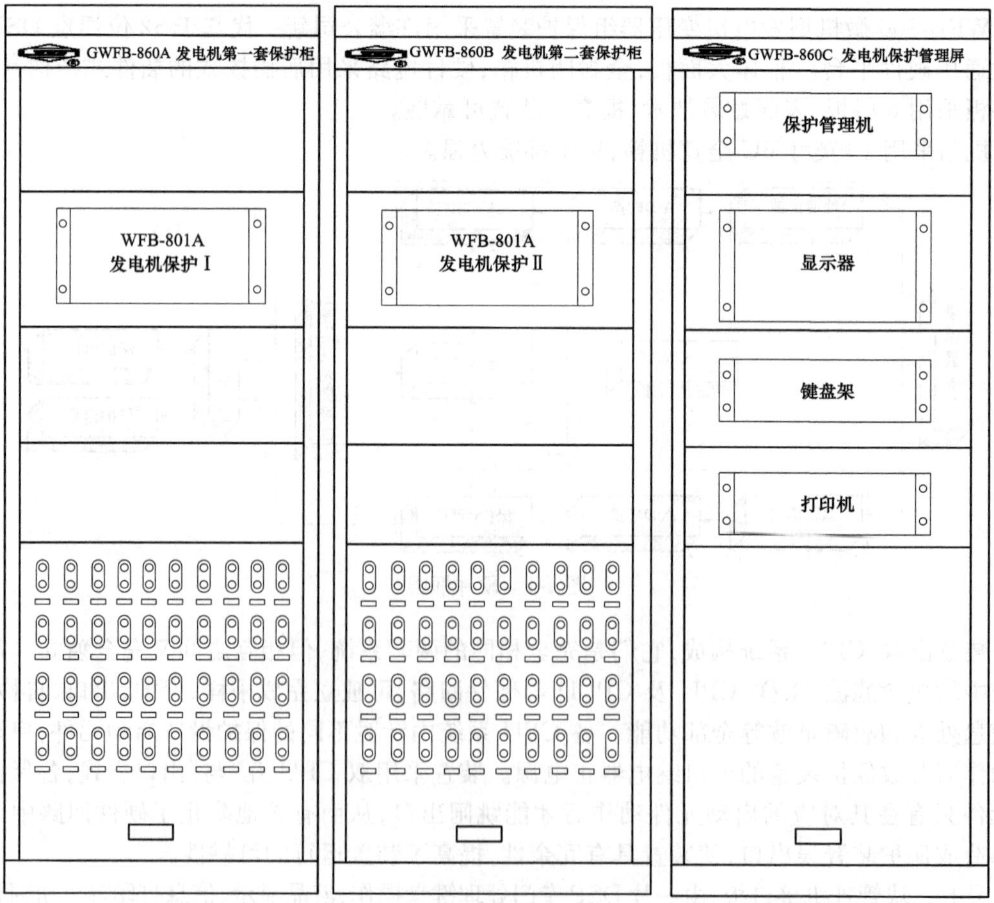

图 1-2 发电机保护组屏方式

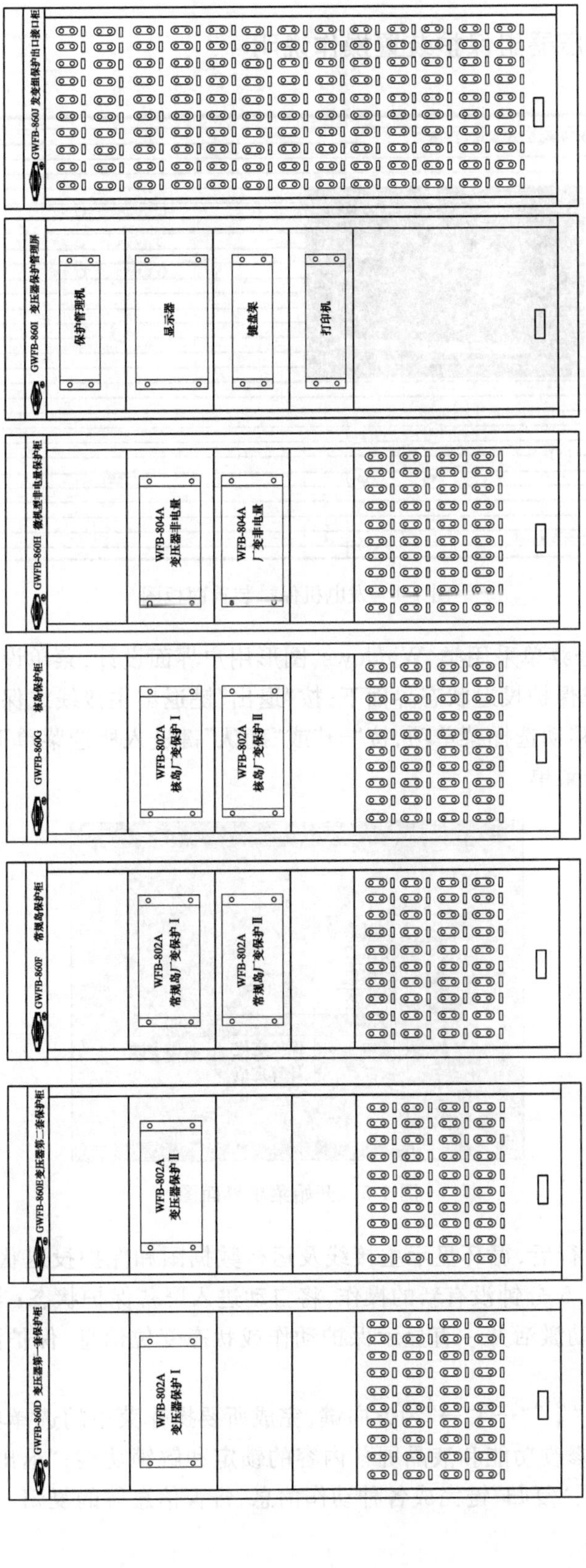

图 1-3　变压器保护组屏方式

1.1.3 发电机-变压器组保护装置操作说明

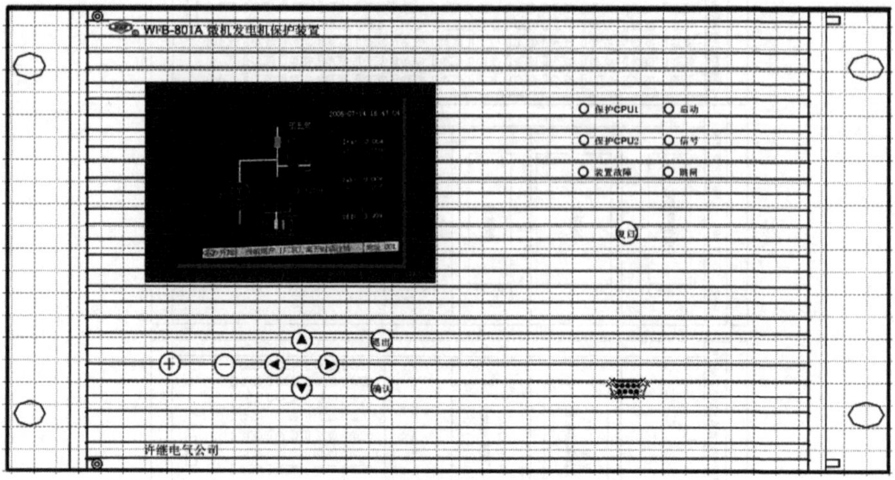

图 1-4 发电机保护装置面板图

WFB-800A 命令菜单采用类 Windows 图形用户界面设计，菜单设计简洁、操作方便快捷。在初始主接线或保护投退状态界面下，按“退出”键退出主接线或保护投退界面，进入主菜单，按“↑”“↓”键移动选择菜单项，按“→”或“确认”键进入所选菜单下级菜单，按“←”、或“退出”键返回前一级菜单。

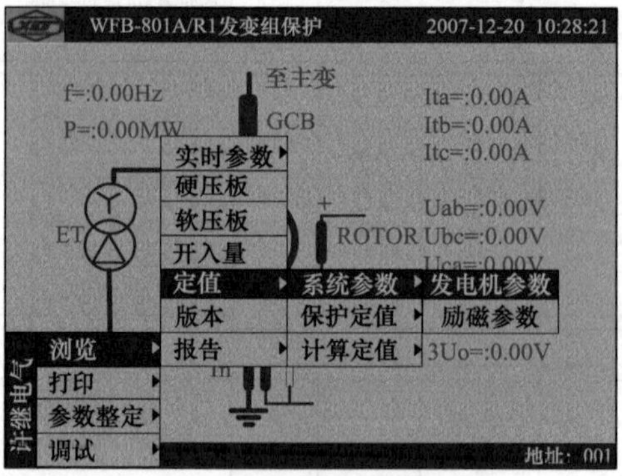

图 1-5 开始菜单界面图

装置上电正常运行后，循环显示主接线及运行数据图和保护投退状态图，可通过“+”或“-”键快速切换，如果 5 分钟没有新的操作，将自动进入屏幕保护状态；当有保护动作或状态变位时，显示屏将自动激活并一直显示保护动作或状态变位信息，保护液晶屏一直点亮，需要操作人员复归。

操作面板上“↑”“↓”“←”“→”为方向键，完成所要操作菜单的选择功能；“+”“-”为修改键，完成所选菜单的修改功能和液晶屏幕内容的锁定和解锁功能；“退出”“确认”为命令键，完成操作的确认功能：“复归”键完成各种动作信息、告警信息等的复归。

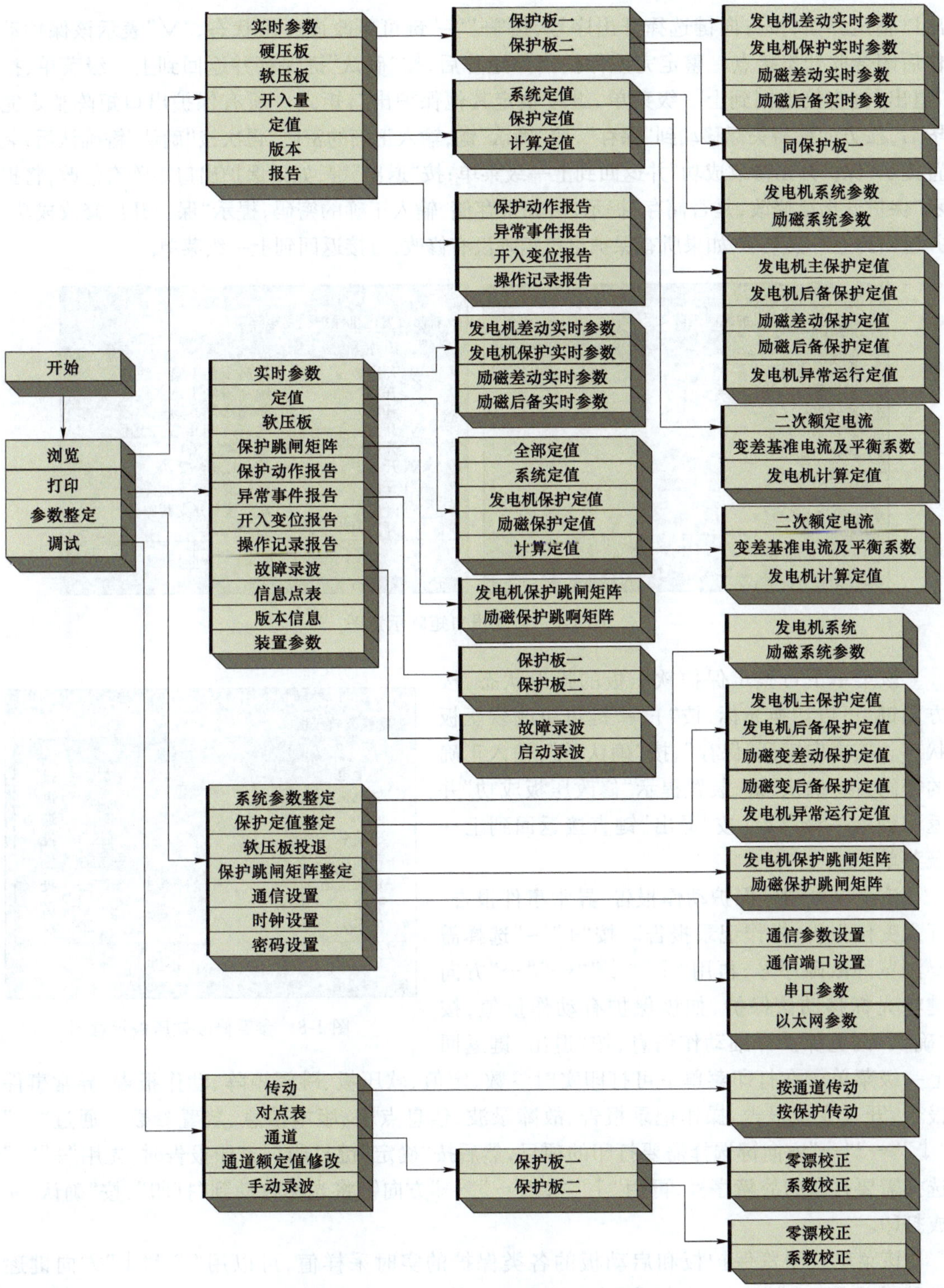

图 1-6 菜单命令展开图

该菜单下可整定保护跳闸矩阵，按方向键选择要整定的保护，按“确认”键进入该保护的出口整定界面，按方向键选择开出序号，按“+”“-”键可更改该开出状态，“√”表示该保护动作后闭合此开出接点。整定完该保护出口矩阵后，按“确认”键保存并返回到上一级菜单，按“退出”键直接返回到上一级菜单，继续整定其他保护出口矩阵。所有保护出口矩阵整定完毕后，按方向键将关标移动到“保存”，按“确认”键，输入正确的密码，再次按“确认”键确认后，装置提示“保护开出修改成功”并返回到上一级菜单；按“退出”键，如果保护出口矩阵有修改，将提示“保护开出已修改，是否储存”提示栏，如果存储，输入正确的密码，提示“保护开出修改成功”并返回到上一级菜单，如果所有保护出口矩阵没有修改，直接返回到上一级菜单。

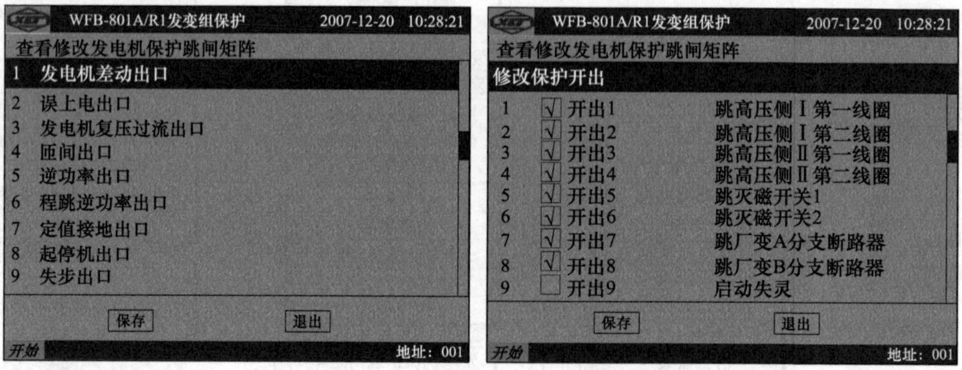

图 1-7 修改出口矩阵示意图

该菜单下可整定保护软压板的投退状态，按方向键，可以切换光标，按“+、-”键可更改软压板状态。按方向键到“保存”，按“确认”键，输入正确的密码，按“确认”键，装置提示“修改压板成功”并返回到上一级菜单；按“退出”键直接返回到上一级菜单。

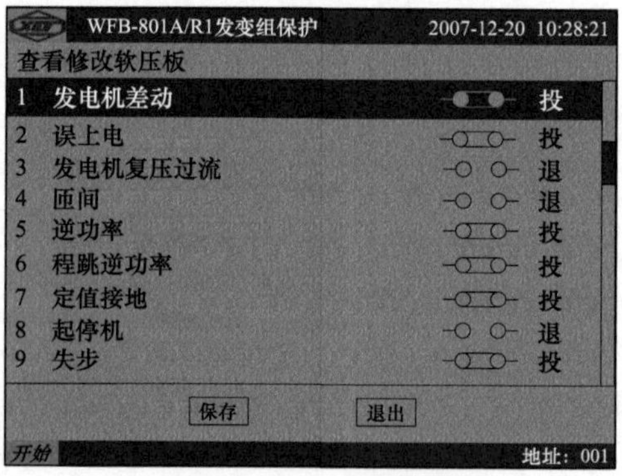

图 1-8 参看修改软压板示意图

该菜单可浏览保护动作报告、异常事件报告、开入变位报告、操作记录报告。按“+”“-”选择需要浏览的故障序号，再用“↑”“↓”“←”“→”方向键将光标移动该保护，如该保护有动作量值，按“确认”浏览保护详细动作信息，按“退出”键返回上一级菜单。在打印菜单下可打印实时参数、定值、软压板、跳闸矩阵、动作报告、异常事件报告、开入变位报告、操作记录报告、故障录波、信息点表、版本信息、装置参数。通过“↑”“↓”“←”“→”方向键选择需要打印的项目，然后按“确定”键打印。打印报告时，先用“+”“-”选择需要打印的故障序号，再用“↑”“↓”“←”“→”方向键将光标移动到“打印”，按“确认”完成打印。

该菜单可浏览保护板和启动板的各类保护的实时采样值，可以用“↑”“↓”方向键逐条移动或用“←”“→”方向键翻页显示。可以按“+”键锁定采样值，按“-”键解锁，查看实时参数，检查 TA、TV 的极性，便于现场运行人员的调试和维护。按“退出”键返回上一级菜单。

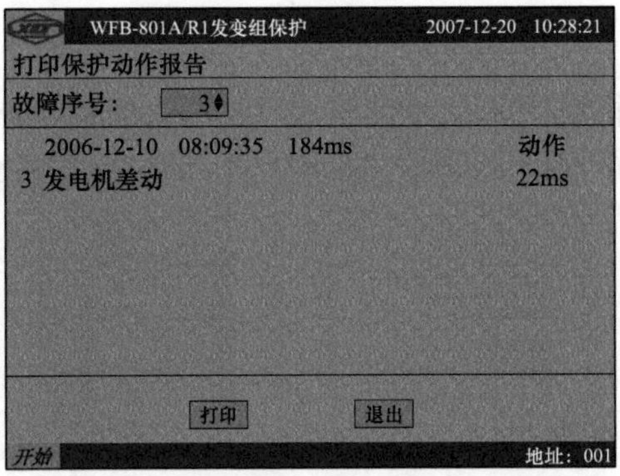

图 1-9　浏览或打印保护动作报告示意图

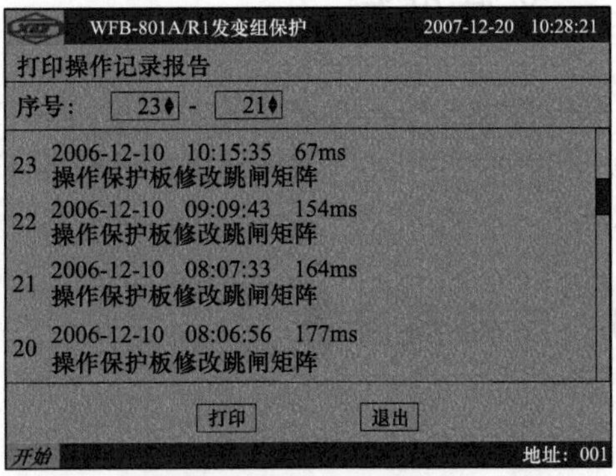

图 1-10　浏览或打印操作记录报告示意图

传动分为按通道传动和按保护传动。按通道传动可以检查整个接线回路，按保护传动可以检查保护动作结果。选择通道传动或保护传动，输入正确密码后，用“+”和“-”键改变通道 ID 或矩阵 ID，确认传动，弹出菜单“预发返校成功，是否继续”，用“←”“→”选择是或否，是则开始测试，并自动返回上级界面，否则退出返回上级界面。

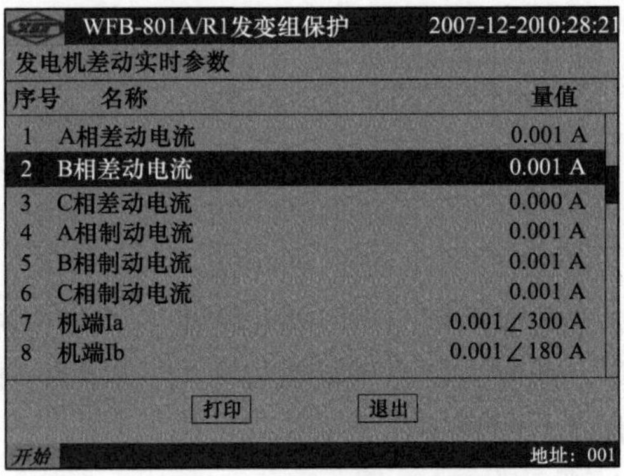

图 1-11　查看实时参数示意图

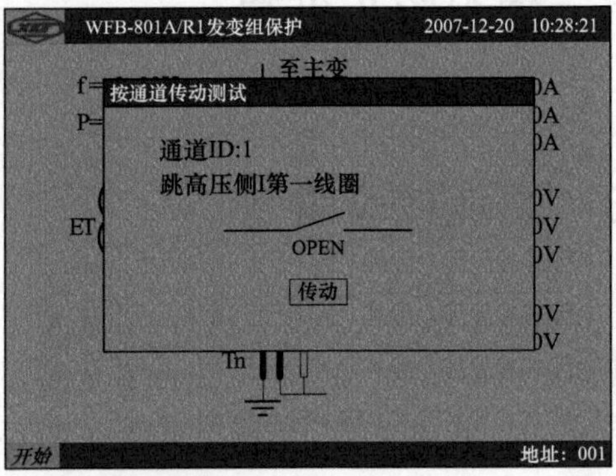

图 1-12　按通道传动示意图

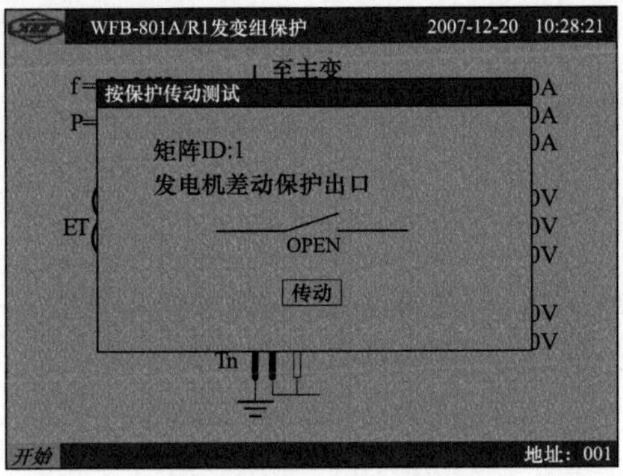

图 1-13　按保护传动示意图

1.2 文件准备

保护现场工作具有完整的工作包，包括工作指令单，质量计划、分析分析、领料、隔离指令等，规程使用为 M/ME/X/GPA/XAR/011；M/ME/X/GPA/XAR/008，工前会、工后会记录单等。

1.3 工器具准备

继保测试仪一台；试验导线若干；万用表；兆欧表；个人工具一套。

1.4 模拟体准备

发变组保护培训屏处于可用状态。检查保护屏是否上电，核实可否送电，以确保教学过程的顺利实施。

1.5 辐射防护准备

无。

1.6 工业安全准备

按照电工作业安全规定执行，所有人员穿戴劳动保护用品。具体的工业安全准备需根据现场环境而确定，但基本的工业安全需要准备。所有人员必须佩戴安全帽、防砸鞋、工作服、手套等。检修场地使用警示带进行围栏，确保工作过程中无非工作人员进入。

1.7 配合人员准备

无。

1.8 场地准备

现场铺设白布用于摆放工器具；清理场地，确保检修场地无其他异物；合理分配场地，确保工具、设备的合理分布，方便检修；在场地外围布置警示带。

第二章　操作实施

2.1　操作实施 1　保护传动试验

保护传动试验操作见表 2-1。

表 2-1　保护传动试验

序号	操作步骤	操作要求	工器具	测评标准	备注
1	准备工作文件	标准文件及维修规程	无		
2	核对设备标牌	与工作票一致	无		
3	召开工前会	三向交流、经验反馈、分工明确	无		
4	保护软压板投入	1 人监护、1 人操作	无		
5	保护硬压板投入	1 人监护、1 人操作	无		
6	整定保护跳闸矩阵	专人监护核对	无		
7	按保护传动开出	1 人监护、1 人操作	无		
8	测量保护开出信号	监视保护开出节点信号	万用表		
9	复归保护动作	1 人监护、1 人操作	无		
10	召开工后会	总结反馈	无		

2.2　操作实施 2　保护模拟量采样试验

保护模拟量采样试验操作见表 2-2。

表 2-2　保护模拟量采样试验

序号	操作步骤	操作要求	工器具	测评标准	备注
1	准备工作文件	标准文件及维修规程	无		
2	核对设备标牌	与工作票一致	无		
3	召开工前会	三向交流、经验反馈、分工明确	无		
4	保护装置上电检查	面板指示灯显示正常，屏幕显示正常，各按键功能正常，各项基本操作正常	无		

续表

序号	操作步骤	操作要求	工器具	测评标准	备注
5	检查直流回路确无电压，用 500 V 兆欧表测量对地绝缘电阻，并记录	1 人监护、1 人操作	兆欧表		
6	将交流回路的外部接地线解开，用 1 000 V 兆欧表测量交流回路对地的绝缘电阻，并记录	1 人监护、1 人操作	兆欧表		
7	各模拟量采样通道的零漂检查：保护装置的各模拟输入量的输入为 0 时，检查各通道的采样值，查看保护板、启动板实时参数并记录	测试仪输出为 0	保护测试仪		
8	检查电流输入通道的采样值，查看保护板、启动板实时参数并记录	测试仪分别输出 30%、50%、100%额定电流	保护测试仪		
9	检查电压输入通道的采样值，查看保护板、启动板实时参数并记录	测试仪分别输出 30%、50%、100%额定电压	保护测试仪		
10	召开工后会	总结反馈	无		

表 2-3　绝缘检查记录表

序号	测试回路	绝缘电阻值	要求
			不小于 1 MΩ

表 2-4　模拟量采样回路检查记录表

发电机机端电流回路							
输入值	显示值						相位
	保护板			启动板			
	Ia	Ib	Ic	Ia	Ib	Ic	
零漂							

续表

发电机中性点电流回路							
输入值	显示值						
	保护板			启动板			相位
	Ia	Ib	Ic	Ia	Ib	Ic	
零漂							

2.3　实施中需要特别注意的几个关键点

1) 保护校验开始之前,一定要验电。
2) 保护装置上电前,一定要绝缘测量。
3) 绝缘测量后,必须放电并恢复二次回路接地线。
4) 进行校验工作前,必须投入检修压板。
5) 核对定值,确认量程。
6) 保护通流时,严防 CT 二次回路开路。
7) 保护加压时,严防 PT 二次回路短路。

第三章　故障检查和处理

3.1　常见故障现象和判断方法

常见故障现象和判断方法见表 3-1。

表 3-1　常见故障现象和判断方法

序号	故障现象	判断方法	故障原因分析	故障排除方法
1	电源自检出错	装置报警	电源卡件损坏	重新上电
2	同步串口通讯出错	查看报文	CPU 间的同步串口通讯中断或异常	断电重启
3	DSP 总数不正确	查看报文	实际运行 CPU 总数与设置的 CPU 总数不一致	将“CPU 总数”设置为实际运行 CPU 个数
4	定值自检出错	查看报文	定值存储异常	重新保存定值
5	通讯中断	装置报警	CPU 与管理机通讯中断	断电重启
6	保护测试仪报警	声响报警或弹出报警窗口	测试仪未连接成功或二次回路断开	检查测试仪连接线，检查二次回路接线是否正确
7	调试菜单无法操作	查看报文	检修压板未投入	投入检修压板
8	保护无开出节点信号	查看报文	出口跳闸矩阵设置错误	检查出口跳闸矩阵与选择功能的一致性

3.2　特殊故障原因分析和故障排除方法

特殊故障原因分析和故障排除方法见表 3-2。

表 3-2　特殊故障原因分析和故障排除方法

序号	故障现象	判断方法	故障原因分析	故障排除方法
1	电源自检出错	装置报警	电源卡件损坏	重新上电
2	同步串口通讯出错	查看报文	CPU 间的同步串口通讯中断或异常	断电重启
3	DSP 总数不正确	查看报文	实际运行 CPU 总数与设置的 CPU 总数不一致	将“CPU 总数”设置为实际运行 CPU 个数
4	定值自检出错	查看报文	定值存储异常	重新保存定值
5	通讯中断	装置报警	CPU 与管理机通讯中断	断电重启

第四章　操作结束

4.1　测试工作完成后现场恢复

测试完成后，工作人员恢复被测保护装置到试验前状态。检查电流二次回路连接片已可靠接连，检查接地点有且只有一个，并可靠连接。检查电压二次回路接线已可靠接连，检查接地点有且只有一个，并可靠连接。

根据保护定值单核对被测保护定值，及其出口矩阵并打印保存。

4.2　培训过程总结

在了解保护配置及基本功能的基础上，进行发变组保护装置通流、加压等零漂试验。首先断开交直流电源，进行二次回路及保护装置绝缘检查，再进行保护装置菜单操作，功能压板操作。连接继保测试仪，进行零漂试验，查看报文记录数据。

其关键点为：保护配置情况，熟悉继电保护测试仪，界面操作，功能压板操作，实操时的注意事项。

4.3　评判

学员对发变组保护传动试验过程进行阐述，并说明其中的关键点以及注意事项。教员对学员的陈述简要记录，根据阐述评判学员的掌握情况。其中校验工作的步骤需要完成阐述。教员指出学员阐述过程中的错误以及需要注意的事项，并且依据评判表，对学员的学习情况作出整体评判。

第五章 经验反馈

2012 年 109 大修 1 号主变送电复役后，发电机保护 B 柜内保护机箱面板上出现红灯报警，现场人员查阅新装置中自动生成的保护动作报文发现是由发电机定子接地保护动作发出报警信号。由于我厂用于发电机定子接地保护的基波零序电压 3U0 取自发电机中性点接地变压器二次零序电压，且基波零序电压保护低定值设定为 5 V，延时 6 s 只动作于发信，故根据发电机 B 柜定子接地保护逻辑及相关保护外部接线图分析认为此时接入保护机箱的基波零序电压采样值必定大于 5 V，现场人员用万用表实际测量到保护机箱的基波零序电压输入量端子电压为 8 V。

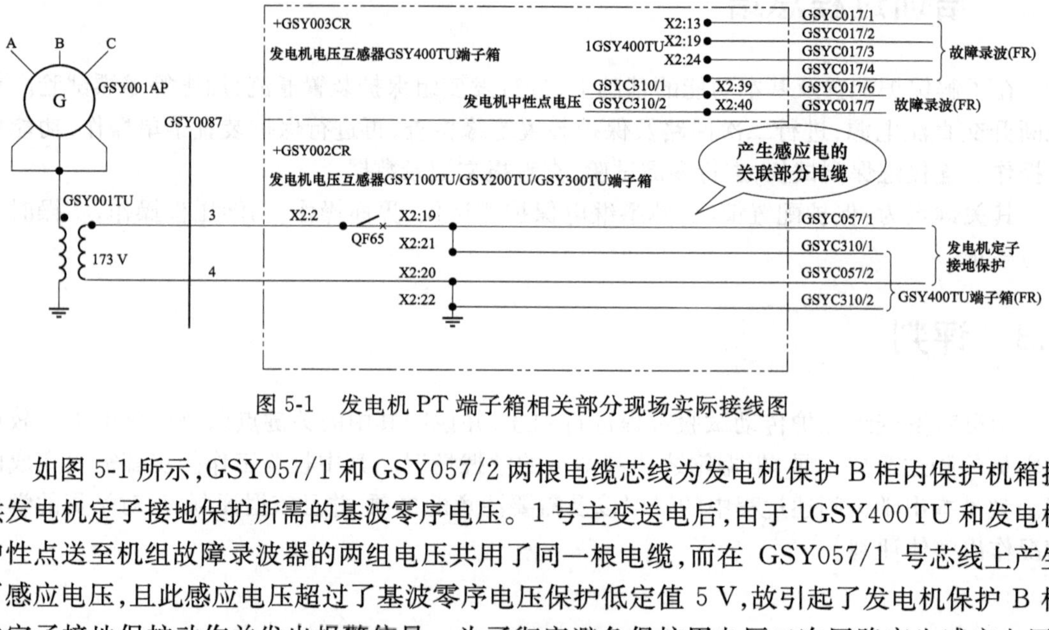

图 5-1 发电机 PT 端子箱相关部分现场实际接线图

如图 5-1 所示，GSY057/1 和 GSY057/2 两根电缆芯线为发电机保护 B 柜内保护机箱提供发电机定子接地保护所需的基波零序电压。1 号主变送电后，由于 1GSY400TU 和发电机中性点送至机组故障录波器的两组电压共用了同一根电缆，而在 GSY057/1 号芯线上产生了感应电压，且此感应电压超过了基波零序电压保护低定值 5 V，故引起了发电机保护 B 柜内定子接地保护动作并发出报警信号。为了彻底避免保护用电压二次回路产生感应电压，则需从图 5-1 中 GSY002CR 端子箱内敷设一根长电缆送至机组录波器柜内。

第六章　习　题

6.1　笔试题

1.“信号”灯与“跳闸”灯均为(　　),在保护返回后,只有按下“复归”键或在远方复归后才熄灭。(A)

A. 自保持　　B. 电保持　　C. 机械保持　　D. 不保持

2. 装置投入检修压板时,(　　)被菜单功能激活,可以进行传动试验。(C)

A. 浏览　　B. 打印　　C. 调试　　D. 参数整定

3. 装置采用双 CPU(　　)出口方式,各保护动作元件只有在其对应的启动元件动作后才能跳闸出口。(B)

A. 或门　　B. 与门　　C. 与非门　　D. 或非门

4. WFB-800A 系列微机发-变组保护装置各保护的跳闸方式用户可以自己整定,需修改保护二次回路接线,跳闸触点可直接接入断路器跳闸回路。　(×)

5. 在浏览菜单下可查看保护装置的各种实时信息和各种历史报告。　(√)

6. 装置实时对硬件回路与运行状态进行自检,当硬件出现故障时,闭锁所有保护,“装置故障”灯点亮并发告警信号。　(√)

7. 发变组微机继电保护装置双重化配置要求有哪些?

(1) 两套发电机-变压器组的微机继电保护装置(包括出口跳闸回路)应完整、独立安装在各自的屏内,之间没有任何电气联系。当运行中的一套保护因异常需退出或检修时,应不影响另一套保护的正常运行。

(2) 每套保护装置均应配置比较完整的差动,后备保护及异常保护,能反应被保护设备的各种故障运行状态。

(3) 每套装置的交流电压和交流电流应分别取自电压互感器和电流互感器互相独立的绕组,其保护范围应交叉重叠,避免死区。

(4) 非电量保护应设置独立的电源回路(包括直流小空气开关及直流电源监视回路),出口跳闸回路应完全独立,在保护柜上的安装位置也应相对独立。

6.2　实操题

鉴定点:发电机保护按保护传动试验

试题 1:发电机保护按保护传动试验

1. 准备要求

考场准备:

(1) 试题名称:发电机保护按保护传动试验

(2) 本题分值:60
(3) 考核时间:30 min
(4) 考核形式:实操
(5) 设备设施准备

序号	名称	规格	单位	数量	备注
1	发电机保护装置	WFB-801 A	套	1	
2	数字万用表	FLUKE	只	1	
3	兆欧表	FLUKE	只	1	

考生准备:
(1) 试题名称:发电机保护按保护传动试验
(2) 本题分值:60
(3) 考核时间:30 min
(4) 考核形式:实操
(5) 工具及其他准备:无
2. 考核要求
(1) 本题分值:60
(2) 考核时间:30 min
(3) 考核形式:实操
(4) 具体考核要求:发电机保护按保护传动试验步序正确
(5) 否定项说明:无
3. 配分与评分标准

序号	考核内容	考核要点	配分	评分标准	扣分	得分
1	发电机保护传动试验前的准备	根据《工前会议记录表》进行考核	6	1. 未明确工作目的、工作对象、工作范围,扣2分; 2. 未对工作组成员进行工作分工,明确工作地点及作业范围,扣2分; 3. 未明确工作风险分析及预防性措施,扣2分; 4. 其他,扣2分。		
2	现场确认工作对象	两人确认核对设备标牌	2	1. 未确认工作对象,扣2分; 2. 未自检/互检,扣2分。		
3	保护装置上电自检	保护装置上电自检	6	验电(2分);直流电源确认(2分);装置自启动(2分)。		
4	检修压板操作	检修压板操作	6	投入“检修压板”(4分);确认万用表档位(2分)。		

续表

序号	考核内容	考核要点	配分	评分标准	扣分	得分
5	出口矩阵整定	出口矩阵整定	8	进入整定界面(2分);选择“发电机差动”(2分);设定出口矩阵(4分)。		
6	功能压板操作	功能压板操作	4	投入“发电机差动”功能压板(4分)。		
7	按保护传动	按保护传动	6	进入调试界面(2分);选择“按保护传动”;发出预令(2分)。		
8	测量出口接点动作情况	测量出口接点动作情况	6	确认测量出口接点端子号(3分);测量出口接点动作情况(3分)。		
9	保护动作报告查阅记录	保护动作报告查阅记录	4	查阅(2分);记录(2分)。		
10	正确使用防人因失误工具	正确使用防人因失误工具	10	1. 正确使用“遵守程序”工具;(2分) 2. 正确使用“明星自检”工具;(2分) 3. 正确使用“三向交流”工具;(2分) 4. 正确使用“操作监护”工具(2分); 5. 正确使用“独立验证”工具(2分)。		

否定项:无

评分人:　　　年　　月　　日　　　　　　　　　　　　　核分人:　　　年　　月　　日

第三部分 干式变压器预防性维修和试验

第一章 操作准备

1.1 原理描述

干式变压器是铁芯和绕组放在自然或强迫循环的空气或气体中的变压器;体积、重量在同容量下都比油浸式小和轻。运行温度高于油浸式,所以采用的绝缘材料级别较高。以其具有较好的防火、防爆性能,多用于厂房室内。干式变压器是秦山核电厂内的重要电力设备之一,承担厂内电能的输送与分配。

1.1.1 工作原理

变压器:借助于电磁感应,以相同的频率,在两个或更多的绕组之间,变换交流电压和电流而传输交流电能的一种静止电器。

干式变压器:依靠空气对流进行冷却,一般用于局部照明、电子线路。机械设备等变压器,在电力系统中,一般汽机变压器、锅炉变压器、除灰变压器、除尘变压器、脱硫变压器等都是干式变压器,变比为 6 000 V/400 V 和 10 kV/400 V,用于带额定电压 380 V 的负载。

简单的说干式变压器就是指铁芯和绕组不浸渍在绝缘油中的变压器。

干式变压器的绝缘耐热等级有:B、F、H、C。

耐热温度有:130 ℃、155 ℃、180 ℃、220 ℃。

绝缘等级是指其所用绝缘材料的耐热等级,分 A、E、B、F、H 级。各绝缘等级具体允许温升标准如下:最高允许温度(℃)A:105 E:120 B:130 F:155 H:180;绕组温升限值(℃)A:60 E:75 B:80 F:100 H:125

1.1.2 常用变压器分类

常用变压器的分类可归纳如下。

1) 按相数分

单相变压器:用于单相负荷。

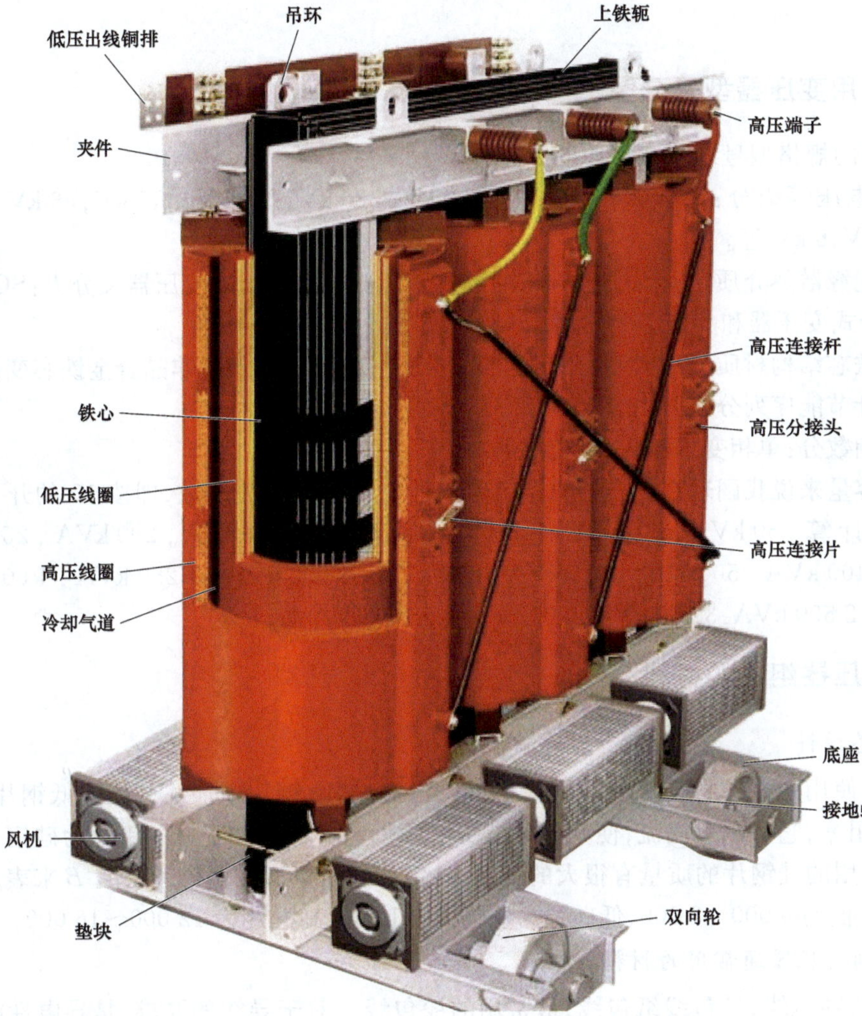

图 1-1　干式变压器

三相变压器:用于三相系统的升、降电压。

2) 按冷却方式分

干式变压器:依靠空气对流进行冷却,一般用于局部照明、电子线路等小容量变压器。

油浸式变压器:依靠油作冷却介质,如油浸自冷、油浸风冷、油浸水冷、强迫油循环等。

3) 按绕组形式分

双绕组变压器:用于连接电力系统中的两个电压等级。

三绕组变压器:一般用于电力系统区域变电站中,连接三个电压等级。

自耦变电器:用于连接不同电压的电力系统,也可作为普通的升压或降后变压器用。

4) 按铁芯形式分

芯式变压器:用于高压的电力变压器。

壳式变压器:用于大电流的特殊变压器,如电炉变压器、电焊变压器;或用于电子仪器及电视、收音机等的电源变压器。

5) 按用途分类:电源变压器、调压变压器、音频变压器、中频变压器、高频变压器、脉冲变压器等。

1.1.3 常用变压器型号分类

变压器的规格型号划分标准如下。

1）按电压等级分：1 000 kV，750 kV，500 kV，330 kV，220 kV，110 kV，66 kV，35 kV，20 kV，10 kV，6 kV 等。

2）按绝缘散热介质分：干式变压器、油浸式变压器。其中干式变压器又分为：SCB 环氧树脂浇注干式变压器和 SGB10 非包封 H 级绝缘干式变压器。

3）按铁芯结构材质分：硅钢叠片变压器，硅钢卷铁芯变压器硅，非晶合金铁芯变压器。

4）设计节能序列分：SJ，S7，S9，S11，S13，S15。

5）按相数分：单相变压器，三相变压器。

6）按容量来说我国现在变压器的额定容量是按照 R10 优先系数，即按 10 的开 10 次方的倍数来计算，50 kVA，80 kVA，100 kVA，125 kVA，160 kVA，200 kVA，250 kVA，315 kVA，400 kVA，500 kVA，630 kVA，800 kVA，1 000 kVA，1 250 kVA，1 600 kVA，2 000 kVA，2 500 kVA，3 150 kVA，4 000 kVA，5 000 kVA 等。

1.1.4 变压器组成的材料

1. 铁芯材料

变压器使用的铁芯材料主要有铁片、低硅片、高硅片，钢片中加入硅能降低钢片的导电性，增加电阻率，它可减少涡流，使其损耗减少。我们通常称为加了硅的钢片为硅钢片，变压器的质量所用的硅钢片的质量有很大的关系，硅钢片的质量通常用磁通密度 B 来表示，一般黑铁片的 B 值为 6 000～8 000、低硅片为 9 000～11 000，高硅片为 12 000～16 000。

2. 绕制变压器通常用的材料

漆包线，纱包线，丝包线纸包线，最常用的漆包线。对于导线的要求，是导电性能好，绝缘漆层有足够耐热性能，并且要有一定的耐腐蚀能力。一般情况下最好用 QZ 型号的高强度的聚脂漆包线。

3. 绝缘材料

在绕制变压器中，线圈框架层间的隔离、绕阻间的隔离，均要使用绝缘材料，一般的变压器框架材料可用酚醛纸板，环氧板，或纸板制作。层间可用聚脂薄膜，电话纸，6520 复合纸等作隔离，绕组间可用黄蜡布，或亚胺膜作隔离。

4. 浸渍材料

变压器绕制好后，还要过最后一道工序，就是浸渍绝缘漆，它能增强变压器的机械强度、提高绝缘性能、延长使用寿命，一般情况下，可采用甲酚清漆或 1032 绝缘漆，树脂漆作为浸渍材料。

1.1.5 干式变压器的历史

我国于 20 世纪 70 年代引进了环氧树脂绝缘干式变压器生产技术，但发展和应用缓慢。到了 20 世纪 90 年代初，随着城网改造的需要和干变技术的提升，干式变压器得到了广泛采用与快速发展,国内干式变压器技术的发展也从消化吸收走向自我开发并达到国际先进水平。在整个 20 世纪 90 年代,国内干变的产量始终维持着每年 20%以上的高增长率,其中 2002 年干变的总产量为 20 000 MVA,2004 年的总产量达 32 000 MVA。目前干式变压器的发展方向是节能低噪、高可靠性、大容量、多功能、环保等方面,国内生产干式变压器的主要厂家有顺特电气、中电电气、许继、华鹏、保变、金盘等公司。

1.1.6　结构特点

1. 铁芯由硅钢片叠成,卷铁芯变压器的铁芯系由硅钢带绕制而成(完成电能—磁能—电能转换)采用优质冷轧晶粒取向硅钢片,铁心硅钢片采用 45°全斜接缝,使磁通沿着硅钢片接缝方向通过。

2. 绕组包括初级和次级两组(D 角接或 Y 星接)。

1) 缠绕式

2) 环氧树脂加石英砂填充浇注

3) 玻璃纤维增强环氧树脂浇注(即薄绝缘结构)

4) 多股玻璃丝浸渍环氧树脂缠绕式

一般多采用 3,因为它能有效的防止浇注的树脂开裂,提高了设备的可靠性。

3. 高压绕组一般采用多层圆筒式或多层分段式结构。

4. 低压绕组一般采用层式或箔式结构。

5. 附件:绝缘体包括初、次级绝缘,匝间绝缘和与铁芯间,与外壳间绝缘。所用材料:DMD、网格、无碱无蜡玻璃纸带、环氧树脂等。

6. 温控装置,变压器均有温度过热保护装置,过热保护装置主要通过预埋在低压线圈内的 PT 热敏电阻实现变压器温度检测与控制。装置有如下功能:

1) 变压器运行过程中巡回显示三相绕组湿度值;

2) 显示最热一相绕组的湿度值;

3) 超温报警、超温跳闸;

4) 声光警示、风机启动。

其中,1),2)部分组成变压器的"器身"主体。每台干式变压器配备一台温度巡回显示报警仪表,温控仪表对变压器三个绕组的温度巡回检测、当温度上升到给定值时自动启动散热风机、当温度继续上升到危险值时自动切断负载,从而实现保证变压器安全运行的基本功能。

1.1.7　结构模型

1.1.8　干式变压器的类型

环氧树脂浇注干式变压器、敞开通风式干式变压器、缠绕式干式变压器。

1.2　文件准备

干式变压器预防性维修和试验培训完全模拟现场工作,具有完整工作包,包括工前会、工后会、工作包封页、工单、文件清单、质量计划、规程、工作票。

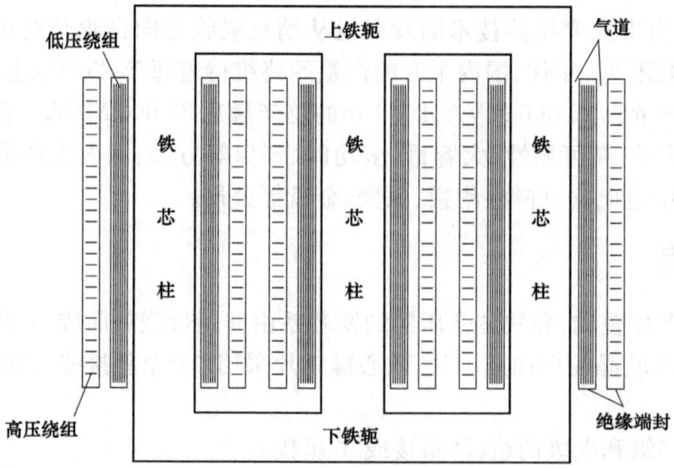

图 1-2 干式变压器结构示意图

1.3 工器具、材料准备

工器具、材料准备见表 1-1。

表 1-1 工器具、材料准备

序号	名称	规格型号	数量	
1	呆扳手组套	8～32	2 套	
2	力矩扳手	0～100 N · m	1 把	
3	毛刷		3 把	
4	拖线盘	220 V 10 A	1 个	
5	吸尘器		1 台	
6	万用表	FLUKE179	1 只	
7	兆欧表	SI-5005	1 台	
8	绝缘垫		1 块	
9	塑料布		若干	
10	白布带		1 卷	
11	白布		1 米	
12	警示带		1 卷	
13	检修垫	用于放置工器具	1 块	
14	标识牌	“止步,高压危险”	1 块	

1.4 模拟体准备

培训楼中培训教室处于可用状态。检查培训设备是否有损坏，核实可否正常动作，以确保教学过程的顺利实施。

1.5 辐射防护准备

无(实际工作现场无辐射防护要求)。

1.6 工业安全准备

按照工业安全规定执行，所有人员穿戴劳动保护用品。具体的工业安全准备需根据现场环境而确定，但基本的工业安全需要准备。所有人员必须佩戴安全帽、防砸鞋、工作服、手套等。检修场地使用警示带进行围栏，确保工作过程中无非工作人员进入。

1.7 配合人员准备

无。

1.8 场地准备

现场铺设检修垫用于摆放工器具；铺设绝缘垫用于放置拆卸部件；清理场地，确保检修场地无其他异物；合理分配场地，确保工具、设备的合理分布，方便检修；在场地外围布置警示带。

第二章　操作实施

2.1　工作前的准备和确认

工作前的准备和确认见表 2-1。

表 2-1　工作前的准备和确认

序号	操作步骤	操作要求	工器具	测评标准	备注
1	向运行人员借变压器柜门钥匙。	此步骤为模拟		确认钥匙标牌正确	
2	建立工作区，悬挂标识牌，确认设备铭牌并记录在记录表。			工作区满足检修空间要求	
3	打开变压器柜门前确认安全措施满足工作要求。	此步骤为模拟		根据工单确认安措	

2.2　本体检查

本体检查操作见表 2-2。

表 2-2　本体检查

序号	操作步骤	操作要求	工器具	测评标准	备注
1	打开柜体面板前，建立异物控制区。			工作区满足检修空间要求	
2	打开柜门和面板。	面板放置牢靠	扳手	螺丝集中放置	
3	用抹布、吸尘器对柜进行全面的清扫和检查。		抹布、吸尘器	清扫干净并检查无锈蚀脱漆	
4	用抹布、吸尘器将引线和外壳清扫干净。		抹布、吸尘器	清扫干净	
5	用抹布、吸尘器将铁芯及变压器筒体清扫干净。		抹布、吸尘器	清扫干净	

2.3　引线检查

引线检查操作见表 2-3。

表 2-3　引线检查

序号	操作步骤	操作要求	工器具	测评标准	备注
1	检查高压侧电缆进线连接。	目视检查	扳手	无松动，接头应平整、清洁、无放电痕迹	
2	检查高压绕组分接头。	目视检查		清洁、无放电痕迹	
3	检查低压侧母排，除去将要拆开的分接点之外，用力矩扳手按附表 1 的力矩值进行紧固。	目视检查及力矩扳手紧固	力矩扳手	母排平整、无放电痕迹	

2.4　内部及绕组检查

内部及绕组检查操作见表 2-4。

表 2-4　内部及绕组检查

序号	操作步骤	操作要求	工器具	测评标准	备注
1	检查相间环氧树脂隔板，用手轻摇不会因晃动产生振动声音。	目视检查、用手轻摇		完整、牢固	
2	检查线圈绝缘，确认纵向与横向风道内无异物。	目视检查		无松动移位或变形、无变色及灼痕、间隔衬垫应牢固、木夹件应完好	
3	检查内部清洁。	目视检查		无杂物、无结露	
4	所有螺栓无松动、如发现有螺栓松动现象需查明原因。	扳手紧固	扳手	螺栓无松动	
5	铁芯(夹件)及干式变外壳的接地线应完整无损、接触良好。	目视检查		完整无损	
6	相序标识检查。	目视检查		确认在各相绕组对应铁芯处油漆相色清晰完整；绕组出线处缠绕的塑料相色带完整无褪色	

2.5 铁芯检查

铁芯检查操作见表 2-5。

表 2-5 铁芯检查

序号	操作步骤	操作要求	工器具	测评标准	备注
1	检查铁芯外表。	目视检查		平整，片间应无短路、放电烧伤痕迹	
2	检查铁芯。	目视检查		无变形，确认清洁且紧密、无锈蚀	
3	检查铁芯上下夹件，如发现有螺栓松动现象需查明原因。	扳手紧固	扳手	夹件紧固	

2.6 拆除变压器柜内高压侧进线电缆接头、低压侧出线母排接头及中性点接头

拆除变压器柜内高压侧进线电缆接头、低压侧出线母排接头及中性点接头操作见表 2-6。

表 2-6 拆除变压器柜内高压侧进线电缆接头、低压侧出线母排接头及中性点接头

序号	操作步骤	操作要求	工器具	测评标准	备注
1	拆除变压器柜内高压侧进线电缆接头。		扳手	拆线前做好标记	
2	拆除变压器低压侧出线母排接头。		扳手	拆线前做好标记	
3	拆除变压器中性点接头。		扳手	拆线前做好标记	

2.7 绝缘电阻测试

绝缘电阻测试操作见表 2-7。

表 2-7 绝缘电阻测试

序号	操作步骤	操作要求	工器具	测评标准	备注
1	检查环境条件，读取温度值、湿度值，并记录。	记录		记录完整	
2	解开变压器进线电缆与母排的连接，对三相电缆分别进行相对相及地的绝缘测试。	2 500 V 档测量	兆欧表	绝缘电阻值应大于 6.3 MΩ，记录数据	

续表

序号	操作步骤	操作要求	工器具	测评标准	备注
3	将变压器低压绕组短接且接地，用 2 500 V 兆欧表测量高压绕组对地的绝缘电阻，分别在 15 s 和 60 s 时读取绝缘值。	2 500 V 档测量	兆欧表	计算吸收比，与前一次测试结果相比较，不应有明显变化，记录数据	
4	将变压器高压绕组接地，用 1 000 V 兆欧表测量低压绕组对地的绝缘电阻，分别在 15 s 和 60 s 时读取绝缘值。	1 000 V 档测量	兆欧表	计算吸收比，与前一次测试结果相比较，不应有明显变化，记录数据	
5	将变压器高低压绕组短接且接地，拆开铁芯接地，用 500 V 兆欧表测量铁芯对地的绝缘电阻，记录数据后恢复铁芯接地。	500 V 档测量		铁芯绝缘电阻数值应大于 10 MΩ	

2.8　恢复

恢复操作见表 2-8。

表 2-8　恢复操作

序号	操作步骤	操作要求	工器具	测评标准	备注
1	确认干式变绝缘测试已完成并且数据合格。			确认完成	
2	用力矩扳手按附表 1 的力矩值紧固恢复变压器高、低压侧绕组与母排的连接及低压绕组中性点接地。		力矩扳手	按力矩要求紧固	
3	恢复变压器盖板。		扳手	螺丝紧固	

2.9　场地清理

场地清理见表 2-9。

表 2-9　场地清理

序号	操作步骤	操作要求	工器具	测评标准	备注
1	所有工具、仪表和器具清理完毕。			检查确认	
2	产生的废物已收集并放到指定地点。			检查确认	
3	工作区域打扫干净。归还钥匙。			检查确认	

2.10 实施中需要特别注意的几个关键点

1) 禁止蹬踏变压器绕组、接头、母排等部件。
2) 现场使用工具应设专人保管,登记借用,及时清点及归还,严防遗漏。
3) 测量变压器绕组直流电阻时,空气相对湿度应≤75%,绕组温度高于 5 ℃。
4) 试验所需设备、表计应标定合格在有效期内。临时电源、试验接线等准备完毕。
5) 试验前将变压器清扫、擦拭干净。
6) 凡试验所需的接地部分均应可靠接地,测量过程中严禁接触试验回路。

附表 1

螺栓基本尺寸/mm	力矩值	
	N·m	kgf·m
M8	8.8～10.8	0.9～1.1
M10	17.7～22.6	1.8～2.3
M12	31.4～39.2	3.2～4.0
M14	51.0～60.8	5.2～6.2
M16	78.5～98.1	8.0～10.0
M20	156.9～196.2	16.0～20.0
M24	274.6～343.2	28.0～35.0

第三章　操作结束

3.1　工后会

工后会是对整个工作的过程的回顾以及必要的经验反馈。

回顾工作过程:工作许可证已归还,场地已清理,设备标牌完好,对检修任务进行评价,是否达到预期的目的,试验设备与工器具已经归还。

工作后的经验反馈是对以后同类型的阀门工作的经验积累,以提高工作的检修技能,能够更好的完成检修工作,其主要有以下内容:

1) 工期是否安排合理;
2) 工作人员是否配备充足;
3) 工作文件的合理性;
4) 工作人员的检修技能是否满足要求;
5) 规程、图纸是否需要升版;
6) 检查过程中的异常;
7) 工作的经验反馈;
8) 协调事项。

3.2　评判

学员对检修过程进行阐述,并说明其中的关键点以及注意事项。教员对学员的陈述简要记录,根据阐述评判学员的掌握情况。教员指出学员阐述过程中的错误以及需要注意的事项,并且依据任务绩效评价表,对学员的学习情况作出整体评判。

第四章　故障检查和处理

4.1　常见故障现象和判断方法检查和处理

常见故障现象和判断方法检查和处理见表 4-1。

表 4-1　常见故障现象和判断方法检查和处理

序号	故障现象	判断方法	故障原因分析	故障排除方法
1	绝缘摇不上	仪器显示电压为 0	被测试设备接地	拆除被测设备接地点
2	吸收比不合格	绝缘电阻测试分别在 15 s 和 60 s 时读取绝缘值，然后 R15 s/R60 s＜1.3	1. 设备清洁工作没做到位 2. 被测设备受潮	1. 重新清理干净设备 2. 用碘钨灯烘烤被测设备

4.2　常见故障原因分析和故障排除方法

常见故障原因分析和故障排除方法见表 4-2。

表 4-2　常见故障原因分析和故障排除方法

序号	故障原因分析	故障排除方法
1	吸收比不合格一般情况下为设备清洁工作没做好或者被测设备受潮，再就是晴朗天气下做出的试验数据大于雨天做出的试验数据	1. 将设备重新清理或用碘钨灯对设备进行烘烤 2. 在上一个处理不成功的情况下，增加屏蔽线于变压器筒体外壳中间部位，并将屏蔽线擦入测试仪器专用屏蔽线接口

第五章　经验反馈

5.1　外部经验反馈：2013 年某电厂 250 kVA 干式变压器起火爆炸，起因是分接头接点不牢固

2013 年，某电厂 250 kVA 干式变压器，型号 ZSC9-250/6.3，额定电流 22.91/360.84 A，用作汽轮发电机组的励磁变压器，机组断续运行 1 个月，期间巡检一切正常。故障发生时，室外的人员听到爆炸的巨响，检查发现，变压器外罩冲击变形，高压进线侧 CT(100/5 A)的 P1、P2 接线柱螺栓融化，P2 至变压器高压绕组的电缆消失(在变压器内找到残骸，已经被炸断，断口没有烧融痕迹)，B 相档位分接压片接线柱(绕组抽头)有一个抽头处接线柱消失，所有二次线外表破损，高压侧档位分接压片螺栓有弹簧垫片没有压紧现象(手拧不动)。

图 5-1　变压器烧焦

从变压器烧焦的部位看：故障原因是过热造成的(匝间)短路，分接头连接点不牢固，黑烟从裂缝处溢出。变压器中相分接头有过热的现象，烧焦的热空气已经留下明显的痕迹，黑烟熏黑的痕迹说明过热烧毁的时间应该不短，分接头树脂外壳部分已经(因为过热而)出现裂缝。变电所值班电工，应该根据树脂过热产生的异味及时发现隐患、及时处理的。仔细巡视、检查电气设备，是值班电工最基本的工作和责任。

5.2 主泵电气贯穿件故障引起主泵跳闸停堆

2019年8月9日，某核电厂3号机组满功率运行。5时57分52秒，主控触发LGC(6.0 kV交流正常配电系统C母线)母线过流报警信号、3RCP001PO(1号反应堆冷却剂循环泵)供电断路器断开，主泵开关断开与P7信号符合触发反应堆保护动作，反应堆紧急停堆。5时58分19秒，汽机停机。经检查发现3RCP001MO电气贯穿件(3EPA324TW)安全壳外侧三相短路，具体情况为：三相支撑瓷式绝缘子靠近绝缘盘处损坏，A、B相间有爬电通道。从故障情况分析，AB相间短路后导致三相短路。短路产生的冲击力将贯穿件外罩掀开，并将该侧贯穿件内部以及附近外墙熏黑。

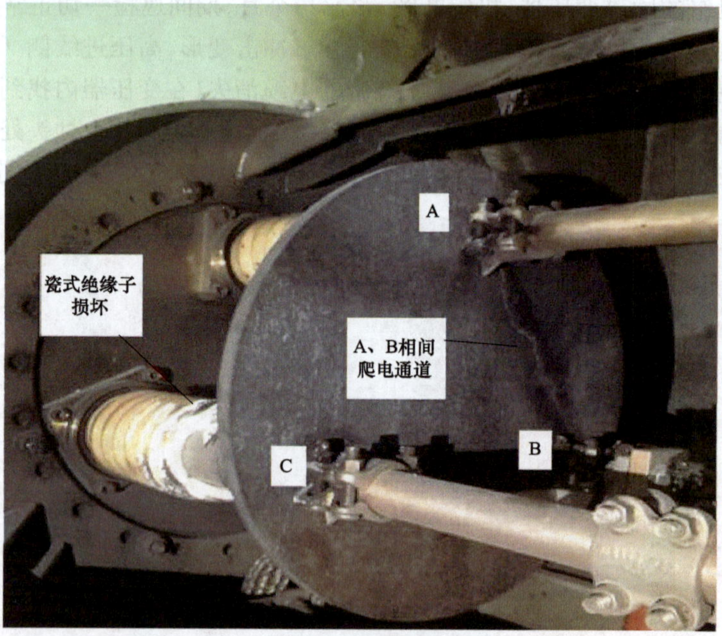

图5-2 主泵电气贯穿件

直接原因为为3号机组1号主泵电气贯穿件3EPA324TW绝缘盘A、B相间表面爬电，引起相间短路，进而导致三相短路故障。

第六章　习　题

6.1　判断题(每题2分)

1. 当变压器检修起吊作业场所有与带电体距离小于规定的安全值,又无法采取其他安全措施时,带电设备及线路必须停电。(√)

2. 变压器的铁心必须一点接地。(√)

3. 测量变压器的变比,可以反映出变压器绕组是否有断股,接头接触不良等缺陷。(√)

4. 测量变压器绕组直流电阻时,空气相对湿度应≥75%,绕组温度高于5 ℃。(×)

5. 将变压器高低压绕组短接且接地,拆开铁芯接地,用2 500 V兆欧表测量铁芯对地的绝缘电阻,记录数据后恢复铁芯接地。(×)

6.2　单选题(每题4分)

1. 变压器的基本工作原理是。(A)

A. 电磁感应　　B. 能量平衡　　C. 电流的热效应

2. 影响变压器吸收比的因素有。(B)

A. 铁芯、插板质量

B. 真空干燥程度、零部件清洁程度和器身在空气中暴露时间

C. 线圈导线的材质

D. 变压器油的标号

3. 绝缘电阻的测量,将变压器低压绕组短接且接地,用(　　)V兆欧表测量高压绕组对地的绝缘电阻,分别在15 s和60 s时读取绝缘值。(D)

A. 500　　B. 5 000　　C. 1 500　　D. 2 500

4. 硅钢片的质量通常用磁通密度B来表示,一般黑铁片的B值为。(A)

A. 6 000～8 000

B. 9 000～11 000

C. 12 000～16 000

5. 每台干式变压器配备一台温度巡回显示报警仪表,温控仪表对变压器(　　)个绕组的温度巡回检测、当温度上升到给定值时自动启动散热风机、当温度继续上升到危险值时自动切断负载,从而实现保证变压器安全运行的基本功能。(C)

A. 一　　B. 二　　C. 三

6.3 简答题

1. 干式变压器预防性维修打开柜门前注意事项和检查试验内容?(15 分)

答:

1) 打开柜体面板前,参照程序 98—90001-STI-MT10《异物排除》建立异物控制区;① 维修工作负责人在工前会议上要向组内的工作人员讲解异物排除工作的方案,任命异物管理员,布置异物排除工作,确保每位工作人员都意识到异物排除工作的重要性,明白异物排除方案中的每一个步骤;② 覆盖物的使用:厂房内绿色塑料布;厂房外蓝色塑料布。

2) 柜体本体前验证安全措施,确认高低压绕组都有可靠接地,这是保证工作人员人身安全的最有效的保障。

3) 打开柜门检查、清扫时不得破坏绕组绝缘,当要检修改造过柜门的设备时、不要忘记向运行借柜门钥匙。

2. 干式变压器预防性维修检查试验内容?(15 分)

答:检查与试验内容:1)引线检查确认无放电,过热痕迹;2) 内部及绕组检查确认无杂物,绝缘无破损,及是否存在松动;3) 铁芯检查有无松动、变形,夹件是否紧固;4) 冷却系统温控器及冷却风机检查接入临时电源验证;5) 变压器高低压绕组绝缘测试;6) 变压器高低压接线力矩紧固。

3. 测变压器绝缘的作用?(10 分)

答:判断变压器是否绝缘合格,是否会影响正常运行。

4. 变压器温度过热保护装置的作用?(15 分)

答:1) 变压器运行过程中巡回显示三相绕组湿度值;

2) 显示最热一相绕组的湿度值;

3) 超温报警、超温跳闸;

4) 声光警示、风机启动;

5. 干式变预防性维修试验工作开始前的准备工作。(15 分)

答:现场铺设检修垫用于摆放工器具;铺设绝缘垫用于放置拆卸部件;清理场地,确保检修场地无其他异物;合理分配场地,确保工具、设备的合理分布,方便检修;在场地外围布置警示带。

6.4 实操题

鉴定点:干式变压器预防性维修和试验

试题:干式变简单绝缘电阻测量

1. 准备要求

考场准备:

(1) 试题名称:干式变简单绝缘电阻测量

(2) 本题分值:40

(3) 考核时间:50 min

(4) 考核形式:实操

(5) 设备设施准备

序号	名称	规格	单位	数量	备注
1	模拟体		台	1	干式变压器
2	力矩扳手		套	1	0～100 N·m
3	绝缘电阻测试仪		台	1	

考生准备:

(1) 试题名称:干式变简单绝缘电阻测量

(2) 本题分值:40

(3) 考核时间:50 min

(4) 考核形式:实操

(5) 工具及其他准备:准备笔和纸记录拆除的线色相位及数据记录

2. 考核要求

(1) 本题分值:40

(2) 考核时间:50 min

(3) 考核形式:实操

(4) 具体考核要求:清楚记录拆线位置,熟悉对变压器进行绝缘电阻测量,掌握使用力矩扳手对拆除的线进行紧固

(5) 否定项说明:试验做完未对绝缘电阻测量仪器进行放电就触碰变压器测量部位

3. 配分与评分标准

序号	考核内容	考核要点	配分	评分标准	扣分	得分
1	干式变绝缘电阻测量试验前准备	确定干式变绝缘电阻测量准备工作是否充分。	5	1. 未模拟检查隔离状态扣 2 分。 2. 未使用验电棒验电扣 3 分。		
2	拆除变压器进出线	重点指导该拆除哪些部位,拆除前后相位及线号记录	5	1. 未拆除零牌接地线扣 2 分。 2. 拆线前未做笔记扣 3 分。		
3	绝缘测试	熟悉对变压器各部位绝缘测量	20	1. 接线错误扣 2 分。 2. 电压等级选择错误扣 2 分。 3. 试验做完未等到仪器放电完成就触碰设备扣 6 分。		
4	变压器进出线回装	学会使用力矩扳手	10	1. 力矩值选择错误扣 2 分。 2. 遗落部位未回装扣 8 分。		

否定项:1. 试验做完未等到绝缘电阻测量仪器放电就触碰变压器测量部位;

2. 没有作好检查隔离安措。

评分人:　　年　月　日　　　　核分人:　　年　月　日

第四部分　中压断路器维修

第一章　Unigear ZS1 型开关柜

1.1　概述

UniGear ZS1 单母线开关设备是一种金属封闭中压开关设备，适宜户内安装。该开关柜的结构为单层中置式，各隔室通过金属隔板相互隔离，同一隔室的各部件以空气作为绝缘介质。

UniGear ZS1 单母线开关设备是模块型式的开关设备，由若干标准单元组合而成。通过单元的组合及元件仪表的选取，该产品易于组成多种解决方案。开关柜的可移开部分可配置真空断路器和真空接触器等主开关。开关柜也可配置固定式负荷开关。UniGear ZS1 开关柜如图 1-1 所示。

图 1-1　UniGear ZS1 开关柜

1.2　标准及规范

UniGear ZS1 符合 IEC 62271-200、GB 3906、DL/T 404 等标准。另外，按照标准 IEC

60529 及 GB 4208 的规定，开关柜外壳的防护等级为 IP4X，内部隔板间的防护等级为 IP2X。

1.3　正常使用条件

1) 最大环境温度：+40 ℃

2) 最小环境温度：−15 ℃

3) 最大日平均相对湿度：95%

4) 最大月平均相对湿度：90%

5) 最大海拔高度：1 000 m

6) 最大地震烈度：8 级

7) 开关设备应安装在无火灾、无爆炸危险、无严重污秽、无化学腐蚀气体及剧烈振动的场所。

1.4　电气参数

电气参数见表 1-1。

表 1-1　电气参数

额定电压	kV	7.2	12	24
额定绝缘电压	kV	7.2	12	24
额定工频耐受电压	kV/1 min	32	42	50
额定雷电冲击耐受电压	kV	60	75	125
额定频率	Hz	50～60	50～60	50～60
额定短时耐受电流	kA/3 s	50	50	31.5
内部燃弧耐受电流	kA/1 s	50	50	31.5
主母线额定电流	A	4 000	4 000	3 150
分支母线额定电流	A	630	630	630
		1 250	1 250	1 250
		1 600	1 600	1 600
		2 000	2 000	2 000
		2 500	2 500	2 500
		3 150	3 150	3 150
		3 600	3 600	3 600

1.5 开关柜结构

1.5.1 基本结构

UniGear ZS1 开关柜的基本柜型为进线/馈线柜，由固定的柜体和真空断路器手车组成。柜体分为四个隔室：母线室、断路器室、电缆室和低压室。开关柜结构如图 1-2 所示。

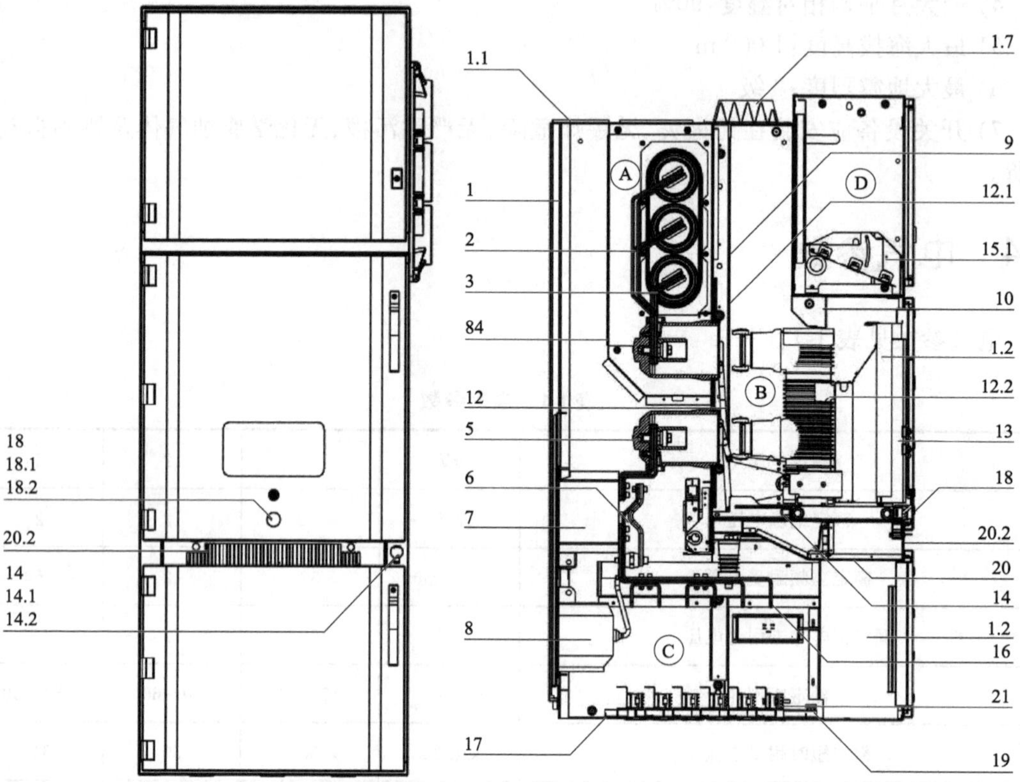

A—母线室	B—断路器室	C—电缆室	D—低压室
1—外壳	1.1—压力释放板	1.2—控制电缆槽	1.7—波纹板支撑的压力释放板
2—分支母线	12.2—下活门	13—手车	14—接地开关操作机构
14.1—接地开关操作轴	14.2—滑片	15.1—端子排安装架	16—电力电缆连接铜排
17—底板	18—手车操作丝杆	3—主母线	5—静触头盒
6—接地开关	7—电流互感器	8—电压互感器	9—隔板-可移开式
10—控制线接插件	12—主安装板	12.1—上活门	18.1—手车操作丝杆套
18.2—手车操作孔	19—主接地铜排	20—可拆卸水平隔板	20.2—通风栅格
21—电缆夹	84—隔板		

图 1-2 UniGear ZS1 示意图

1.5.2　母线室

母线室内主要有主母线、分支母线、穿墙套管等部件，主母线用于柜体间母线的连接，分支母线用于主母线与本开关柜上部静触头连接，穿墙套管用于柜体间主母线的布置和绝缘。

母线隔室内的主母线有矩形铜母线或“D”形母线两种方式。“D”形母线材料为铝或铜，接触面镀银并套着热缩绝缘层。根据开关柜载流量大小，可选用单“D”或双“D”型母线。双“D”母线由两根“D”型母线拼接构成一个外径为 100 mm 的圆形空芯导电体。这样不论从散热、电场分布以及动稳定等方面看，它都具有优越的性能。当主母线电流不大于 2 500 A 时可选用矩形铜母线方案。

母线是在开关柜拼接后，逐段固定在分支母线上，即主母线由矩形的分支母线支撑，并可由穿墙套管板 29 支撑，无须特殊的联结夹，无须绝缘子支撑。所有主母线和分支母线都用热缩套管覆盖，母线连接处螺栓用绝缘罩罩住。母线以高强度的螺栓联接，螺栓上下都配有碟形防松垫圈，母线接头处设有专用的绝缘罩，这样，在整个母线隔室内没有任何裸露的带电体。

穿墙套管和隔板结构见图 1-3，母线连接结构见图 1-4。

1.5.3　断路器室

断路器室包括与手车部件操作相关的必要装置。本节重点介绍断路器室，断路器手车将在第二章介绍。放置静触头的触头盒安装在主安装板上。

断路器室像母线室一样为金属全封闭，除放置手车外，还包括上下静触头室，遮盖触头盒的金属活门。手车移向运行位置过程中，活门被手车上的驱动块顶开，手车移开后活门自动关闭。断路器室结构如图 1-5 所示。

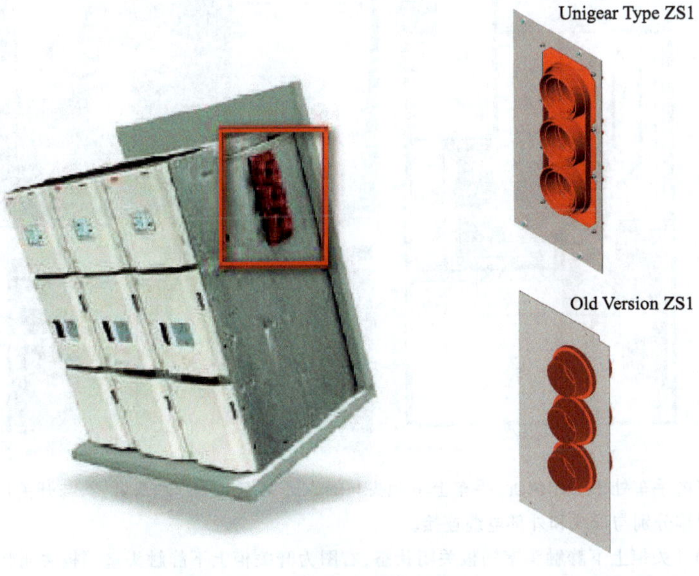

图 1-3　穿墙套管和隔板结构

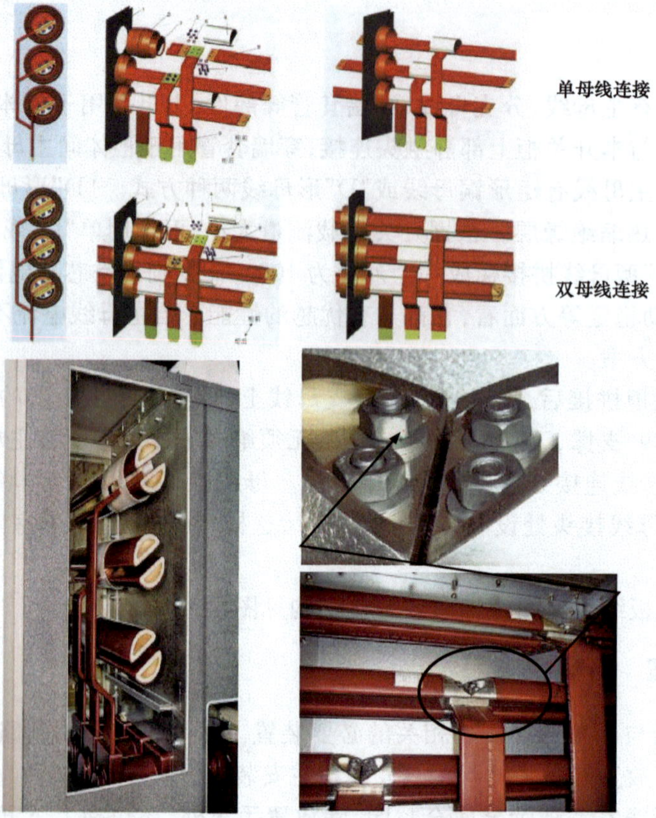

图 1-4　母线连接结构

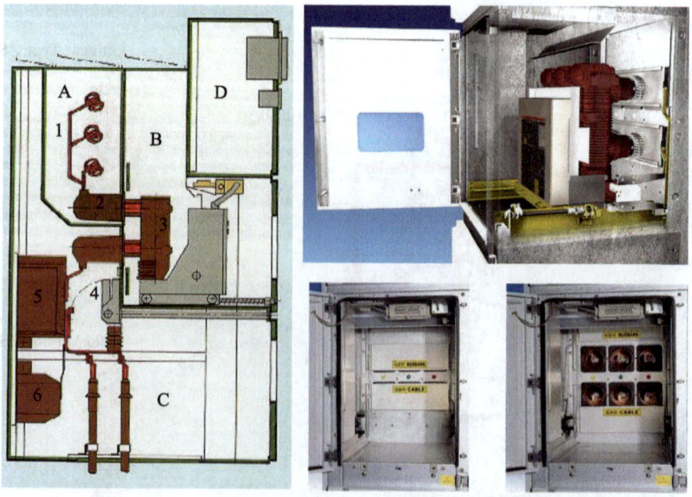

左图一断路器室内手车处于工作位置，手车上下触头与插入开关柜上下静触头盒内，与开关柜上下静触头接触，开关柜上下静触头通过铜排分别与母线和外部电缆连接。

右下图一左图为开关柜上下静触头室挡板关闭状态，右图为开关柜上下静触头室挡板关闭状态开启状态，只有当手车处于工作位置时，挡板才会开启。

图 1-5　断路器室结构

断路器室上下静触头盒挡板依靠手车在工作位置和试验位置自动开启和关闭的功能，是通过安装在断路器室内手车轨道上的连锁装置实现的，同时在手车轨道上还装配有防止接地刀合闸状态将断路器摇至工作，或防止断路器在工作位置将接地刀合闸的五防装置。触头盒挡板联动装置和断路器位置五防闭锁装置如图 1-6 所示。

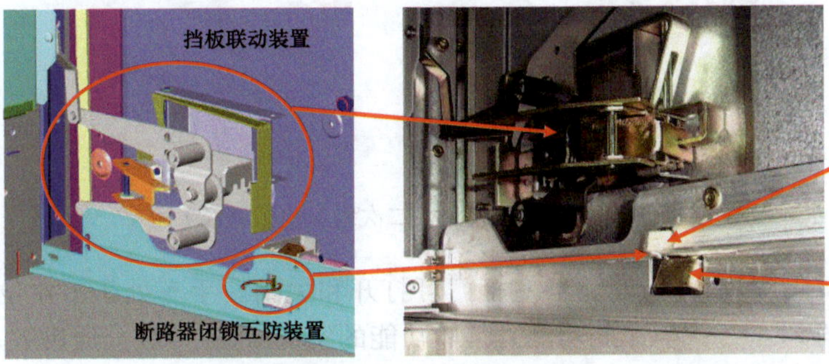

图 1-6 触头盒挡板联动装置和断路器位置五防闭锁装置

挡板联动装置通过手车侧面的装置推动，实现联动挡板的开启和关闭功能，断路器位置五防闭锁功能，当断路器手车处于工作位置时，上图 1-6 中的装置 1 被断路器挡住无法动作，该装置与接地刀操作孔的挡板联动(见图 1-12 中的 7 所示)，致使接地刀操作孔挡板按压不下去，接地刀操作孔被挡板挡死，无法操作接地刀合闸，实现了断路器在工作位置时，接地刀无法合闸的功能。另一种情况，当接地刀合闸时，上图 1-6 中的装置 1 和 2 都将弹出，装置 1 挡在断路器其手车的轨道上，防止断路器手车摇入工作位置，装置 2 顶在断路器手车底盘上的一个闭锁装置上(具体将在本套教材的中级分册上讲解)将底盘的驱动轴卡死，防止断路器被摇入工作位置。

断路器内还配有与手车配套使用的控制线插座(航空插座)，负责将断路器手车的控制及信号电缆与外部回路进行连接。同时通过该控制线插座，手车在试验/隔离位置时二次插头不用拔下就可进行测试。控制线插座盒如图 1-7 所示。

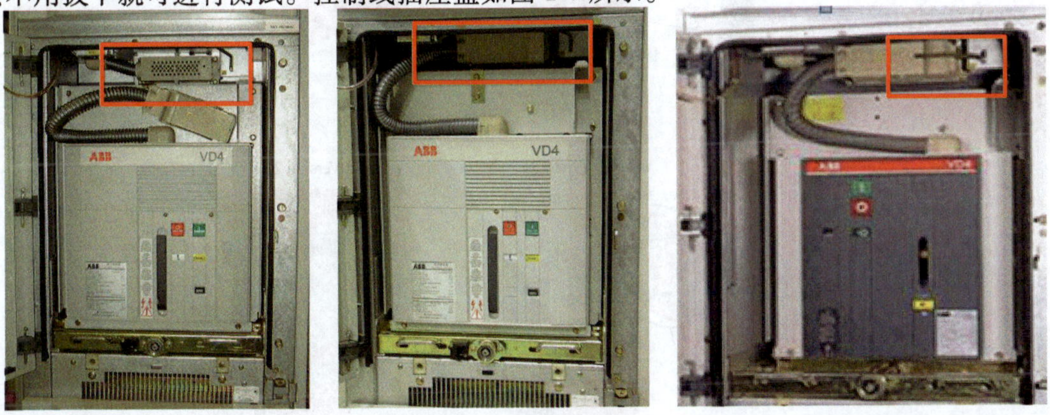

右图一当手车二次线插销插入开关柜的二次线插座，并将手车摇离试验/隔离位置后，二次线插销将被闭锁装置挡死，防止二次线插销脱落。

图 1-7 控制线插座盒(二次线航空插)

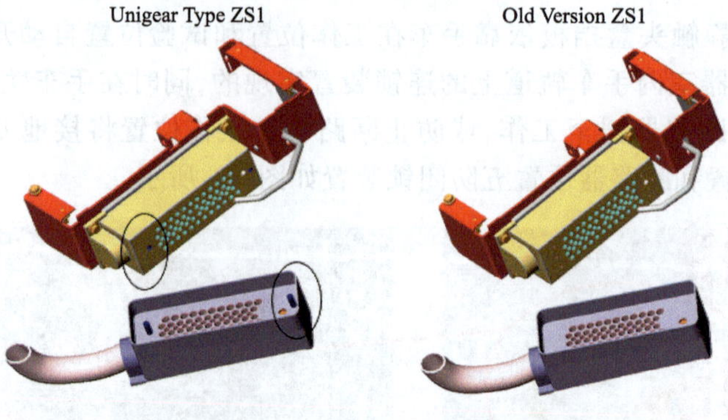

图 1-7 控制线插座盒(二次线航空插)(续)

手车在试验/隔离位置时,断路器室柜门可打开和关闭。手车处于工作位置时,柜门不可打开(部分老的 ZS1 开关柜无此功能),具体功能的实现,将在中级分册讲解。即使断路器位于运行位置,断路器上的分、合闸按钮,分、合闸和弹簧储能/未储能的指示器仍然可以通过观察窗察看。

同时断路器柜门上还可根据需要,配备紧急操作装置,用于紧急情况下,将断路器分闸。断路器室柜门如图 1-8 所示。

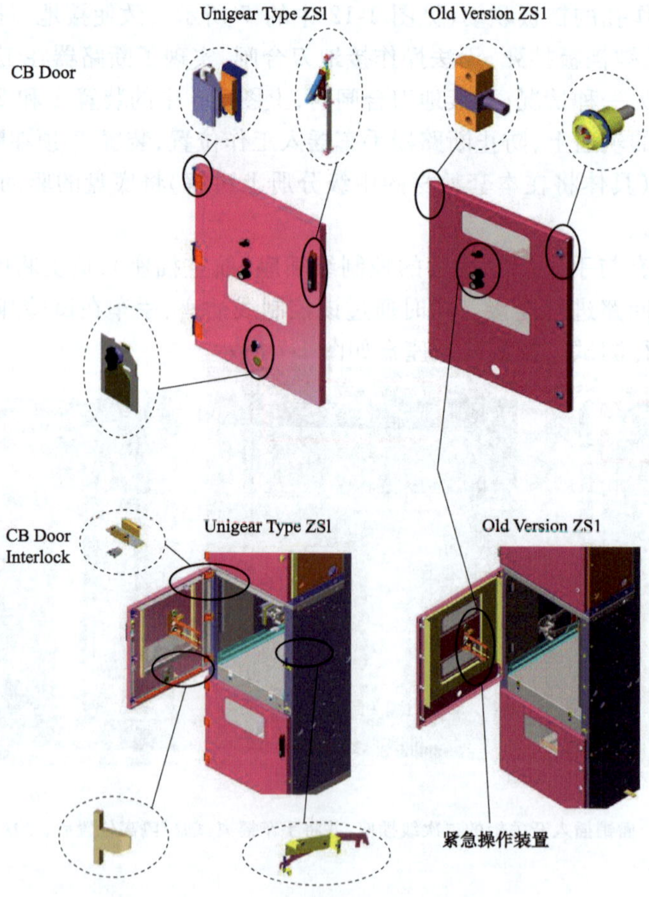

图 1-8 断路器室柜门结构

1.5.4　电缆室

电缆通过电缆室内的电缆连接排与开关柜的下静触头相连接。通常情况下，铜制的电缆连接排表面覆有热缩绝缘套管。柜宽 650 mm 的电缆接线铜排，每相可连接三根电缆。柜宽为 800 mm 和 1 000 mm 的接线铜排，每相可连接六根电缆。电缆室电缆连接结构如图 1-9 所示。

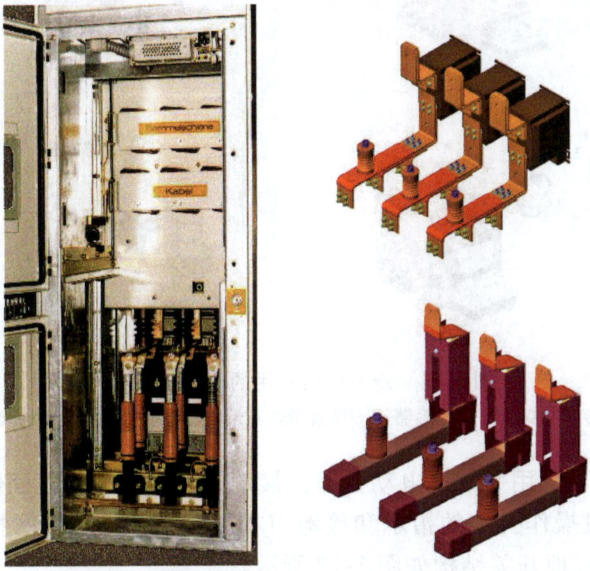

图 1-9　电缆室电缆连接结构

电缆室还可根据运行需要，安装电流互感器、固定式电压互感器或电压互感器手车及接地开关、电容分压器、避雷器等设备。

电缆室按安装三相电流互感器设计。如果实际不需要三相都安装，则需按同样程序安装相应的假 CT。开关柜内常用的电流互感器如图 1-10 所示。

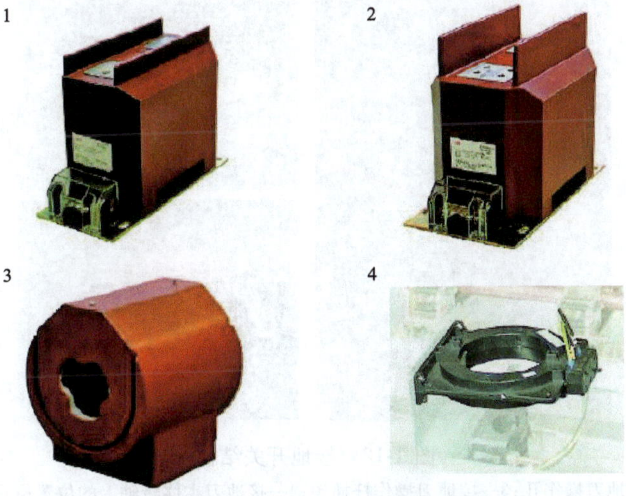

图 1-10　开关柜内常用的电流互感器

1—1 250 A 电流互感器；2—2 500 A 电流互感器；3—3 150 A 电流互感器；4—环形电流互感器（主要用于零序电流测量）

固定安装的电压互感器采用绝缘软导线与一次侧连接。电压互感器手车安装有高压熔断器。开关柜内常用的电压互感器如图 1-11 所示。

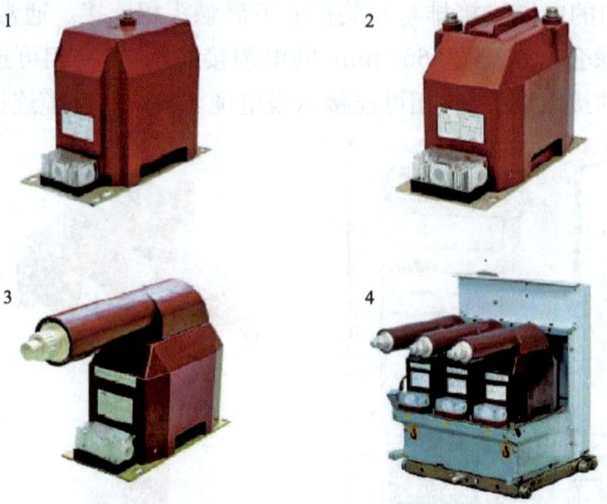

图 1-11 开关柜内常用的电压互感器

1—单极电压互感器;2—双极电压互感器;3—单极带熔断器电压互感器;4—带熔断器电压互感器小车

EK6 型接地开关可采用手动或电动操作。接地开关通过柜体正面侧边的操作孔进行操作,分合闸位置可通过操作孔上的指示和接地刀本体转轴上的机械式指示牌以及辅助开关的电气触点来判断。接地开关结构如图 1-12 所示。

图 1-12 接地开关结构

1—EK6 型接地刀;2—接地刀操作孔;3—接地刀操作杆插销;4—接地刀本体转轴上的位置指示;5—接地刀操作闭锁销(开关柜自身闭锁功能,只有在电缆室柜门关闭后,才能插入地刀操作手柄);6—接地刀操作连锁(主要用于与外部回路的连锁,只有当外部回路满足操作地刀的条件,释放了解锁钥匙,将接地刀操作孔处的锁打开后,才能插入操作手柄,进行操作)

避雷器采用固定安装时，由于安装避雷器，每相电缆安装数量将减少一根。还可安装电容分压器，配合低压室上的带电指示器使用，为带电指示器提供信号。电容分压器和避雷器安装结构分别如图 1-13 和图 1-14 所示。

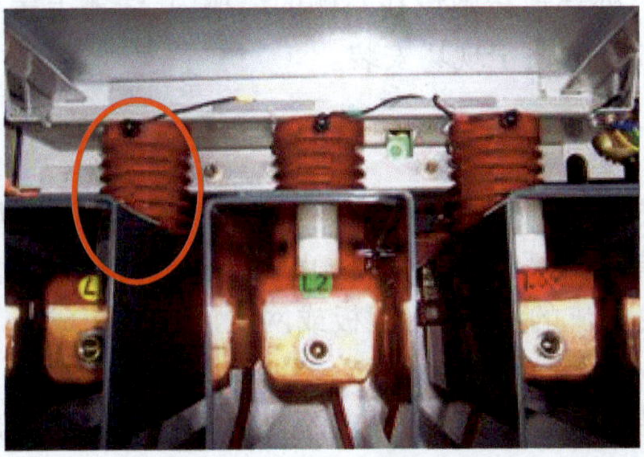
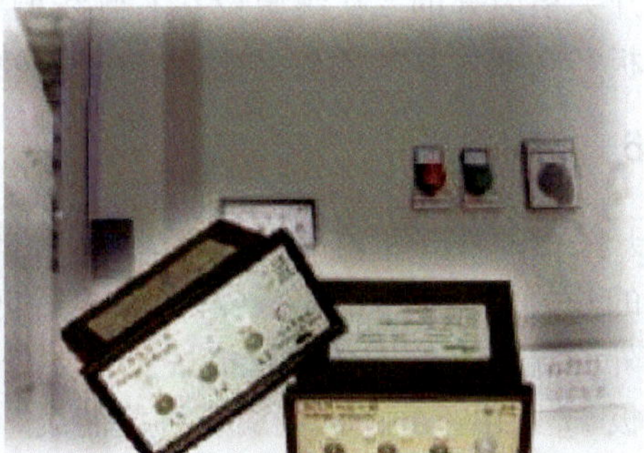

（左图为电容分压器，右图为配套使用的带电指示器）

图 1-13　电容分压器安装结构

图 1-14　避雷器安装结构

1.5.5　低压室

低压室主要用于安装综合保护控制装置、控制回路的中间继电器，控制信号电缆，各指示型号灯，断路器就地操作插头，带电指示装置等设备。如图 1-15 所示。

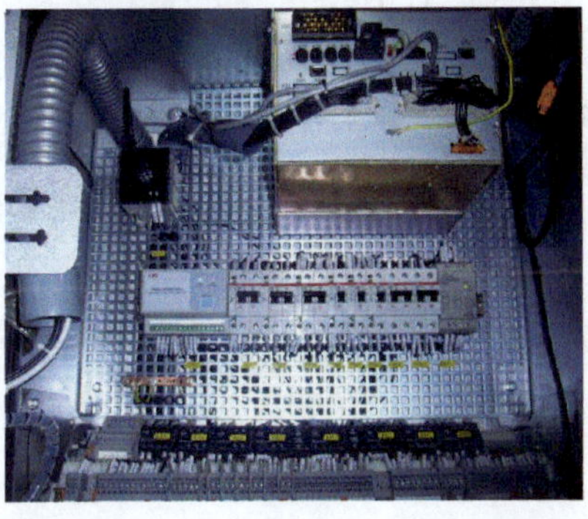
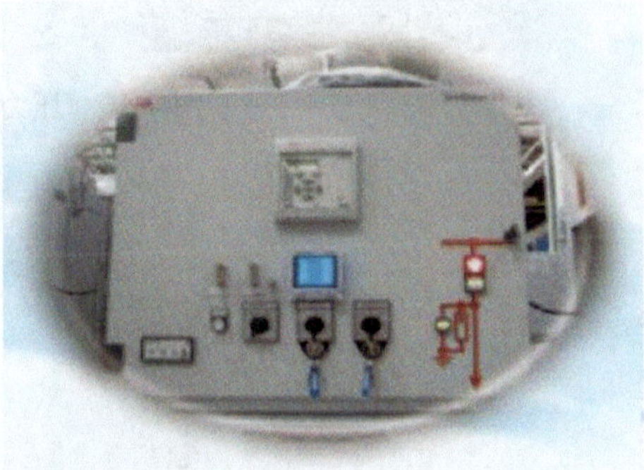

图 1-15　低压室结构

如二次设备不安装在柜门上,则可安装在低压室内的网格板上,在此可灵活地布置二次元件并可方便地更改接线。在低压室下部,固定三排端子排的框架可以向上旋转,便于安装和布线。

开关柜内部的二次线敷设在右侧线槽内,外部连线敷设在左侧的线槽内,线槽上盖有金属盖板。在低压室的侧板上还留有小母线穿越孔,便于现场安装。

1.5.6 柜体

开关柜的外壳和内部隔板由 2 mm 厚的覆铝锌板制成,具有极强的抗氧化、耐腐蚀功能。相邻的开关柜由各自的隔板隔开,拼柜后仍有空气缓冲层,可以防止开关柜被贯穿熔化。开关柜外壳顶部上的压力释放板按照分支母线电流的大小,由钢板或网状波纹板制成。下部的底板 17 则由不导磁的金属板拼接而成。

电缆室门和断路器室门是分开的,各自带有由防爆玻璃制成的观察窗。柜体的前部被这两扇承压的门板所封闭,门板的开启角度是 130°。断路器室和电缆室的门板需要承受压力,有两种紧闭门板的方式可供选用,即螺栓旋紧和手柄机构,见图 1-8 所示。

三个高压隔室(母线室、断路器室和电缆室)的顶部都装有压力释放板。当开关柜内部电弧产生时,高压隔室内气压升高,由于柜门紧闭并可靠密封,高压气体将打开压力释放板从开关柜顶部释放出来。压力释放板的一端用钢质螺丝固定,另一端用塑料螺丝固定。当开关柜内部压力过大时,塑料螺丝断裂,压力释放板被打开。压力释放装置见图 1-16 所示。

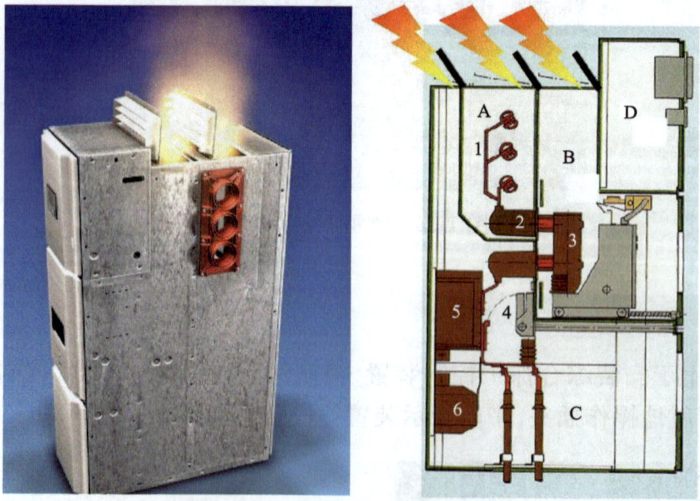

图 1-16 压力释放装置

第二章　VD4 真空断路器

2.1　概述

VD4 中压真空断路器是以空气为绝缘的户内式开关设备元件，其灭弧室被整体浇注在极柱中，整体浇注的极柱结构更坚固，可为真空灭弧室提供更加充分的保护，并可消除灰尘和潮气对灭弧室的外绝缘能力的影响。

灭弧室将开关的主触头永久密封在真空环境中，构成开关灭弧单元，真空断路器不需要灭弧和绝缘的介质。实际上，灭弧室中不存在可被电离的物质。在任何情况下，当触头分离时，触头间的电弧通道仅仅由触头材料的金属蒸汽构成。

电弧只能由外部能量维持，当主回路电流在自然过零点时刻消失，电弧即不能维持。在此刻，急速下降的电流密度和快速凝聚的真空金属蒸汽，使触头之间迅速恢复了绝缘。真空灭弧室因此恢复了绝缘能力以及耐受系统瞬间电压的能力，最终将电弧熄灭。

特殊设计的触头几何形状和触头材质，以及很短的燃弧时间和极低的电弧电压，使触头烧蚀程度非常低，保证了灭弧室的长寿命。因此，真空还可以防止触头被氧化和污染。

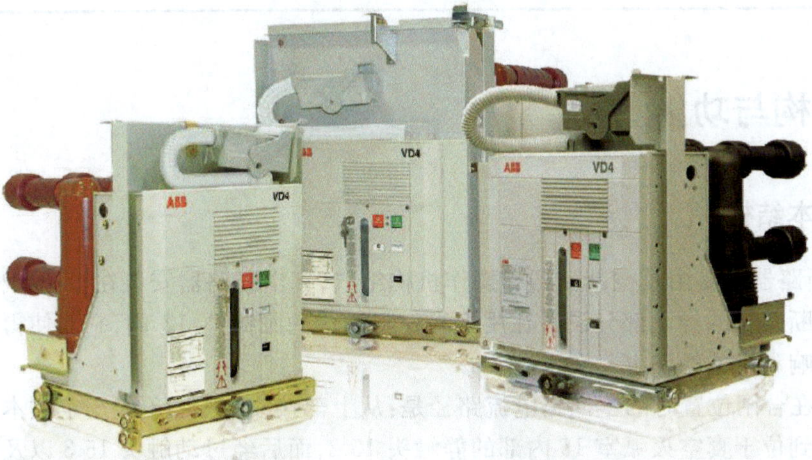

图 2-1　VD4 真空断路器

2.2　技术参数

技术参数见表 2-1。

表 2-1 技术参数

项目		单位	数据
额定电压		kV	12
额定绝缘水平	1 min 工频耐压	kV	42
	雷电冲击耐受电压	kV	75
额定频率		Hz	50
额定电流		A	630,1 250,1 600,2 000,2 500,3 150
额定短路开关电流(有效值)		kA	16,20,25,31.5,40,50
额定动稳定电流(峰值)		kA	40,50,63,80,100,125
3 秒热稳定电流(有效值)		kA	16,20,25,31.5,40,50
额定操作顺序		自动重合闸:分-0.3 s-合分-180 s-合分 非自动重合闸:分-180 s-合分-180 s-合分	
分合闸结构电源额定电压		V	AC:110,220 DC:48,110,220
动作时间的规定		合闸时间:55～66 ms 开断时间:48～60 ms 分闸时间:33～45 ms 燃弧时间(50 Hz):≤15 ms 最小合闸指令持续时间:20 ms(在辅助回路额定电压下) 最小分闸指令持续时间:20 ms(在辅助回路额定电压下)	

2.3 结构与功能

2.3.1 基本结构

VD4 断路器主要由真空断路器和操作机构组成,真空断路器安装在操作结构外壳 1 的后部。真空断路器的导电部分设置在用绝缘材料制成的圆筒体 12 内,它能使得真空灭弧室免受外界影响和机械的伤害。

断路器在合闸位置时的主回路电流路径是:从上部接线端子 13 经固定在本体圆筒上的灭弧室夹架到位于真空灭弧室 15 内部的静触头 15.2,而后经过动触头 15.3 以及滚动的触头 16.2,至下部接线端子 14,依靠绝缘连杆 18 与接触压力弹簧 17 来完成断路器的操作运动。断路器的基本结构如图 2-2 所示。

2.3.2 操作机构

操作机构是扭力弹簧式,一台操动机构操作三相断路器,拧紧扭力弹簧(卷曲弹簧)将储存足够的能量以供断路器操作之需要,一次储能,可完成断路器的一次分合闸动作,断路器合闸依靠扭力弹簧的储能,分闸靠合闸的同时将分闸弹簧(图 2-2 中的 19)压紧而储存的能量。弹簧操作机构如图 2-3 所示。

1—断路器外壳；2—手动合闸按钮；3—手动分闸按钮；
4—分合闸状态指示器；5—断路器动作计数器；
6—手动储能装置；1.2—吊装孔

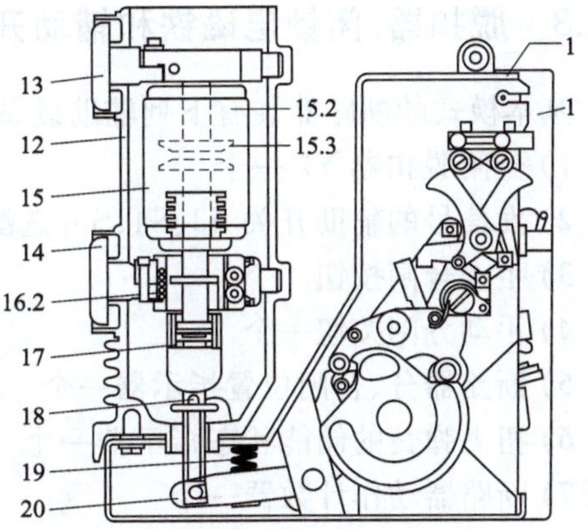

1—断路器外壳；12—绝缘材料制成的断路器本体圆筒；
13—上接线端子；14—下接线端子；15—真空灭弧室；
16.2—滚动触头；17—压力弹簧；18—绝缘连杆；19—分闸弹簧；20—双臂移动连杆；15.2—静触头；15.3—动触头

图 2-2 断路器基本结构

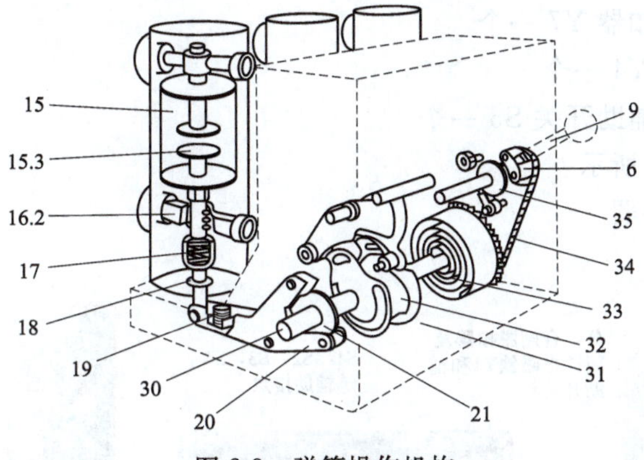

图 2-3 弹簧操作机构

6—手动储能机构插孔；9—储能手柄；15—真空灭弧室；15.3—动触头；16.2—滚动触头；17—压力弹簧；
18—绝缘连杆；19—分闸弹簧；20—双臂移动连杆；21—凸轮盘；30—主轴；31—脱扣机构；
32—制动盘；33—带外罩的扭力弹簧；34—传动链；35—棘轮

操动机构适用于自动重合闸的操作，并且，由于电动机储能时间很短，同样也能够进行多次自动重合闸操作。扭力弹簧有手动储能和电动机储能两种储能方式。

断路器合闸过程：脱扣机构 31 释放由预先已储能的扭力弹簧并转动主轴 30，凸轮盘 21 和主轴 30 一起转动，绝缘连杆则由凸轮盘 21 和移动连杆 20 所带动，然后每相断路器真空灭弧室 15 内的动触头 15.3 由绝缘连杆 18 带动做向上运动，直至触头接触为止，同时压力弹簧 17 被压紧，以保证主触头有适当的接触压力，在合闸过程中分闸弹簧 19 也同时被压紧。

断路器分闸过程：脱扣机构 31 允许仍有足够储能的扭力弹簧去进一步转动轴 30，由凸轮盘 21 和移动连杆 20 去释放分闸弹簧 19，于是触头 15.3 和绝缘连杆 18 一起以一定的速度向下运动至分闸的位置。

2.3.3 脱扣器、闭锁电磁铁和辅助开关

基本模式的断路器装有下列辅助设备:

1) 分闸脱扣器 Y2 一个

2) 发信号的辅助开关 S3、S4、S5(选配)各一个

3) 手动合闸按钮一个

4) 手动分闸按钮一个

5) 断路器分、合闸位置指示器一个

6) 扭力弹簧的储能状态指示器一个

7) 断路器动作计数器一个

8) 电动机储能机构一个

9) 用于操作储能电机的 5 极式辅助开关 S1 一个

10) 闭锁电磁铁 Y1 及辅助开关 S2 一副

此外,断路器还可加装下列设备:

1) 第二级分闸脱扣器 Y9 一个

2) 用于电气分闸信号的扶着开关 S7 一个

3) 间接式过流脱扣器 Y7 一个

4) 低电压脱扣器 Y4 一个

5) 具有 5 极式的辅助开关 S5 一个

辅助设备如图 2-4 所示。

Old　　VD4 断路器

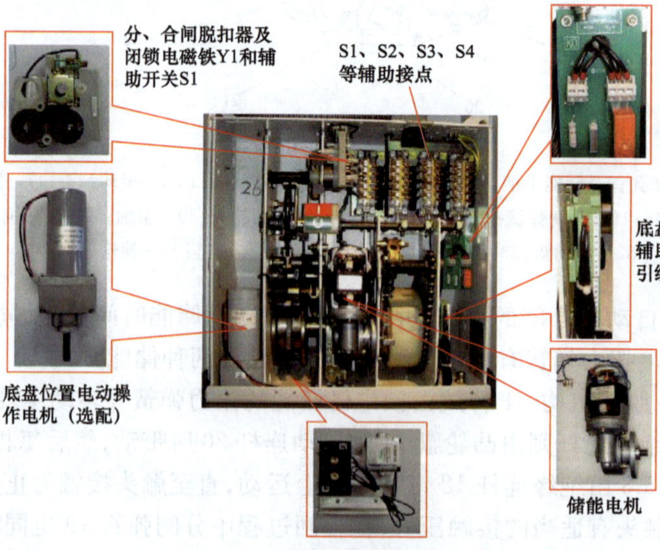

图 2-4　辅助设备

New　　VD4 断路器

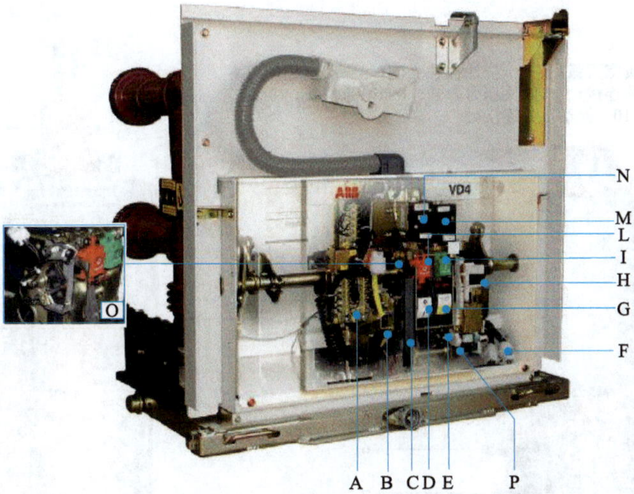

图 2-4　辅助设备(续)

A—分合闸辅助开关;B—储能马达;C—内置的储能杆;D—断路器分合闸机械指示;E—计数器;
F—电气附件的插头—插座连接;G—储能状态指示;H—脱扣器;I—合闸按钮;L—分闸按钮;
M—合闸闭锁电磁铁;N—第二分闸脱扣器;O—电气分闸信号滑动触点;P—弹簧储能/未储能信号触点

2.3.4　真空灭弧室

灭弧室的静态压力极低,约 10^{-3}～10^{-5} Pa,所以只需要相当小的触头间隙就可达到高的电介强度,在分闸过程中由电流在分开的触头间隙中产生的真空电弧被熄灭。分闸过程中的高温产生了金属蒸汽离子和电子组成的电弧等离子体,使电流将持续一段很短的时间,由于触头上开有螺旋槽,电流曲折路径效应形成的磁场使电弧产生旋转运动,由于阳极区的电弧收缩,即使切断很大的电流时,也可避免触头表面的局部过热和不均匀的烧灼。

电弧在电流第一次自然过零时就熄灭,残留的离子、电子和金属蒸气只需在几分之一毫秒的时间内就可复合或凝聚在触头表面屏蔽罩上,因此,灭弧室端口的电介质强度恢复极快。

对真空灭弧室而言,由于触头间隙小,由金属蒸气形成的电弧等离子体的导电率高,电弧电压降低,另外,由于燃弧时间短,伴生的电弧能量极小。真空灭弧室结构及灭弧原理如图 2-5 所示。

2.3.5　柜门闭锁装置和断路器手车接地装置

用于 UniGear ZS1 开关柜或动力箱上的门闭锁蒙置,它可以避免断路器在柜门打开的情况下摇入工作位置;此闭锁只有在开关柜/隔室上的门也装配相应的互锁装置才能使用。门闭锁装置如图 2-6 所示。

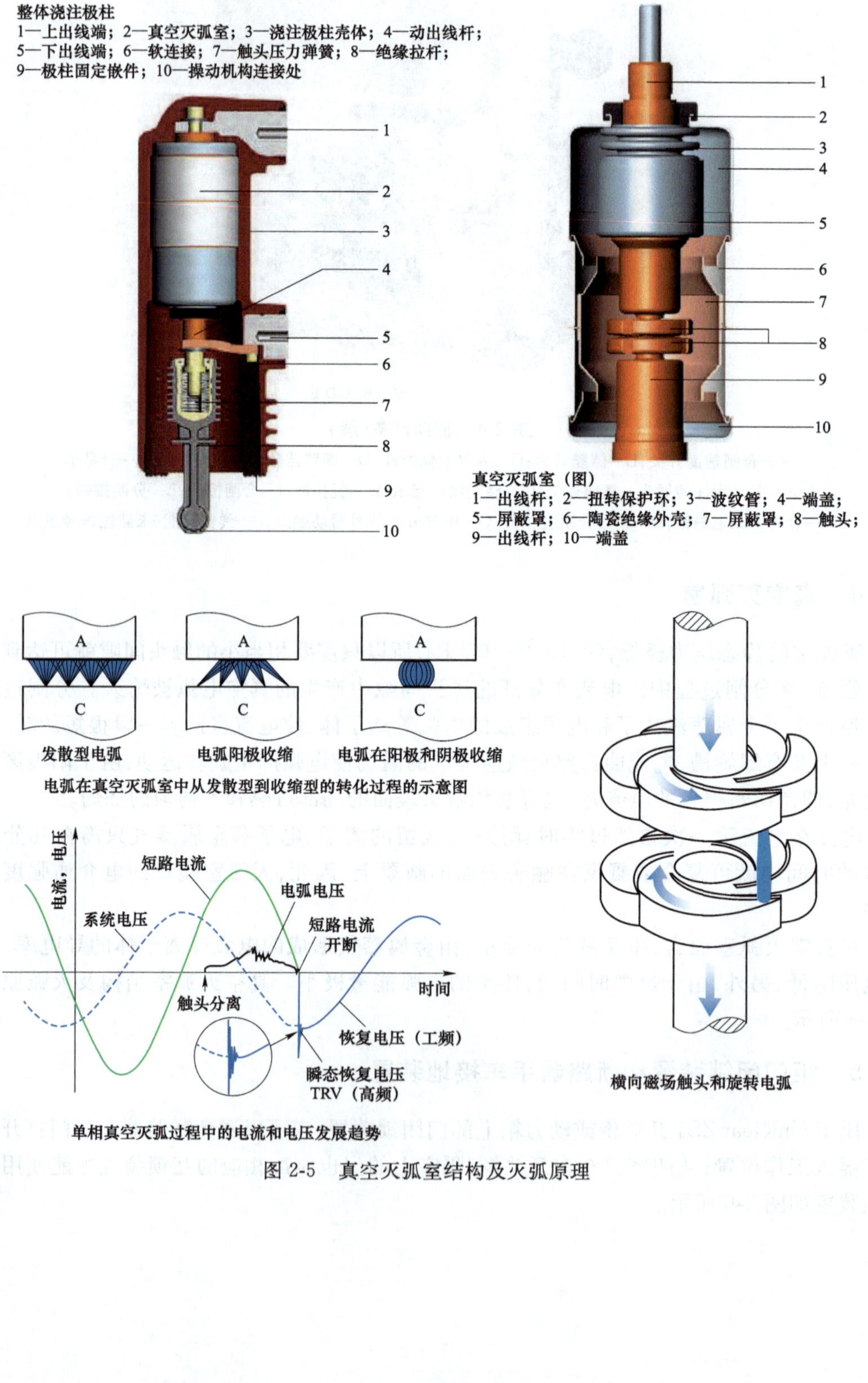

图 2-5 真空灭弧室结构及灭弧原理

图 2-6　门闭锁装置

2.3.6　手车接地装置

接地装置可安装于断路器手车底盘两侧，与开关柜上导轨配合，使可抽出式断路器应接地的金属部分在试验位置和隔离位置以及所有的中间位置均保持接地。手车接地装置如图 2-7 所示。

图 2-7　手车接地装置

第三章　故障检查与处理

3.1　接地开关闭锁电磁铁故障

故障现象：① 接地开关闭锁电磁铁在满足解除闭锁（通常是得电吸合状态）条件时，接地开关仍无法操作；② 接地开关闭锁电磁铁在闭锁（通常是失电状态释放状态）状态时，接地刀仍可操作。

分析判断：第 1 种情况可初步判断有两种可能，① 闭锁电磁铁线圈烧毁无法得电吸合；② 电磁铁安装位置太靠近接地开关闭锁装置导致电磁铁吸合后露出的销子仍将接地开关闭锁装置卡死；第 2 种情况可初步判断有两种可能，① 闭锁电磁铁卡涩，电磁铁的销子卡死在吸合状态；② 磁铁安装位置距离接地开关闭锁装置太远，导致电磁铁完全释放后，销子仍无法锁住接地开关的闭锁装置。

现场检查：初步检查，通过分合闭锁电磁铁的控制电源，听是否有电磁铁吸合或释放的声音（前提是闭锁控制回路满足条件）；如可以听到电磁铁吸合或释放的声音，可以初步判定为电磁铁安装位置不正确，如听不到电磁铁吸合或释放的声音，可以初步判断电磁铁损坏或卡涩。

电磁铁的更换和调整（接地开关闭锁电磁铁见图 3-1）：

1）关闭闭锁电磁铁电源。

2）打开电缆室内安装闭锁电磁铁位置的侧盖板。

3）可看到电磁铁，此时可合上电源开关，确认电磁铁是否完好。

4）如电磁铁完好，只是安装位置不正确，可以断开电源后，松开固定电磁铁的四颗螺栓，调整电磁铁的位置至正确位置。

5）如电磁铁损坏，则关闭电源后，拆除电磁铁的电源线，再松开电磁铁固定螺栓，更换新的电磁铁。

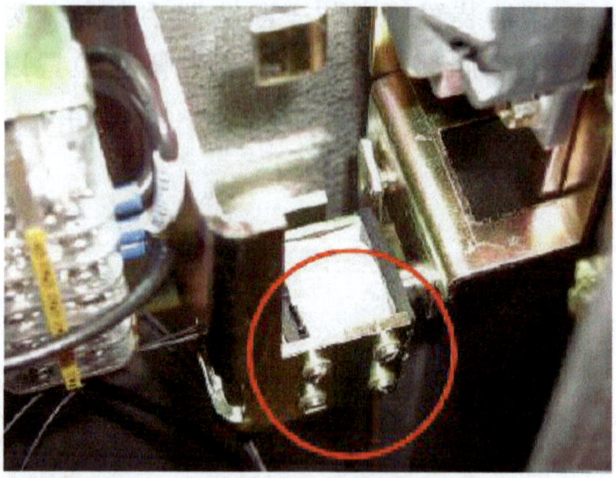

图 3-1　接地开关闭锁电磁铁

6）新的电磁铁安装后，应合上电源开关，检查电磁铁位置是否正确，是否可以正确的闭锁和解锁。

3.2　断路器手车故障

故障现象：断路器手车只能摇动一圈半。

故障原因：① 手车底盘接地开关联锁舌片被导轨上的联锁块挡住；② 手车底盘接地开

关联锁舌片变形。

处理方法:① 调整导轨的联锁块,使手车底盘接地开关的联锁舌片完全弹出;② 校正联锁舌片,使其恢复正常状态。

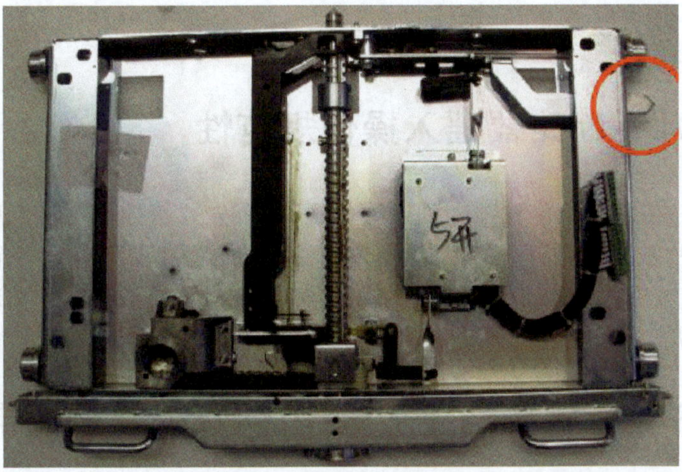

图 3-2 手车底盘接地开关连锁舌片

第四章　经验反馈

4.1　6 kV VD4 断路器摇入操作规范性

VD4 断路器，在由试验位置摇入到运行位置时，首先要将摇把插入到底，保证断路器摇把插孔两侧的锁片被完全撑开，避免锁片机构未脱开而受力变形；其次，断路器被摇到运行位置后，会听到机械机构（S8 或 S9 动作）的动作声音，此时不应该再继续摇动，否则也会导致断路器底盘机械机构受力变形。再进一步确认底盘丝杆的菱形应朝上。

4.2　ZS1 开关柜触头挡板加挂锁，防止人员误碰带电部位

在母线不停电，而需要一些开关柜内的缺陷是，为防止人为开启触头挡板，误碰带电的触头，可以在触头挡板的联动机构处加挂隔离锁，将触头挡板锁死，见图 4-1 所示。

图 4-1　开关柜内静触头挡板、联动结构及挂锁处

第五章　基本操作

5.1　开关柜的五防功能

电力系统开关柜均要求具有完善的五防功能,具体要求如下:

1. 防止误分误合断路器

断路器分合闸选择开关选用带钥匙的开关

2. 防止带负荷拉(合)隔离开关断路器合闸,无法移动手车

3. 防止带电挂(合)接地线(接地开关)

接地开关只有手车在试验位置或拉出开关柜且电缆室柜门关闭时才能合闸

4. 防止带接地线(接地开关)合隔离开关(断路器)

接地开关合闸时无法将手车摇至运行位置

5. 防止误入带电间隔

电缆室柜门只有在接地开关合闸后才能打开

接地开关分闸,电缆室柜门无法打开

只有确认电缆头不带电时,电缆室柜门才能打开

断路器在工作位置,断路器室柜门无法打开,只有断路器在试验位置,才能打开断路器柜门

断路器拉至柜外,无法手动打开触头挡板

注:以上五防功能的实现,在秦二厂1、2号机组老的ZS1开关柜上没有实现。

新的ABB中压Unigear ZS1型开关柜和VD4型真空断路器的标准安全连锁如下:

		禁止	状态
1	A	移近/移出主开关手车	主开关合
	B	合主开关	主开关手车处于非试验/工作位置
2	A	移进主开关手车	二次航空插未插好
	B	拔下二次航空插	主开关手车处于工作/中间位置
3	A	合接地开关	主开关手车处于工作/中间位置
	B	移进主开关手车	接地开关合闸
4	A	打开主开关室门	主开关手车处于工作/中间位置
	B	移进主开关手车	主开关室门打开
5	A	打开电缆室柜门	接地开关分
	B	分接地开关	电缆室柜门打开

挂锁(可选)

	6	主开关室门
	7	电缆室门
	8	主开关手车移进/移出操作孔
	9	接地开关操作孔
	10	活门

闭锁电磁铁(可选)

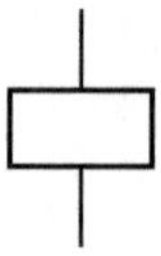	11	主开关手车移进/移出
	12	接地开关合/分
	13	主开关室门打开
	14	电缆室门打开

辅助装置

15 活门闭锁装置	当主开关手车从主开关室内抽出时,该装置闭锁活门不被打开,操作者用手无法打开活门。活门只有在主开关或辅助小车进入工作位置时,才可被打开。
16 主开关–开关柜兼容装置	主开关的航空插及开关柜上的航空插座装有兼容装置,可防止开关柜误用其他额定电流的主开关。
17 断路器紧急分闸辅助装置	主开关室门板上装有断路器紧急分闸辅助装置,用于在紧急情况下,通过闭门操作断路器上的机械分闸按钮,使断路器分闸。此操作只可在断路器处于工作位置时进行。

5.2 基本操作

5.2.1 断路器手车由工作位置至检修位置的操作

1. 将断路器分闸。
2. 逆时针摇动手柄将断路器手车摇至试验位置。
3. 开启断路器室柜门。
4. 掰开控制线插头(二次航空插头)扣板,将控制线插头(二次航空插头)拔出,将插头挂在断路器面板上的固定螺栓上。
5. 将服务小车插进并锁定在开关柜上,然后向后拉服务小车,确认小车是否锁定,此时小车上的解锁手杆应偏向右侧极限位置。
6. 服务小车上的四个手轮可用来调整小车平台的高度,使服务小车平台和开关柜隔板的高度保持一致。

7. 向内侧移动断路器手车衡量的定位销，将手车移至服务小车上并确认断路器手车已定位。

8. 向左扳动服务小车上的解锁手杆，解开服务小车与开关柜的锁定，将服务小车从开关柜处移开。

图 5-1　断路器手车内工作位置至检修位置操作

5.2.2 断路器手车由检修位置至工作位置的操作

1. 将断路器手车从服务小车移至开关柜内的试验位置。

2. 注意手车到位时,其衡量定位销在松开后应能弹回外侧极限位置,否则手车无法摇入。

3. 将二次航空插头对准开关柜上的插座,压下扣板使航空插头完全置入插座内。

4. 关闭断路器室门。

5. 确认接地刀已分闸。

6. 确认断路器底盘位置闭锁装置已解锁(断路器有底盘闭锁装置 Y0 时)。

7. 顺时针摇动断路器手车至运行位置,到位时相应的断路器手车位置指示器会出现指示型号。

5.2.3 断路器分合闸操作(就地)

1. 确定断路器在工作位置或试验位置。

2. 将“就地/远方”选择开关置于“就地”位置。

3. 将“合闸/分闸”选择开关的钥匙插入钥匙孔并打到解锁位置。

4. 确认合闸回路闭锁信号已解锁。

5. 顺时针旋转选择开关至合闸位置,即可使断路器合闸。

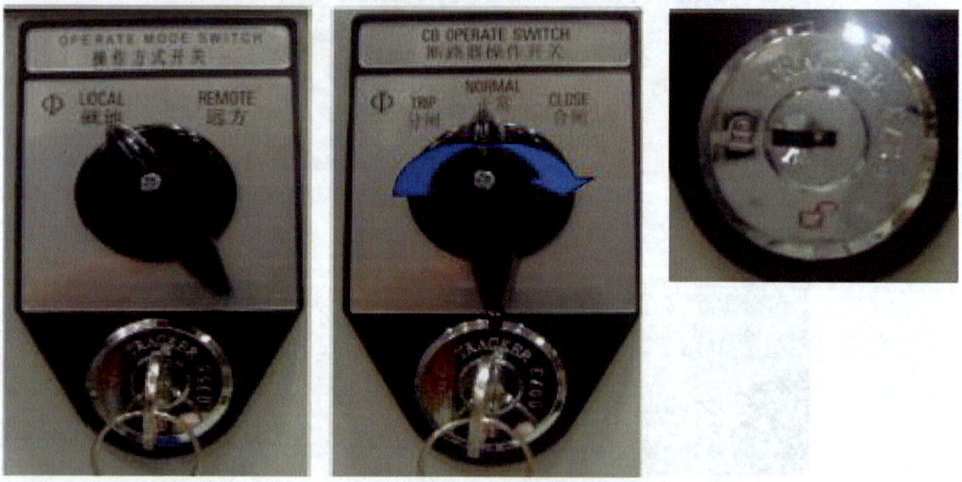

图 5-2 断路器分合闸操作

分闸操只需将“合闸/分闸”选择开关的钥匙插入钥匙孔并打到解锁位置,旋转选择开关至分闸位置,即可使断路器分闸。

另,秦二厂 1、2 号机组老的 VD4 断路器就地合闸使用就地操作盒,将就地操作盒插入开关低压室面板上的插座后,断路器只能就地合闸,但仍可远方分闸。

5.2.4 接地刀合闸操作(手动)

1. 确认断路器手车在试验位置或移到柜外。

2. 确认电缆头无电。
3. 确认接地刀闭锁回路已解锁(加装了挂锁或电磁铁装置的)。
4. 压下接地开关舌片,将接地开关操作手柄插入接地开关操作孔内。
5. 顺时针旋转 180°,将接地开关合闸。

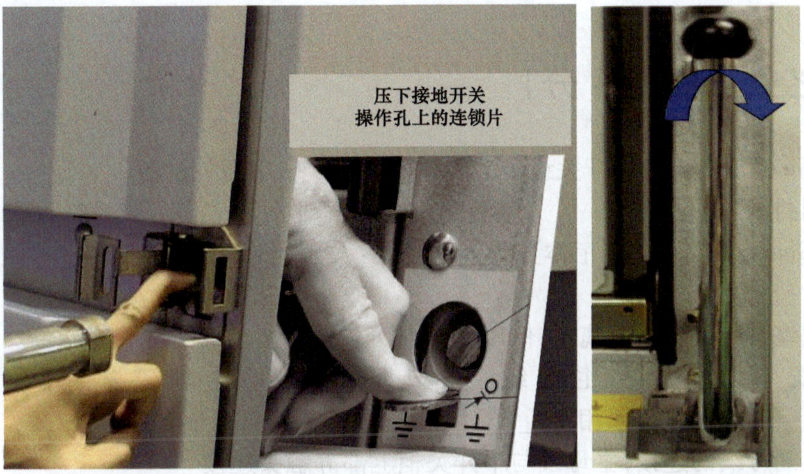

图 5-3　接地刀合闸操作

5.2.5　接地刀分闸操作(手动)

1. 确认电缆室柜门已关闭(注意,电缆室柜门不关闭,接地刀无法合闸,该功能在秦山1、2 号机组老的 ZS1 开关柜上没有)。

2. 将接地开关操作手柄插入接地开关操作孔内,逆时针旋转 180°,将接地开关合闸。

第六章　习　题

6.1　填空题(每题4分)

1. UniGear ZS1单母线开关设备是一种________中压开关设备。

答:金属封闭

2. UniGear ZS1 开关柜柜体分为四个隔室,分别为:________、________、________和________。

答:母线室;断路器室;电缆室;低压室

3. 母线室内主要有主母线、分支母线、穿墙套管等部件,主母线用于____________,分支母线用于____________。

答:柜体间母线的连接;主母线与本开关柜上部静触头连接

4. 断路器手车的控制及信号电缆通过二次航空插头与外部回路进行连接,只有手车在____________二次插头才能拔下。

答:试验/隔离位置时

5. UniGear ZS1 开关柜三个高压隔室(母线室、断路器室和电缆室)的顶部都装有________。

答:压力释放板

6. VD4断路器的合闸时间要求:________,分闸时间要求:________。

答:55～66 ms;33～45 ms

7. VD4断路器的操作机构是________,一台操动机构操作________断路器。

答:扭力弹簧式;三相

8. 当 UniGear ZS1 开关柜接地开关处于合闸状态时,断路器手车________摇至工作位置。

答:不能

6.2　简答题(每题4分)

1. 简述断路器的合闸过程。

答:断路器合闸过程,脱扣机构释放由预先已储能的扭力弹簧并转动主轴,凸轮盘和主轴一起转动,绝缘连杆则由凸轮盘和移动连杆所带动,然后每相断路器真空灭弧室内的动触头由绝缘连杆带动作向上运动,直至触头接触为止,同时压力弹簧被压紧,以保证主触头有适当的接触压力,在合闸过程中分闸弹簧也同时被压紧。

2. 请标注下图标识的位置或设备。

2.1　图中标号①②③分别为UniGear ZS1开关柜柜体四个隔室中的________，________和________。

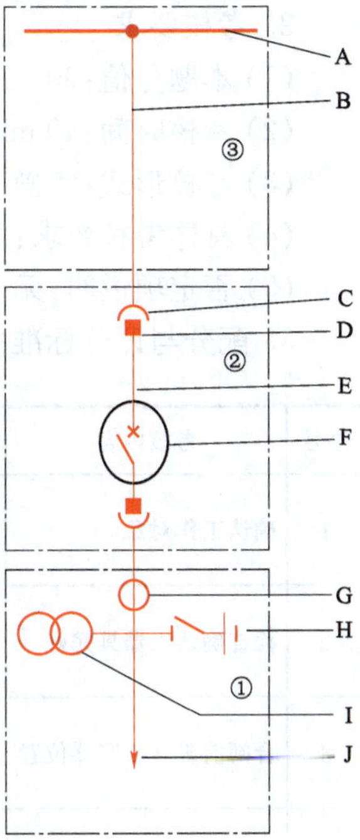

答：母线室；断路器室；电缆室

2.2　请写出图中A—J标注的设备的名称

答：A：主母线

B：分支母线

C：开关柜上静触头

D：断路器上接线端子

E：断路器手车

F：断路器真空灭弧室

G：电流互感器

H：接地开关

I：电压互感器

J：电缆

6.3　实操题

鉴定点：二厂培教楼电气教室

试题：接地开关分合闸的操作

1. 准备要求

考场准备：

(1) 试题名称：接地开关分合闸的操作

(2) 本题分值：60

(3) 考核时间：40 min

(4) 考核形式：实操

(5) 设备设施准备

序号	名称	规格	单位	数量	备注
1	ZS1开关柜+VD4断路器手车		套	1	
2	接地开关操作手柄		个	1	

考生准备：

(1) 试题名称：接地开关分合闸的操作

(2) 本题分值：60

(3) 考核时间：40 min

(4) 考核形式：实操

(5) 工具及其他准备：无

2. 考核要求

(1) 本题分值:60

(2) 考核时间:40 min

(3) 考核形式:实操

(4) 具体考核要求:掌握接地开关的操作,并了解接地开关的闭锁

(5) 否定项说明:无

3. 配分与评分标准

序号	考核内容	考核要点	配分	评分标准	扣分	得分
1	确认工作对象	根据标定单确认设备	5	根据标定单确认设备,未自检,扣3分;未互检,扣2分		
2	检查确认工器具完好	确认工器具正确可用且无损伤	5	未检查确认的,扣5分		
3	合闸前确认断路器位置	断路器必须在试验位置或拉出柜外	10	未检查确认的,扣10分		
4	操作接地开关合闸	合闸到位	15	未按压操作孔挡板的,扣15分;操作后未检查是否到位的,扣5分		
5	操作接地开关分闸	分闸到位	15	操作前未确认电缆室柜门关闭的,扣10分;操作后未检查是否到位的,扣5分		
6	确认工作完成,清理工作现场	工完料净	10	未工完料净,扣10分		
否定项:无						
总分:						

评分人:　　年　月　日　　　　　　核分人:　　年　月　日

第五部分　中压接触器柜维修

第一章　操作准备

1.1　原理描述

1.1.1　中压接触器简介

中压接触器，是指中压真空接触器，在真空中实现电流通、断功能的开关设备。真空开关管是中压真空接触器通断功能的核心部件，世界上第一台真空开关管是 1926 年由美国加利福尼亚大学 Sorensen 教授发明，随后各国相继开展了对真空开关管的应用性研究，1965 年英国 GEC 公司研制成功首台中压真空接触器，我国在 20 世纪 70 年代也开发出 3～6 kV 高压真空接触器，主要产品有西安高压电器研究所的 JZC3 系列、天水长城开关厂的 JZC2 系列和上海华通开关厂有限公司的 LH JZC33 等。目前世界上中压真空接触器的最高额定电压为 12 kV、最大额定电流为 450 A。

中压真空接触器相比较其他介质的接触器(如 SF6、油和空气)，主要有以下特点。

1）优点

① 开关主触头密封于真空开关管内，开关性能不受周围环境(如潮湿、灰尘、有害气体等)的影响；

② 真空是灭弧介质，真空开关管没有火灾和爆炸的危险；

③ 真空介质绝缘强度高，同等电压下，触头间开距小，弧压低，弧能小，故触头损耗小，触头寿命长；

④ 真空介质灭弧能力强，燃弧时间短，熄弧快；

⑤ 操作机构简单，耗能小，产生的振动和噪音小。

2）缺点

① 投切感性负载，易发生操作过电压；

② 对真空开关管的真空度要求高，当真空度不满足要求时，开断能力和耐压性能下降明显。

现场使用的型号为 UniGear ZVC 中压接触器柜(图 1-1、图 1-2)，分别是由澳大利亚 ABB 公司和厦门 ABB 开关有限公司提供的产品，配置了型号为 V7、VSC 等真空接触器。

UniGear ZVC 接触器柜结构紧凑,易维护,操作简单,分别用在核岛、常规岛及 BOP 等厂用供电系统。

图 1-1 中压接触器柜现场

图 1-2 中压接触器柜

UniGear ZVC 接触器柜符合如下标准及规范的要求。

IEC 60694 (AS2650—1986)高压开关设备

IEC 60470 (AS1864—1976)电动机启动器和接触器

IEC 60282-1 和 60644 (AS1033.1—1990)隔离器(HV 熔断器)

IEC 62271-102:2001 (AS1306—1985)接地开关

IEC 60529 (AS1939—1990)防护等级 IP4 X 外壳、IP2 X 内部活门和隔板

IEC 62271-200:2003 (AS2086—1995)额定电压 1 kV 以上 52 kV 以下的交流金属封闭开关设备和控制设备

IEC 60044-1 (AS1675—1986)电流互感器

GB/T 11022—1999 高压开关设备和控制设备标准的共同技术条件

GB/T 14808—2001　交流高压接触器

UniGear ZVC 接触器柜正常工作的环境条件如下。

- 环境最高温度:+40 ℃
- 环境 24 小时最高平均温度:+35 ℃
- 环境最低温度:-5 ℃
- 环境最高平均相对湿度:24 小时:95%

一个月:90%

- 海拔高度不超过:1 000 m

UniGear ZVC 接触器柜电气参数见表 1-1 所示。

表 1-1　电气参数

参数	单位符号	数值
额定电压	kV	7.2
额定工频耐受电压	kV/1 min	32
额定雷电冲击耐受电压	kV	60
额定频率	Hz	50/60
额定短时耐受电流	kA/3 s	50
额定峰值耐受电流	kA	130
最大母线电流	A	4 000
额定分支母线电流	A	400
电动机负载能力	kW	4 000
电容器负载能力	kVAR	2 000
变压器负载能力	kVA	4 500

UniGear ZVC 接触器柜重量为:

不带手车的接触器柜最大重量:275 kg

接触器手车的最大重量:95 kg

两块端盖板的重量:90 kg

开关柜和手车的总重量:460 kg

1.1.2　中压接触器结构

每个 UniGear ZVC 中压接触器柜开关单元(图 1-3),是由四个隔室组成,分别是低压室、接触器室、电缆室和母线室,其中接触器室、电缆室和母线室是高压室。各室之间设计成相互独立,用金属隔板隔开,目的是为了满足内部故障电弧试验要求。柜体外壳用 2 mm 厚的覆铝锌钢板材料,金属封闭结构形式,具备足够结构强度,防护等级为 IP4 X。每个高压室的顶部各自安装了一块泄压板(图 1-4),用于释放电弧故障时产生的压力。图 1-5 所示为中压接触器主要元器件。下面对各室分别进行介绍。

图 1-3 中压接触器柜及组成

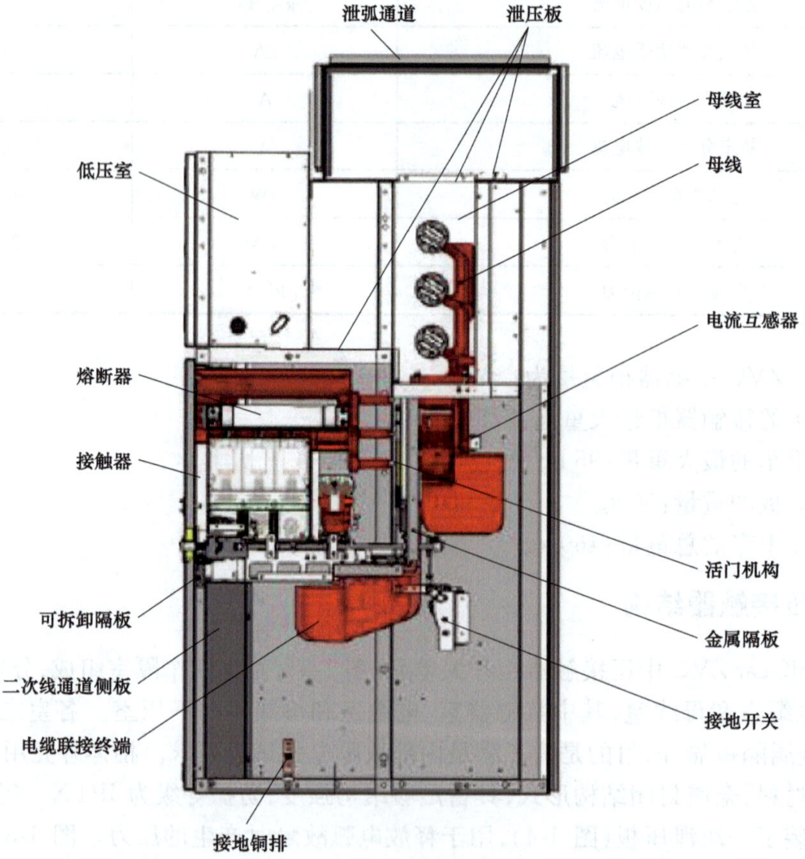

图 1-4 中压接触器柜泄压板

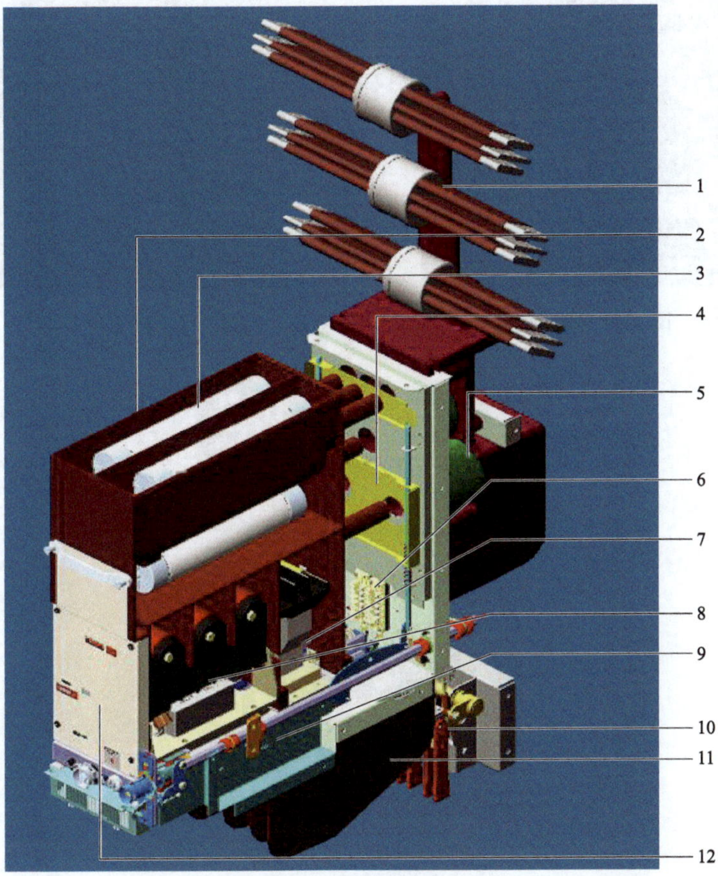

图 1-5 中压接触器主要元器件图

1—母线模块;2—熔断器—接触器模块;3—BS 熔断器;4—金属活门;5—电流互感器;6—辅助开关及航空插;7—电压互感器;8—接触器;9—接触器手车底盘;10—接地开关;11—电缆连接模块;12—接触器前面板

低压室

低压室(也称二次小室,图 1-6):位于柜体的前上部,室内安装有控制电源开关、保护电源开关、加热器电源开关、端子排等,面板上安装有带电显示器(图 1-8)、继电保护装置(图 1-7)、显示仪表、指示灯、按钮等。独立的开门设计,便于室内电源开关的停送电操作。柜内图见图 1-9、图 1-10。

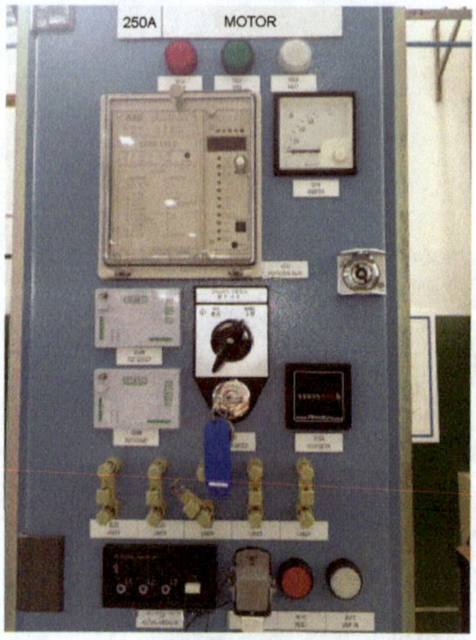

图 1-6 低压室

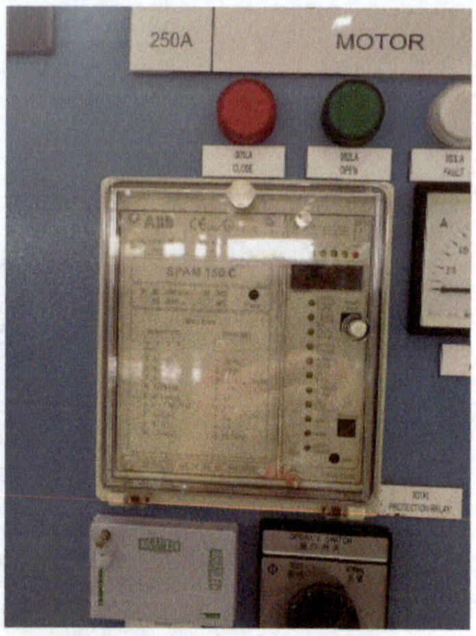

图 1-7 继电保护装置

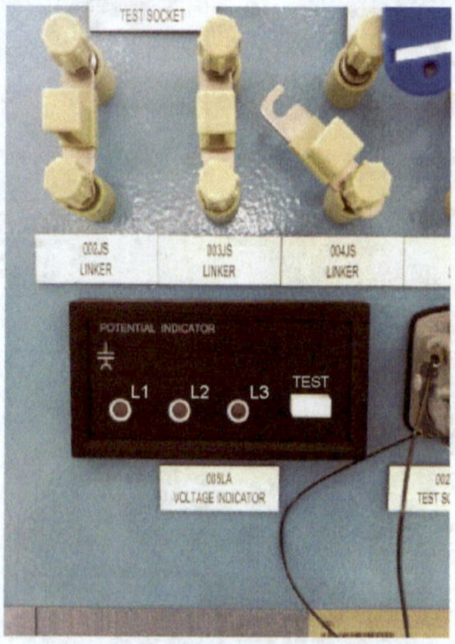

图 1-8 带电显示装置

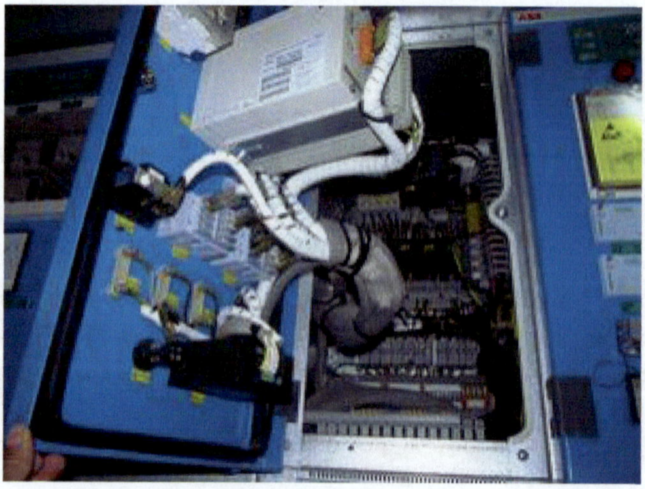

图 1-9 低压室柜内图一

图 1-10 低压室柜内图二

接触器室

接触器室位于柜体的中部(图 1-11),室内除放置接触器手车(简称手车,图 1-12)外,还安装有上/下静触头、遮盖静触头盒的活门及活门动作机构等,与电缆室公用一扇柜门。当手车在室内向工作位置移动时,活门动作机构被手车上的驱动块驱动,活门动作打开;当手车在室内离开工作位置,活门又自动关闭。

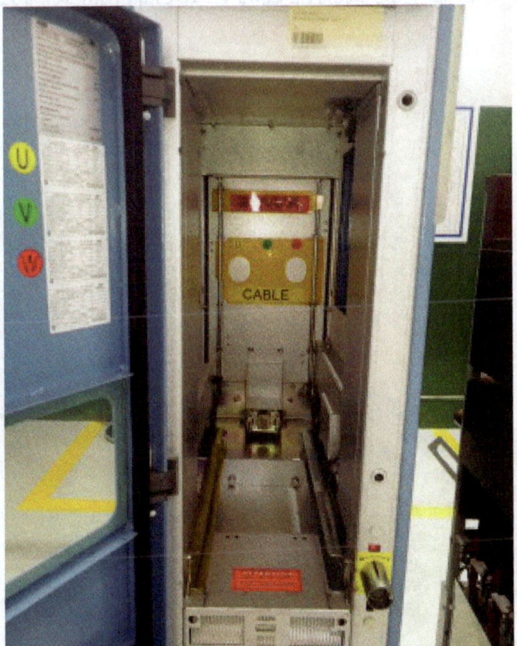

图 1-11 接触器室柜内图

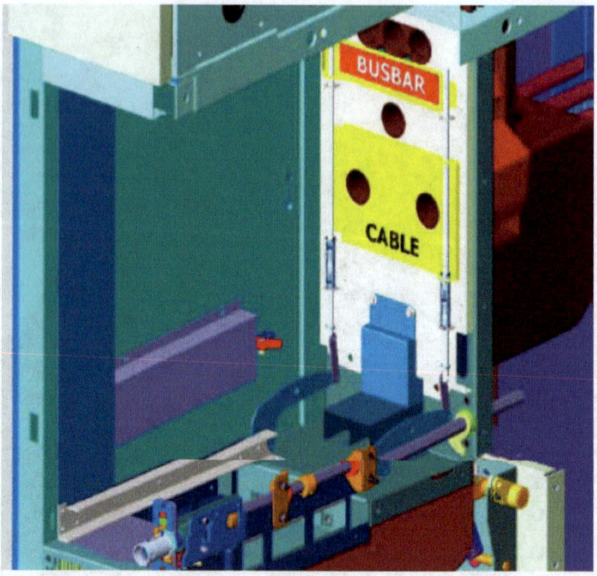

图 1-12 接触器室剖面图

接触器手车(图 1-13)由环氧树脂浇铸组件、底盘(图 1-14)组成。接触器手车图片参见图 1-15～图 1-28。环氧树脂浇铸组件由固封在环氧树脂内的上/下部隔离触头、真空灭弧室(也称真空开关管、真空泡,图 1-27)、高压熔断器(图 1-28)、操作机构、电源模块(图 1-25)和辅助开关等组成。底盘被用来承载环氧树脂浇铸组件,底盘上装有传动丝杆,用手车操作手柄摇动传动丝杆,使手车在试验位置和工作位置之间来回移动。底盘上还装有二次插件插头,当接触器手车进入接触器室到试验位置时,二次插件插头就会与柜体插件联通。

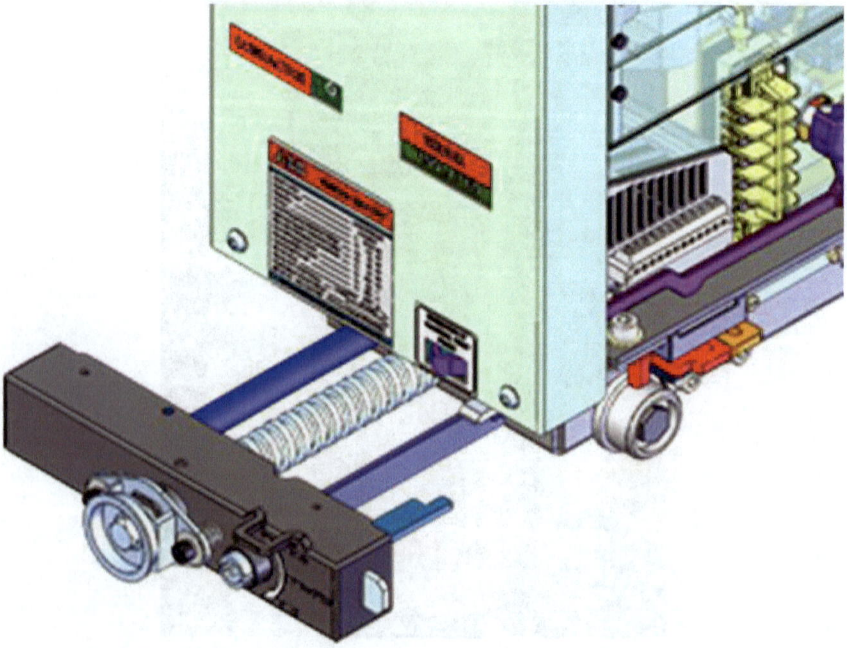

图 1-13 接触器手车

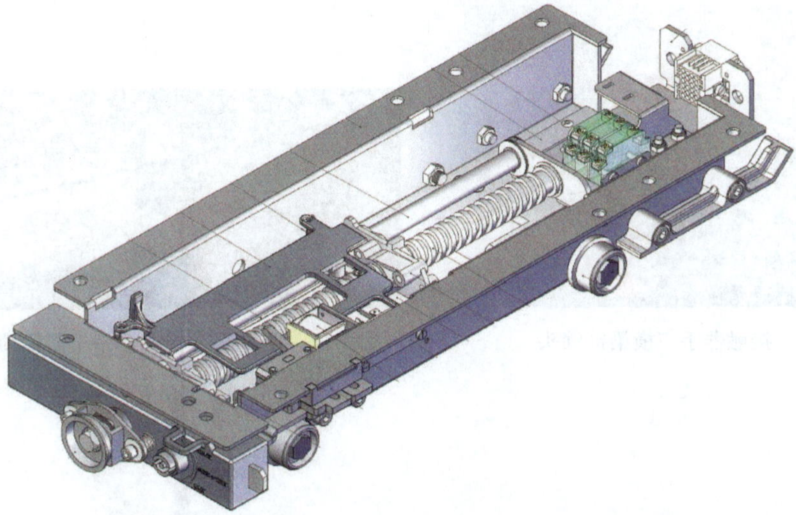

图 1-14　接触器手车底盘

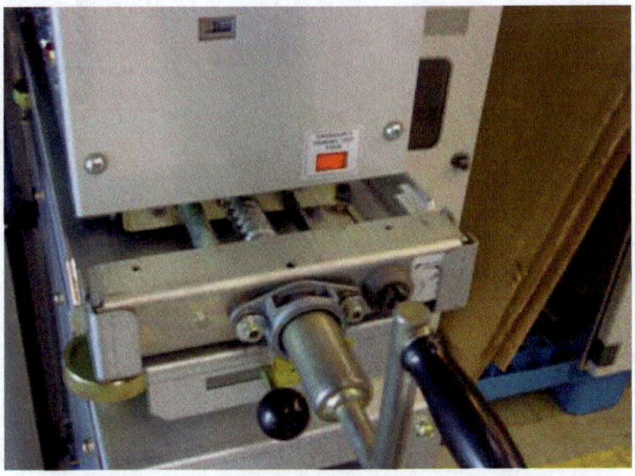

图 1-15　接触器手车及手车操作手柄

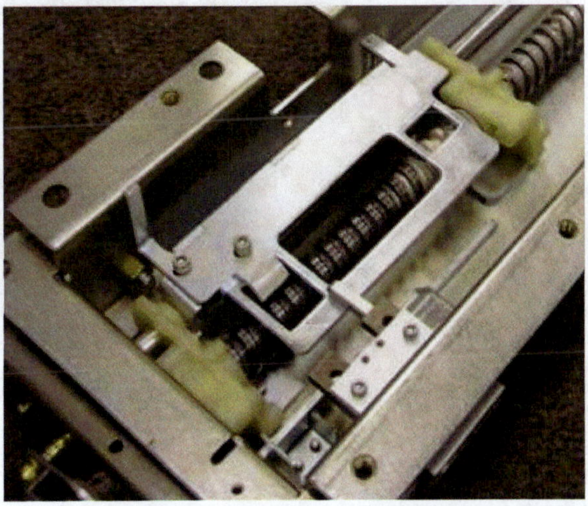

图 1-16　接触器手车底盘局部图

图 1-17 接触器手车横梁锁锁头

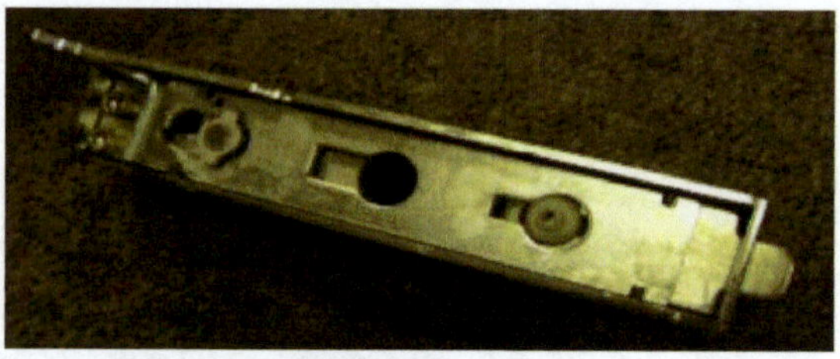

图 1-18 接触器手车横梁锁

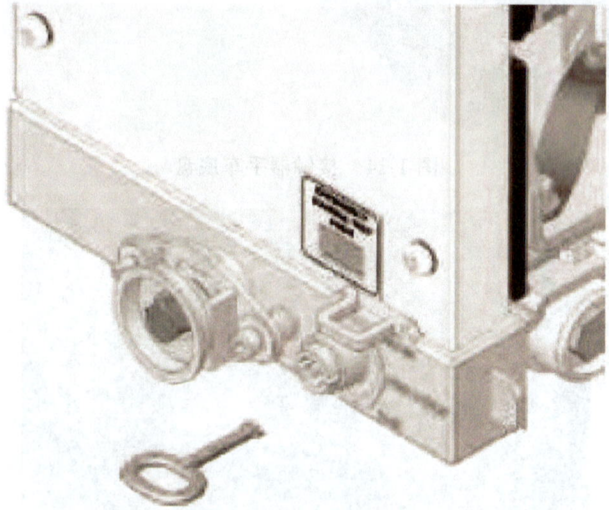

图 1-19 接触器手车横梁锁操作图

真空接触器有 VSC(图 1-20)和 V7(图 1-21)两种型号,它们的区别主要是操作机构,V7 是电磁型操作机构,VSC 是永磁型操作机构。电磁型操作机构又被分为电气自保持型电磁

图 1-20 VSC 接触器手车

图 1-21 V7 接触器手车

型操作机构(标注为:SCO)和机械自保持型电磁型操作机构(DCO)两种操作机构。同样,永磁型操作机构也被分为单稳态型电磁型操作机构(标注为:SCO)和双稳态型电磁型操作机构(DCO)。V7 和 VSC 这两种型号在秦二厂机组和方家山机组都有使用。另外,在秦二厂1、2号机组,还有使用ABB公司早期产品,型号为CV-HA-2的真空接触器(图1-23),它的柜体结构与中置式结构有所不同,接触器手车是落地式布置。

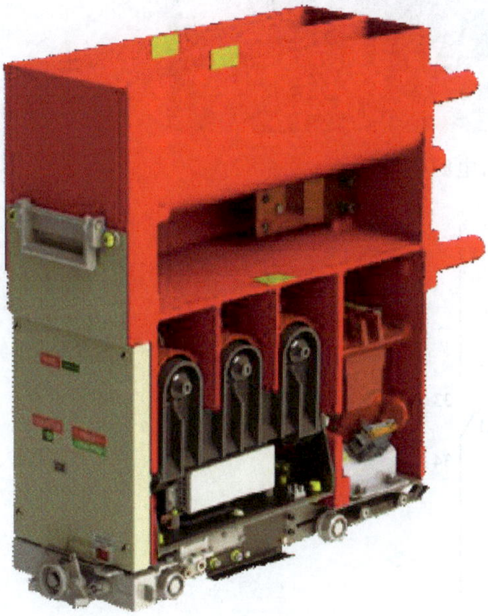

图 1-22　V7 接触器手车

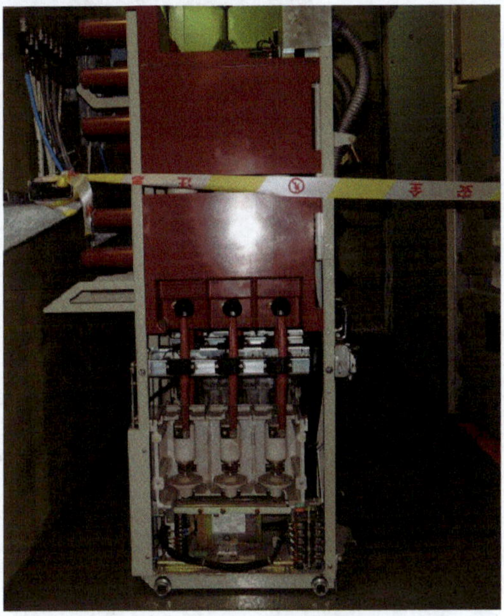

图 1-23　CV-HA-2 接触器手车

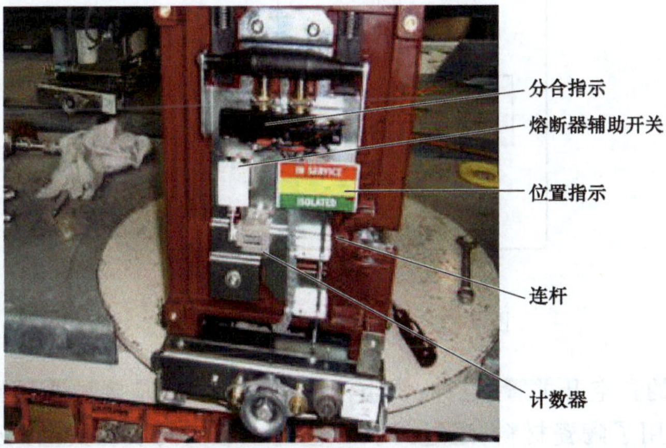

图 1-24　接触器手车

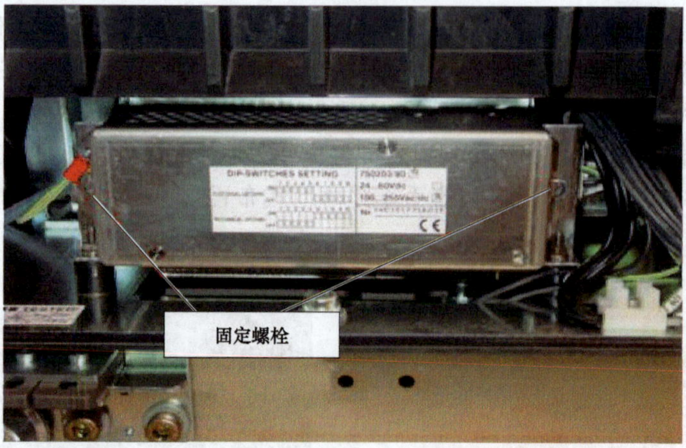

图 1-25 接触器电源模块

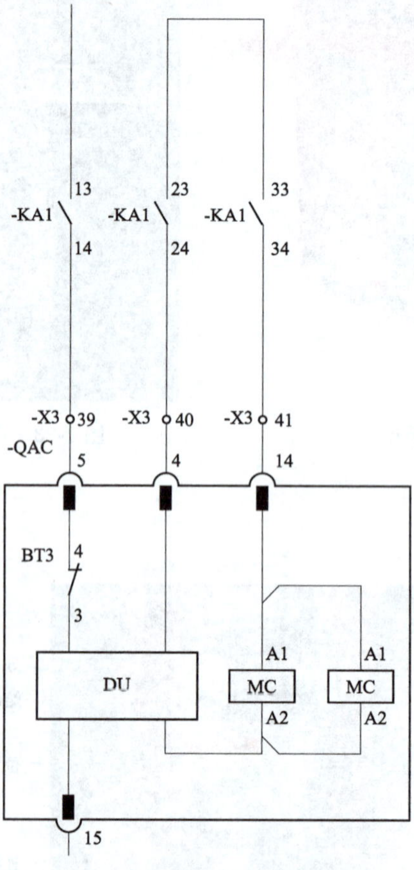

图 1-26 接触器电源模块接线图

接触器手车中的真空开关管(也称:真空泡),见图 1-27,是接触器开关功能的关键部件。真空开关管外壳使用了陶瓷材料,通过封装工艺把主触头封装在真空灭弧室。真空灭弧室的真空度≤1.33×10^{-2} Pa,主触头间距 5.0~5.5 mm。在真空灭弧室中,由于几乎没有可被电离的介质,因此当主触头在操作机构带动下分离时,触头间介质绝缘强度能很快恢复,利用电流第一次过零点实现灭弧。真空开关管具备一定的耐受过负荷的能力(≤4 000 A),用来投、切设备,尤其适用于需要频繁启动的泵或者风机等。对于故障切除,则由高压熔断器来实现开断功能。

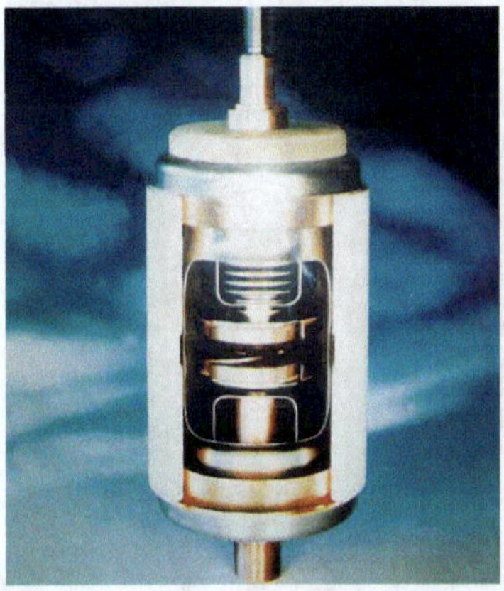

图 1-27　真空开关管

高压熔断器,见图 1-28,也称为高压限流熔断器,安装在环氧树脂浇铸组件的框架内,每只熔断器都安装有熔断撞击器,一旦有熔断器熔断,撞击器触点就会动作,触点被接入接触器的分闸控制回路。高压熔断器具备开断 50 kA 故障电流的能力,是具有反时限动作特性的保护功能器件。

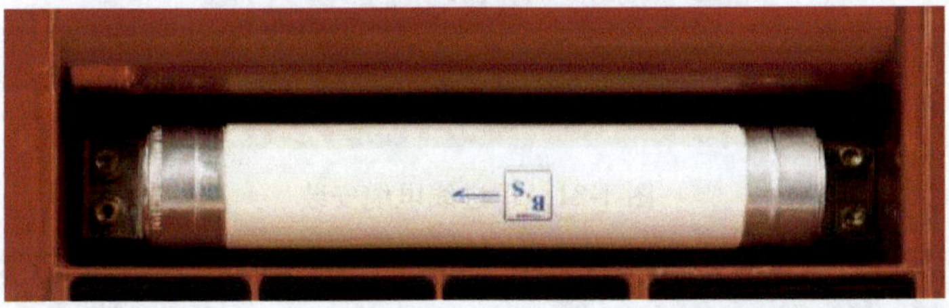

图 1-28　高压熔断器

电缆室

电缆室:位于柜体的下部,安装有电流互感器和零序电流互感器(图 1-29)、接地铜排、电容式分压装置(图 1-30)、出线电缆(图 1-31)、避雷器(图 1-32)、加热器(图 1-33)、接地闸刀(图 1-34)等。

图 1-29　电流互感器

图 1-30 电容式分压装置

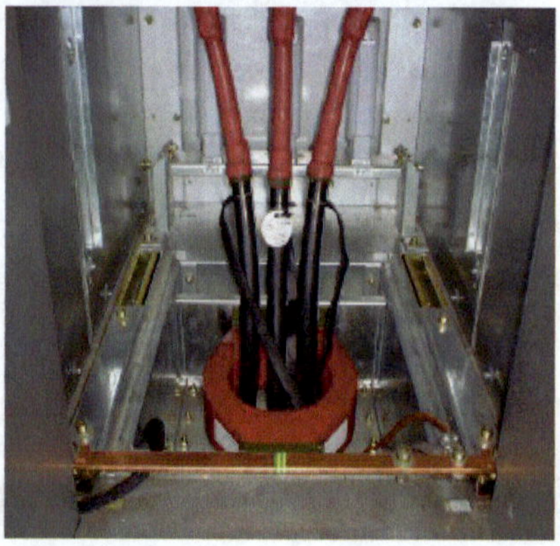

图 1-31 下进线电缆安装

图 1-32 避雷器

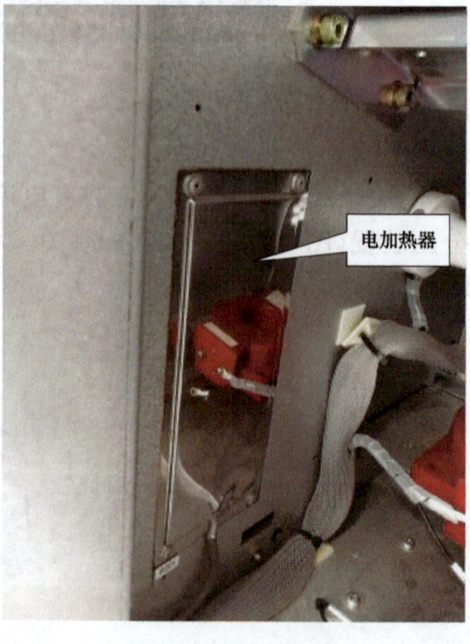

图 1-33 电加热器

E-SW 型接地闸刀，通过柜体正面侧边的操作孔进行手动操作，分/合闸位置可通过操作孔上的位置指示来判断。接地开关额定关合电流：31.5 kA，接地开关短时耐受电流(1 秒)：12.5 kA。见图 1-35、图 1-36、图 1-37。

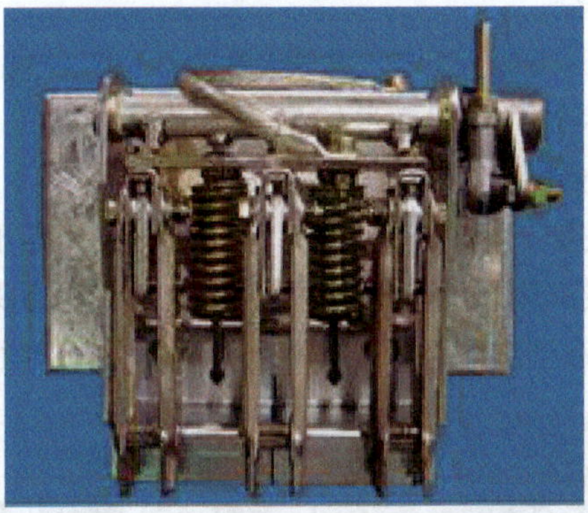

图 1-34　接地闸刀

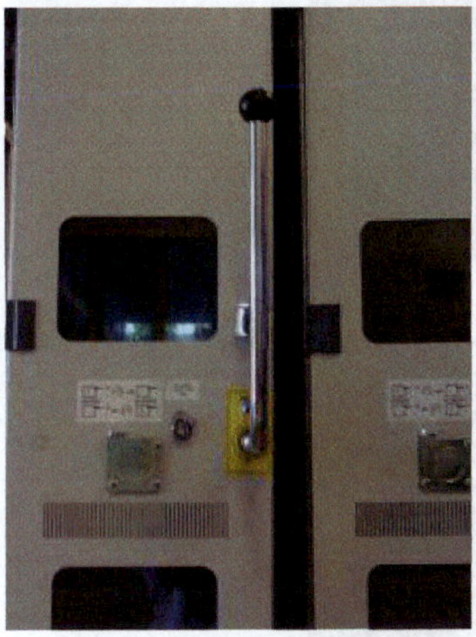

图 1-35　接地闸刀合闸操作

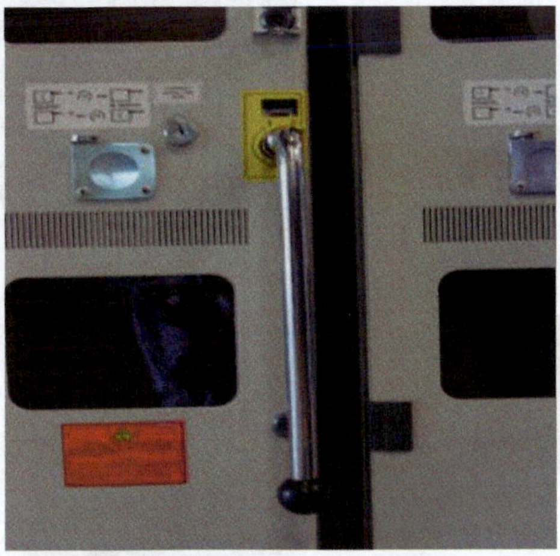

图 1-36　接地闸刀分闸操作

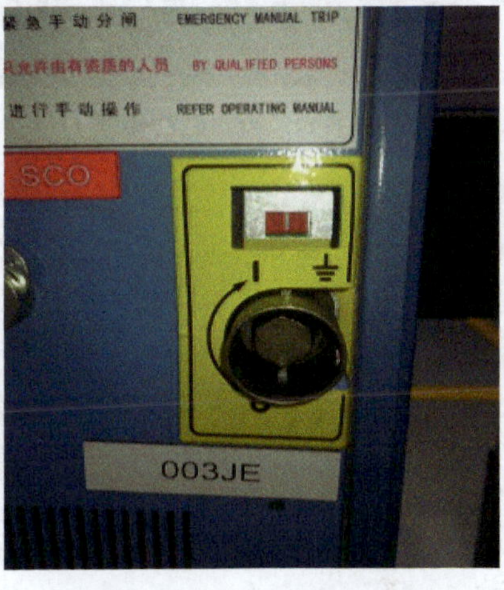

图 1-37　接地闸刀位置指示

母线室

母线室:位于柜体的后上部的位置,室内安装有主母线、分支母线、穿墙套管等,主母线用于柜体间母线的电气连接,分支母线用于主母线与本开关柜上部静触头连接,穿墙套管用于柜体间主母线的支撑和绝缘。

主母线有矩形母线(图 1-38)或"D"形母线(图 1-39)两种规格,母线材料为铜,母线是分段安装连接,连接接触面镀银。单"D"型母线最大载流量 1 600 A,双"D"形母线最大载流量 4 000 A,单矩形母线最大载流量 2 500 A。

母线是在开关柜拼接后,逐段固定在分支母线上,主母线由矩形分支母线和穿墙套管板固定支撑。所有主母线和分支母线都用热缩套管保护,联结处用绝缘罩保护(图 1-40)。母线连接用螺栓固定,每根螺栓上下都配有锥型垫圈,使用力矩扳手按力矩值拧紧。分支母线见图 1-41。

图 1-38 矩形母线

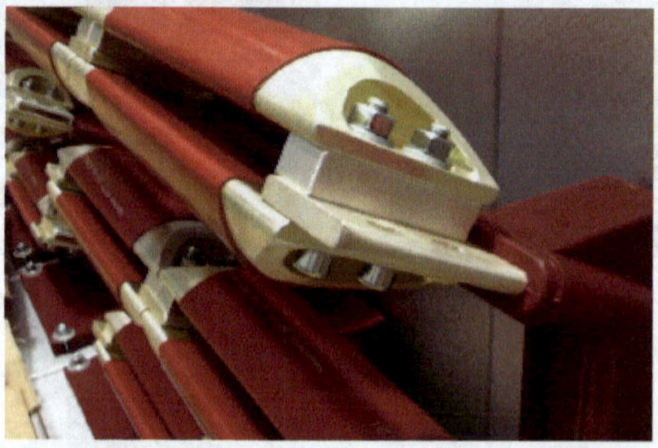

图 1-39 "D"形母线

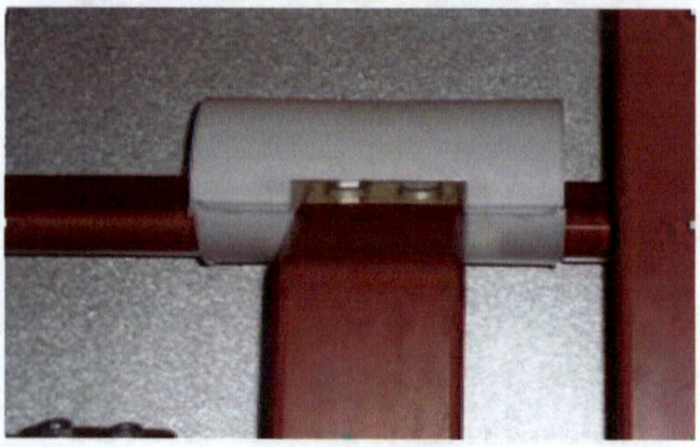

图 1-40 母线联结绝缘罩

图 1-41 分支母线

1.1.3 电气五防介绍

国家电网公司根据电力系统多年来实际运行的经验教训，为加强电气运行操作及相关设备管理，杜绝电气误操作事故的发生，制定有《电气五防管理制度》以及《国家电网公司防止电气误操作安全管理规定》。电气五防具体内容有：

1）防止误分、误合断路器；

2）防止带负荷拉、合隔离开关或手车触头；

3）防止带电挂(合)接地线(接地刀闸)；

4）防止带接地线(接地刀闸)合断路器(隔离开关)；

5）防止误入带电间隔。

UniGear ZVC 接触器柜的电气五防

UniGear ZVC 接触器柜在产品设计制造时，采用了满足“电气五防”联锁结构方案，因此实现了电气五防功能，具体如下：

1）防止误分误合断路器

接触器柜面板上没有可供直接分合闸操作的按钮开关。

2）防止带负荷拉(合)隔离开关

接触器手车合闸时，接触器手车不能移动。

3）防止带电挂(合)接地线(接地开关)

接触器手车在工作位置时，接地闸刀不能合闸。

4）防止带接地线(接地开关)合隔离开关(接触器)

接地开关合闸时，无法将接触器手车摇至工作位置。

5）防止误入带电间隔

只有在接地闸刀合闸后，电缆室柜门才能打开。

接触器手车拉至隔离位置,触头挡板自动挡住柜体上下触头。

常用术语

工作位置:是指接触器处于跟主母线接通状态。

试验位置:是指接触器已经从主母线断开但是仍然在柜内且接触器门关闭。

隔离位置:是指接触器在柜外的服务小车上。

中间位置:是指接触器在工作位置和试验位置之间(正在摇进摇出的过程中)。

1.2　文件准备

中压接触器柜的实际操作完全模拟现场工作,具有完整的维修工作包,包括工作指令单、质量计划、风险分析、隔离指令、规程、工前会、工后会等。

1.3　工器具准备

中压接触器柜的基本操作工器具:

(1) ABB 中压真空接触器专用操作工器具一套;

(2) 服务小车一辆;

(3) 维修工作垫一片。

工器具图见图 1-42～图 1-45。

图 1-42　服务小车

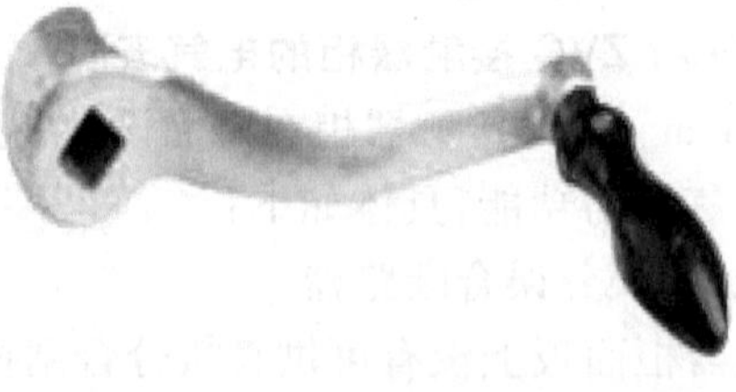

图 1-43　手车操作手柄

图 1-44　双翼钥匙

图 1-45　接地闸刀操作手柄

1.4　模拟体准备

操作使用的模拟体为 UniGear ZVC 型接触器柜，安装在技能培训中心培训教室。包括一面 UniGear ZVC 型接触器柜和一台 V7 或 VSC 接触器手车。

1.5　辐射防护准备

实施 UniGear ZVC 型接触器柜基本操作，无辐射风险，无需进行特殊防护。

1.6　工业安全准备

按照电力安规相关规定执行，所有人员需规范穿戴劳动保护用品，包括安全帽、绝缘鞋、工作服等。检修场地使用警示带进行围栏，确保工作过程中无关人员不能进入。

1.7　配合人员准备

无。

1.8　场地准备

现场铺设维修工作垫用于摆放工器具；合理分配场地，确保工具、设备的合理分布，方便操作。一般按照文件、工具、备件/材料、工具包区域布置场地；在场地外围布置警示带。

第二章　操作实施

中压接触器柜基本操作,如果按照不同的操作对象进行分类,则可分为三种操作,分别是:柜门操作、接触器手车操作和接地闸刀操作;如果按照接触器手车的不同位置进行分类,则可分为四种操作,分别是:接触器手车由工作位置至试验位置操作、接触器手车由试验至隔离位置操作、接触器手车由隔离位置至试验位置操作和接触器手车由试验位置至工作位置操作。本教材所列出的操作步骤,是融合了两种操作分类,具体如下。

2.1　操作实施 1　接触器手车由工作位置至试验位置操作

接触器手车由工作位置至试验位置操作见表 2-1。

表 2-1　接触器手车由工作位置至试验位置操作

序号	操作步骤	操作要求	工器具	测评标准	备注
1	设备信息核对	检查工作票、接触器、接触器柜,设备编码、设备名称一致	防人因工具	三相交流	
2	确认接触器已分闸	检查机械指示正确、电气指示灯正确	防人因工具	三相交流	
3	确认接触器手车在工作位置	检查机械指示正确、电气指示灯正确	防人因工具	三相交流	
4	确认接触器室柜门已关紧	用双翼钥匙验证	双翼钥匙,防人因工具	适当用力拧紧,自检、监护	
5	将接触器手车摇到试验位置	逆时针缓慢摇动手车 14 圈至止挡位,摇动匀速平稳,检查手车到位机械指示正确、电气指示灯正确	手车操作手柄,防人因工具	摇动 14 圈直至止挡位,自检、监护	操作完成后汇报

2.2　操作实施 2　接触器手车由试验位置至隔离位置操作

接触器手车由试验位置至隔离位置操作见表 2-2。

表 2-2　接触器手车由试验位置至隔离位置操作

序号	操作步骤	操作要求	工器具	测评标准	备注
1	设备信息核对	检查工作票、接触器、接触器柜,设备编码、设备名称一致	防人因工具	三相交流	

续表

序号	操作步骤	操作要求	工器具	测评标准	备注
2	确认接触器手车在试验位置	检查机械指示正确、电气指示灯正确	防人因工具	三相交流	
3	验证电缆室出线端没有电	按带电显示装置按钮	防人因工具	带电显示装置灯正确，自检、监护	
4	确认接触器室柜门已关紧	用双翼钥匙验证	双翼钥匙，防人因工具	拧紧用力适当，自检、监护	
5	合上接地闸刀	插入接地闸刀操作手柄，顺时针转动90°操作，操作用力适度。操作时若感觉卡涩，则停止操作并汇报。检查合闸到位机械指示正确	接地闸刀操作手柄，防人因工具	操作连贯，用力适当，自检、监护	
6	检查服务小车、开启接触器室柜门、调整服务小车	检查服务小车正常可用，调整服务小车至柜体定位孔能契合	服务小车，双翼钥匙	检查、调整服务小车	
7	将服务小车与柜体锁定	操作服务小车应找准定位，小车与柜体锁定后，锁紧服务小车锁紧轮，检查服务小车解锁杆的位置正确	服务小车	服务小车锁紧轮锁紧，服务小车解锁杆位置正确	
8	将接触器手车拉至服务小车上	用双翼钥匙逆时针旋转打开接触器手车横梁锁，拉接触器手车至服务小车上，锁定横梁锁，操作横梁锁时锁头应充分弹出	服务小车，双翼钥匙	横梁锁锁头应充分弹出	
9	将接触器手车移至隔离位置，关闭接触器室柜门	解除服务小车锁紧轮，操作服务小车解锁杆，移动平稳，到隔离位置后锁紧服务小车锁紧轮，拧上柜门螺栓	服务小车，双翼钥匙，防人因工具	服务小车移动平稳，服务小车锁紧轮锁紧，接触器室柜门已关上，自检、监护	操作完成后汇报

2.3　操作实施 3　接触器手车由隔离位置至试验位置操作

接触器手车由隔离位置至试验位置操作见表 2-3。

表 2-3　接触器手车由隔离位置至试验位置操作

序号	操作步骤	操作要求	工器具	测评标准	备注
1	设备信息核对	检查工作票、接触器、接触器柜，设备编码、设备名称一致	防人因工具	三相交流	
2	确认接触器已分闸、手车在正常位置	检查机械指示正确	防人因工具	三相交流	

续表

序号	操作步骤	操作要求	工器具	测评标准	备注
3	确认接地闸刀在合闸位置	检查机械指示为正常	防人因工具	三相交流	
4	打开接触器室柜门	打开接触器室柜门，确认接触器室内无异物，检查活门位置正常	双翼钥匙，防人因工具	自检、监护	
5	将载有接触器手车的服务小车与柜体锁定	将载有接触器手车的服务小车平稳拉至柜体前，靠近柜体时要缓慢，与柜体锁定后，将服务小车锁紧轮锁紧	服务小车，防人因工具	服务小车移动平稳，服务小车解锁杆位置正确，服务小车锁紧轮锁紧，自检、监护	
6	将接触器手车推入柜内	解除与服务小车的横梁锁，观察接触器手车两边可正常进入后推入柜内，到位后锁定横梁锁	双翼钥匙，防人因工具	接触器手车无碰撞，横梁锁锁头弹出正常，自检、监护	
7	移开服务小车，关闭接触器室柜门并拧紧	解锁服务小车，移开服务小车并锁紧，关闭接触器室柜门并拧紧	服务小车，双翼钥匙	解锁服务小车移开后锁紧，柜门螺丝拧紧用力适当	操作完成后汇报

2.4 操作实施 4 接触器手车由试验位置至工作位置操作

接触器手车由试验位置至工作位置操作见表 2-4。

表 2-4 接触器手车由试验位置至工作位置操作

序号	操作步骤	操作要求	工器具	测评标准	备注
1	设备信息核对	检查工作票、接触器、接触器柜，设备编码、设备名称一致	防人因工具	三相交流	
2	确认接触器已分闸	检查机械指示正确、电气指示灯正确	防人因工具	三相交流	
3	确认接触器手车在试验位置	检查机械指示正确、电气指示灯正确	防人因工具	三相交流	
4	确认接触器室柜门已关紧	用双翼钥匙验证	双翼钥匙，防人因工具	拧紧用力适当自检、监护	
5	分断接地闸刀	插入接地闸刀操作手柄，逆时针转动 90°操作。操作用力适度，操作时若感觉卡涩，则停止操作并汇报，检查分断到位机械指示正确	接地闸刀操作手柄，防人因工具	操作连贯，用力适当，自检、监护	
6	将接触器手车摇到工作位置	顺时针缓慢摇动手车 14 圈至止档位，摇动匀速平稳可检查手车到位机械指示正确、电气指示灯正确	手车操作手柄，防人因工具	摇动 14 圈直至止档位，自检、监护	操作完成后汇报

第三章　故障判断和排除

3.1　常见故障现象和判断方法检查和处理

常见故障现象和判断方法检查和处理见表 3-1。

表 3-1　常见故障现象和判断方法检查和处理

序号	故障现象	故障原因分析	故障排除方法
1	接地开关无法合闸	1. 小车没有完全到达试验位置 2. 接地开关操作轴没有到位，缩在轴套里面	1. 将小车完全摇出至试验位置 2. 将小车移除柜外，复位接地开关操作轴
2	小车无法摇到工作位置	1. 小车横梁未锁定 2. 接地开关未分闸 3. 活门故障(未开启/未正常关闭) 4. 小车底盘联锁故障 5. 接触器未分闸	1. 锁定横梁锁 2. 将接地开关分闸 3. 调节活门驱动器 4. 调节小车底盘联锁 5. 将接触器分闸
3	小车无法摇到试验位置	1. 接触器未分闸 2. 小车底盘联锁故障 3. 与接地开关联锁故障	1. 将接触器分闸 2. 调节小车底盘联锁 3. 调节接地开关与小车底盘的联锁
4	ZVC 金属铠装柜加热器故障	加热器断线、老化或其他原因损坏	测量加热器的直流电阻，如不符合要求，即确定加热器存在故障，通常需要更换加热器

3.2　预防性维修

接触器预防性维修项目通常包括：

1）接触器清洁及外观检查；2）接触器直流电阻测试；3）接触器绝缘电阻测试；4）接触器交流耐压试验；5）分合闸线圈直流电阻及绝缘测试；6）接触器动作特性测试；7）接触器位置指示检查等。

下面以方家山中压真空接触器柜定期维护维修规程为例。

1.0 程序

1.1 工前准备和确认		
1.1.1	检查工作包,确认所需文件已经齐全。	□
1.1.2	检查确认所有文件为最新版本。	□
1.1.3	工作负责人召集工作组成员召开工前会。	□
1.1.4	确认 5.0 先决条件均已经满足。	□
1.2 接触器维护和试验		
1.2.1	接触器清扫检查。	□
1.2.2	接触器电气预防性试验。	□
1.2.3	真空接触器绝缘测试。	□
1.2.4	接触器低电压动作特性试验:(确认设备型号并进行对应功能操作)。	□
1.3 避雷器维护和试验		
1.4 中压电缆的维护及试验		
1.5 工作收尾、清理现场		
检查、预试合格后将真空接触器从转运小车上转移到开关柜内,确认接触器在分闸状态,恢复二次插件插头,回装避雷器引线,紧固接线螺母。		□
设备标牌检查确认,设备外表面清洁。		□
打扫现场,清理因检修引起或设备运行无关的物品,工完料尽场地清。		□

第四章　操作结束

4.1　工后会

工后会是对整个工作的过程的回顾以及必要的经验反馈。

回顾工作过程:工作许可证已归还,场地已清理,设备标牌完好,工器具已经归还,设备设施恢复到工作初始状态,操作过程中发现有问题的,应记录问题情况并报告,对工作任务进行评价,是否达到预期的目的。

工作后的总结一般有以下内容:

1）工期是否安排合理;

2）工作人员是否配备充足;

3）工作文件的合理性;

4）工作人员的检修技能是否满足要求;

5）规程、图纸是否需要升版;

6）检查过程中的异常;

7）工作的经验反馈;

8）协调事项。

4.2　评判

学员对工作过程进行阐述,并说明其中的关键点以及注意事项。教员根据学员的阐述评判学员掌握情况,并及时指出学员阐述过程中的错误以及需要注意的事项。

第五章　经验反馈

5.1　中压接触器因摇入操作不到位，导致故障指示报警

2011 年 8 月，某核电厂中压接触器在合闸后，控制室发出报警信号，接触器柜体"FAULT"指示灯发光，显示接触器处于故障运行状态，技术人员对引起接触器报警的各环节进行检查核实后，分析认为造成接触器报警的原因可能为接触器摇入不到位，导致接触器相应位置指示开关未正常动作。运行人员征得控制室同意后，再将接触器分闸。检查过程发现，接触器摇入操作杆还可以旋转约 1/4 圈，后将接触器再次送电，故障报警消失。

5.2　环氧树脂浇注件有裂纹

2014 年 3 月，某核电厂中压接触器柜母线检查时发现环氧树脂浇注件有裂纹。见图 5-1、图 5-2、图 5-3。

处理方法：更换有裂纹的环氧树脂浇注件。

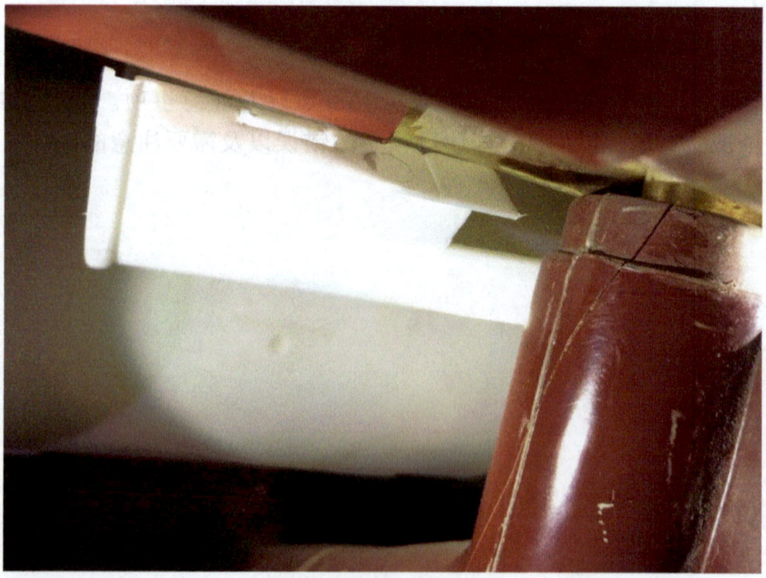

图 5-1　母线室环氧树脂浇注件

图 5-2　母线室环氧树脂浇注件

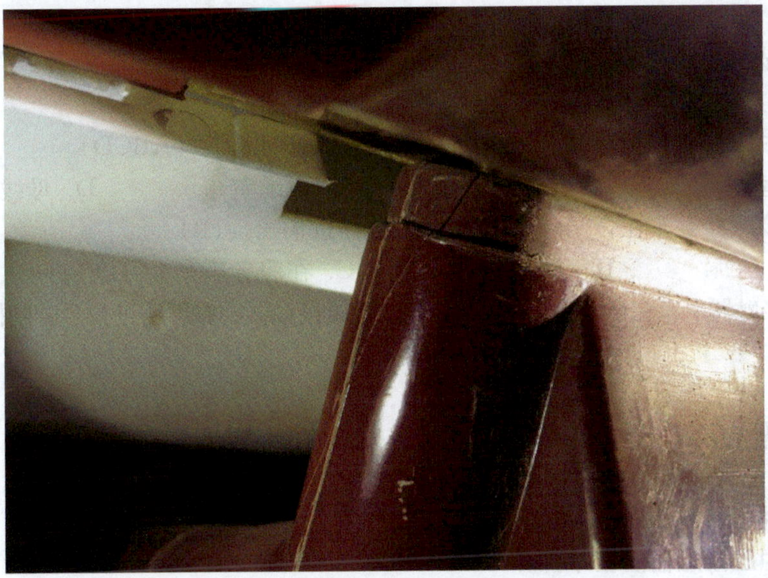

图 5-3　母线室环氧树脂浇注件

第六章　习　题

6.1　理论题

1. UniGear ZVC 型接触器采用______开断机构,可有效关合负荷电流。(A)

A. 真空　　B. 压空　　C. SF6

2. 中压接触器柜当接地闸刀合闸状态时,______摇入接触器手车到工作位置。(A)

A. 禁止　　B. 可以

3. 中压接触器可以关合______电流。(B)

A. 短路　　B. 正常负荷　　C. 额定峰值

4. 中压接触器在推入工作位置后,接触器室柜门______开启。(C)

A. 可以　　B. 应该　　C. 无法

5. 带电显示装置通常是用来验证______侧是否带电。(B)

A. 母线　　B. 负荷电缆

6. 每个中压接触器柜单元从结构上主要由哪四部分组成?(ABCD)

A. 低压室　　B. 接触器室　　C. 电缆室　　D. 母线室

7. 中压接触器手车在合闸状态下______被摇进摇出。(B)

A. 可以　　B. 无法　　C. 在服务小车上可以

8. 中压接触器手车在试验位置,______通过中压接触器控制回路进行合分闸操作。(A)

A. 可以　　B. 无法

6.2　实操题

鉴定点:中压接触器的基本操作

试题 1:中压接触器的基本操作

1. 准备要求

考场准备:

(1) 试题名称:中压接触器的基本操作

(2) 本题分值:100

(3) 考核时间:40 min

(4) 考核形式:实操

(5) 设备设施准备:

序号	名称	规格	单位	数量	备注
1	中压接触器	6 kV	台	1	型号 UniGear ZVC
2	ZVC 柜体	6 kV	套	1	操作用工具
3	专用工具	ZVC	套	1	接触器操作

考生准备:

(1) 试题名称:中压接触器的基本操作

(2) 本题分值:100

(3) 考核时间:40 min

(4) 考核形式:实操

(5) 工具及其他准备:接触器专用工具(现场配置)

2. 考核要求

(1) 本题分值:100

(2) 考核时间:40 min

(3) 考核形式:实操

(4) 具体考核要求:① 接触器金属铠装柜柜门打开/关闭规范;② 拉出/推入操作应规范;③ 接触器接地闸刀操作正确。

(5) 否定项说明:无

3. 配分与评分标准

序号	考核内容	考核要点	配分	评分标准	扣分	得分
1	接触器柜门打开/关闭	1. 正确打开接触器低压室柜门并关闭; 2. 正确打开接触器室柜门并关闭	20	1. 选择正确的柜门锁钥匙(3 分); 2. 打开低压室柜门(4 分); 3. 关闭低压室柜门,柜门锁松紧度合理(3 分); 4. 检查接触器手车位置是否允许可以打开柜门(4 分); 5. 打开接触器室柜门(4 分); 6. 关闭接触器室柜门,柜门锁松紧度合理(2 分)。		
2	将接触器手车拉出柜外	1. 确认接触器室柜门关闭,具备手车拉出条件; 2. 使用手车操作手柄将接触器手车摇至试验位置; 3. 打开接触器室柜门; 4. 将接触器手车拉出至柜外	30	1. 检查确认接触器手车具备拉出条件(5 分); 2. 使用手车操作手柄,将接触器手车摇至试验位置(6 分); 3. 从窥视孔检查接触器手车移动是否到位(6 分); 4. 正确打开接触器室柜门(4 分); 5. 将接触器手车拉出柜外(6 分); 6. 接触器手车拉出后停放、过程平稳(3 分)。		

续表

序号	考核内容	考核要点	配分	评分标准	扣分	得分
3	将接触器手车推入柜内到工作位置	1. 检查接触器柜接地闸刀具备接触器手车推入条件； 2. 将接触器手车推入柜内； 3. 关闭接触器柜门	30	1. 确认接触器处于分闸状态(5分)； 2. 检查接触器柜接地闸刀处于分闸状态(5分)； 3. 打开接触器室柜门(5分)； 4. 将接触器手车平稳推至接触器室入口处，并对准轨道(5分)； 5. 将接触器推入柜内，并关闭柜门(5分)； 6. 将接触器摇至运行位置(5分)。		
4	接触器柜地刀分合闸操作	1. 接触器柜地刀分闸； 2. 接触器地刀合闸	20	1. 选择正确的接触器柜地刀操作手柄(2分)； 2. 确认接触器柜地刀可以分闸(3分)； 3. 对接触器柜地刀实施分闸(5分)； 4. 检查接触器柜地刀分闸指示(3分)； 5. 合适接触器柜地刀具备合闸条件(2分)； 6. 将接触器柜地刀合闸，并合适合闸指示(5分)。		

否定项：1. 接触器在移动过程中，出现倾倒或损坏；
2. 强行解除接触器联锁机构。

评分人：　年　月　日　　　　核分人：　年　月　日

第六部分　GUTOR 充电器维修

第一章　GUTOR 充电器概述

1.1　什么是充电器

充电器又称整流器，是将交流电整流为直流电输出的一种设备。

秦山核电基地主流的充电器采用瑞士 GUTOR 公司的 SDC 型大容量充电器，其内部的整流器为脉冲调宽 IGBT(绝缘栅双极性晶体管)技术，它的主电路由 IGBT 取代了晶闸管，具有输入阻抗高、开关速度快、高频特性好、线性好、失真小、多管并联、输出容量大等特点。同时，该型号充电器具有快速动作高分断能力的熔断器保护、限流保护、输出电压过高和过低保护，以及温度开关保护等，防止过热及部件损坏。

GUTOR 充电器的型号可根据不同直流母线的电压等级与容量，选取不同的细分型号，如秦二厂 3、4 号机组 LAA 系统，采用 SDC 220-630 型充电器，LBA 系统采用 SDC 110-250 型充电器等。以 LAA 为例，“220”表示输出电压等级为 220 V，“630”表示充电器最大输出电流为 630 A。

1.2　GUTOR 充电器的作用

核电厂的直流系统由一个蓄电池组与一至两个充电器构成。充电器承担着为核电厂直流母线供电的作用，同时向蓄电池充电。

1.2.1　直流母线的组成

一般情况下，每段直流母线设置两台充电器，正常运行时，由应急交流 380 V 电源供电的一台充电器向直流母线供电，同时向蓄电池组浮充电，另一台由正常交流 380 V 电源供电的充电器处于热备用状态。当运行中的充电器发生故障或需要检修，手动切换到另一台。充电器在与蓄电池并联状态下工作，一旦充电器或其交流电源故障，蓄电池组能够向本系统负荷供电至少 1 小时。

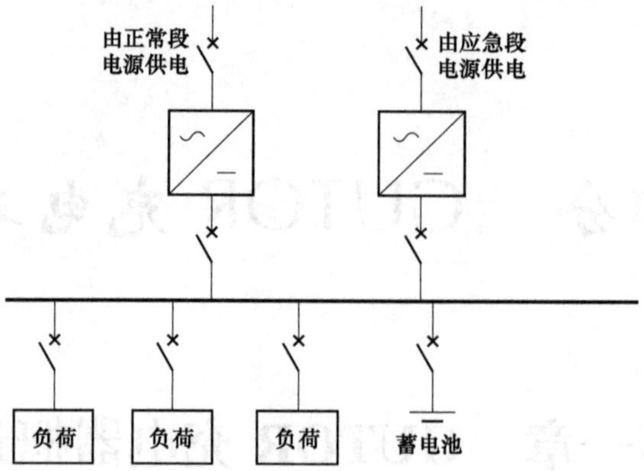

图 1-1 一般直流母线示意图

由两台充电器供电的直流母线包括：

220 V-LAA

110 V-LBA/B/J/G

48 V-LCA/B/C/D

另一种直流母线，仅由蓄电池和一台充电器组成，并且仅有一台逆变器作为直流负载，充电器、蓄电池与逆变器共同组成了不间断电源系统。

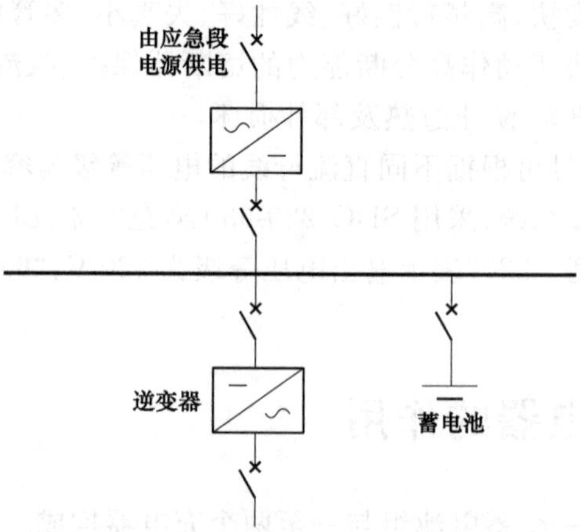

图 1-2 不间断电源直流母线示意图

由一台充电器供电的直流母线包括：LBC/D/E/F/P

1.2.2 不同直流母线的功能

(1) 220 V 直流电源配电系统

LAA，向核岛 LNE 系统的两台逆变器供 220 V 直流电源。正常时由 LKE，LLC 通过 LAA 的两台充电器向逆变器供电，事故时由 LAA 蓄电池组向逆变器供电。

(2) 110 V 直流电源配电系统

LBA/B，向 6 kV 和 380 kV 交流配电柜，RAM，RPR，RCP 系统控制部分供电，LBA 系统对应于 A 系列，LBB 系统对应于 B 系列，LKE，LLC 各通过一台充电器给 LBA 供电。LKD，

LLB 各通过一台充电器给 LBB 供电。

LBC/D/E/F,分别向 LNA/B/C/D 系统的逆变器提供 110 V 直流电源,逆变器将 110 V 直流电逆变 220 V 交流电,配电给过程仪表系统机柜和核测仪表系统机柜。

LLA 通过两台充电器分别给 LBC、LBE 供电,LLB 通过两台充电器分别给 LBD、LBF 供电。

LBJ,向 LGC,LGD 上的进线断路器慢速切换电路及控制、保护、信号和报警提供 110 V 直流电源。

LKE,LLA 分别通过两台充电器向 LBJ 供电。

8LBG,向两单元机组共用的 6 kV 和 380 V 交流配电装置,8LNF 系统及 ADS 机柜供电。由 8LKI 和 8LKP 各通过一台充电器给其供电。

(3) 48 V 直流电源配电系统

LCA/B,冗余驱动器的继电器由 A 系列和 B 系列供电,非冗余的驱动器的继电器由 A 系列供电。由 LKE,LLC 分别通过一台充电器给 LCA 供电。由 LKD,LLD 分别通过一台充电器给 LCB 供电。

LCC,当在 A、B 系列之间存在控制信号或数据交换时,为这两个系列的过程控制提供去耦电源。以确保 A、B 系列之间无电联系,从而确保安全,同时 LCC 也给控制室模拟盘,LGC,LGD 配电装置进线断路器的控制继电器供电由 LKE,LLC 分别通过一台充电器给 LCC 供电。

8LCD,主要给两机组公用设备的信号和控制回路提供 48 V DC。由 8LKP,8LKI 分别通过一台充电器给 LCD 供电。

1.3　GUTOR 的结构原理

1.3.1　原理概述

GUTOR 充电器主要由进线开关 Q001,稳压变压器 T001,整流桥 A030,熔丝 F026,电抗器 L001,电容 CB02,二极管 V015,出线开关 Q003(若有)和蓄电池进线开关 Q004(若有)组成。另有冷却风扇 2 台和用于控制监视的仪表和板卡。冷却风扇的电源引自进线,控制电源部分来自进线交流电,部分来自二极管下游直流电。

380 V 交流电源从 X001 端子通过进线开关 Q001 进入,经过变压器 T001 将 380 V 市电调节至适合整流器 A030 工作的电压,之后经 A030 整流后,通过电抗器 L001 与直流电容 CB02 滤除交流谐波分量,经过隔离二极管 V015 后输出至母线,V015 的作用是防止母线倒送电,损坏充电器设备。

1.3.2　设备部件功能介绍

GUTOR 充电器内部除了一部分这些电气元器件外,主要的控制与监测均集成在控制板卡中,我们只需要了解各控制板卡的功能,便于今后设备故障的定位与分析。

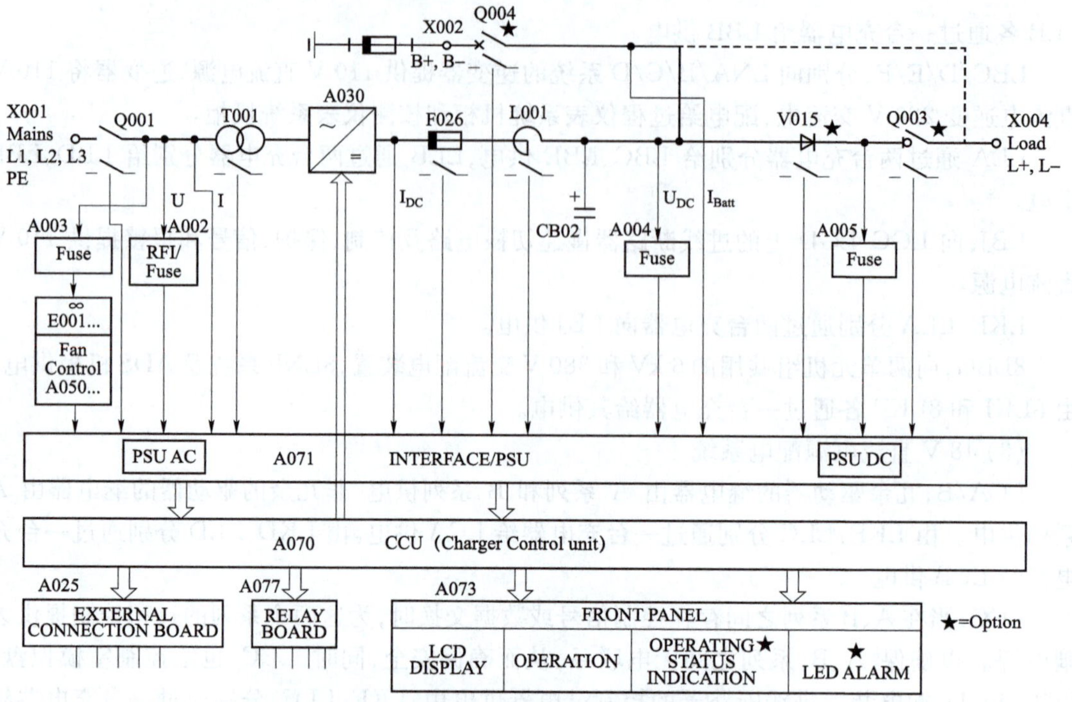

图 1-3　充电器内部原理图

图 1-4　充电器内部板卡

A071 接口板

调节并分配市电和直流输出电压，为设备内部元件供电，内部 PSU 单元的电源一部分来自交流进线，一部分来自直流输出；为设备内不同的传感器与部件提供接口。

图 1-5　A071 接口板

A070 主控板

控制整流器;监测电压,电流,告警等。与前面板和其他部件串行通讯。

图 1-6　A070 主控板

A025 外部连接板

公共报警;远程控制;外部信号反馈;远方/内部急停;提供通信接口等。

图 1-7　A025 外部连接板

A*77 继电器板

报警状态继电器,用于报警的外送。

报警信息包括:整流器市电故障、直流超限、整流器熔断器熔断、电池放电、直流接地、逆变器熔断器断、旁路市电故障、温度过高、风扇故障、电源故障等。

图 1-8 A077 继电器板

A030 6 脉冲晶闸管整流桥

充电器的整流模块,将交流电压整流为直流输出。

图 1-9 A030 整流桥

A050 风扇控制板

监控并调节风扇的转速。

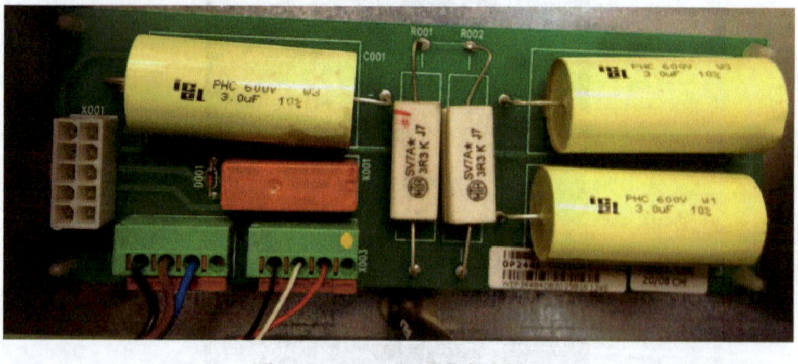

图 1-10 A050 风扇控制板

A073 前盘组件板

包括:显示单元、操作、运行状态指示、告警指示等。

图 1-11　A073 充电器前盘组件

1) 运行状态指示区:包含模拟图和指示灯

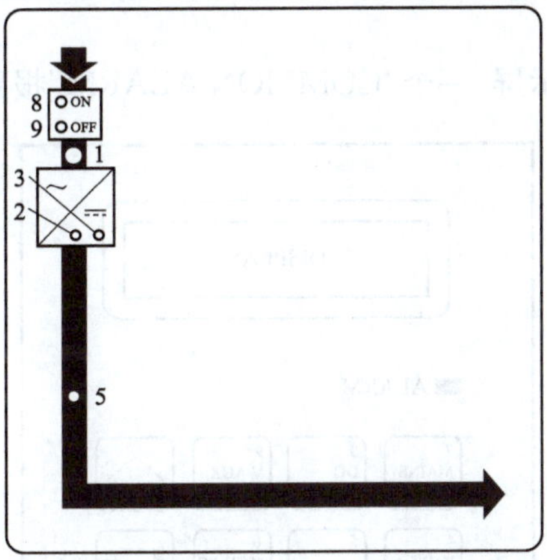

编号	含义	颜色	说明
1	充电器进线正常	绿色	充电器进线电压和频率处于允许范围
2	充电器运行	绿色	充电器在运行
3	均充/初充	黄色	均充或初充状态
5	输出电压正常	绿色	输出电压处于允许范围
8	进线开关闭合	绿色	进线开关 Q001 闭合
9	进线开关断开	红色	进线开关 Q001 断开

2）操作区：包含 3 个按键

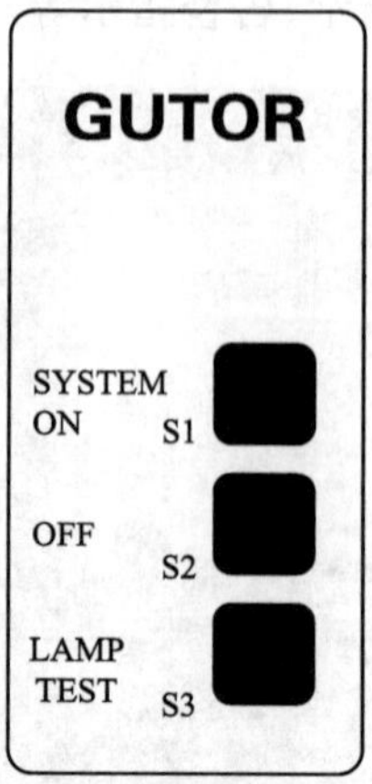

编号	含义	中文	功能
S1	SYSTEM ON	启动	系统启动；与 S2 同时按下时停止
S2	SYSTEM OFF	停止	同时按下 S1 和 S2 方可停运充电器
S3	LAMP TEST	灯试	检验 LED，包括所有指示灯和报警灯

3）显示区：包含一个显示屏，一个“COMMON ALARM”报警灯（红色 LED）和若干按键

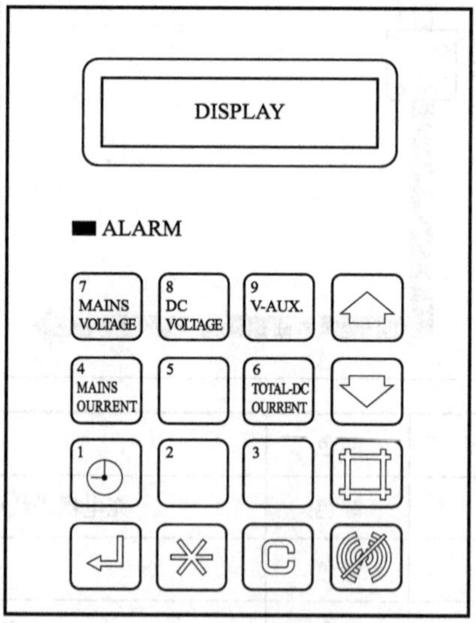

一般显示屏显示当前运行状态。在其他界面保持 30 秒无操作或按下⏎或发生状态切换，显示屏返回当前运行状态界面。显示的参数每秒钟刷新一次。当“COMMON ALARM”报警灯亮时，可按下✳，然后按下▲或▼在显示屏上查看报警信息。报警出现时喇叭会响，持续 30 秒或到报警消除。按下🔇可消音。

4) 报警区:包含若干报警(红色 LED)

报警出现时以 1 Hz 的频率闪烁,伴随声音报警。按下Ⓒ,如果报警信息还在则相应 LED 稳定显示;否则灯灭。按下(消音键)可消音。

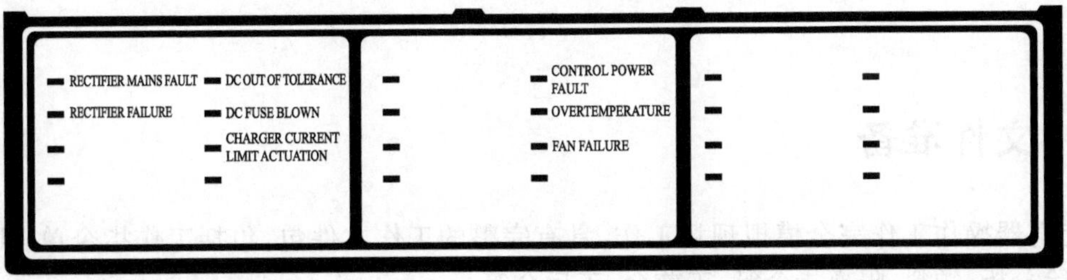

报警含义及原因说明见下表:

序号	报警名称	中文	延时	原因
1	RECTIFIER MAINS FAULT	进线故障	30 s	电压超限(+10%/−15%)或频率超限(±8%);相序不对
2	RECTIFIER FAILURE	整流器故障	5 s	三个信号相与:进线正常;电流限制未启动;电压与设定值偏差超出±3%
3	DC OUT OF TOLERANCE	直流超限	5 s	直流电压超限(对 LAA,低于 202 V 或高于 250 V)
4	DC FUSE BLOWN	直流熔断器熔断	5 s	直流熔断器 F026 熔断
5	CHARGER CURRENT LIMIT ACTUATION	充电电流限制启动	30 s	整流装置输出电流超过最大电流限值(630 A)
6	CONTROL POWER FAULT	控制电源故障	5 s	5 V/±15 V 电源故障
7	OVERTEMPERATURE	元件过热	5 s	下列元件之一温度高:整流桥 A030(90 ℃报警,110 ℃停运)、变压器 T001(150 ℃)、二极管 V015(110 ℃)、电抗器 L001(150 ℃)
8	FAN FAILURE	风扇故障	30 s	冷却风扇转速低(1 200 rpm)

第二章　操作准备

2.1　文件准备

充电器操作工作完全模拟现场工作,具有完整的工作文件包,包括工作指令单,质量计划、风险分析、领料、隔离指令等、工前会、工后会等。

2.2　工器具准备

工器具准备见表 2-1。

表 2-1　工器具准备

工器具名称	规格型号	数量	用途
个人常用工具		1 套	检修时使用
万用表	FLUKE 179	1 台	测量电压、电阻
钳型电流表	FLKUE	1 个	测量电流

2.3　模拟体准备

操作所选用模拟体为 SDC 系列充电器,安装在培教中心充电器模拟体房间。

2.4　辐射防护准备

充电器检修工作无辐射风险,无需进行特殊防护。

2.5　工业安全准备

按照电力安规相关规定执行,所有人员需规范穿戴劳动保护用品,包括安全帽、绝缘鞋、工作服、绝缘手套等。检修场地使用警示带进行围栏,确保工作过程中无非工作人员进入。

2.6　配合人员准备

需两名助教配合教学过程。助教主要负责操作指导及安全监护工作。助教需有一定电气检修工作经验，参加过充电器检修工作，持有 QC 证。

2.7　场地准备

现场铺设检修垫用于摆放工器具；合理分配场地，确保工具、设备的合理分布，方便检修，一般按照文件、工具、备件/材料、工具包区域布置场地；在场地外围布置警示带；完工后清理场地，确保检修场地无其他异物。

第三章　操作实施

3.1　操作实施 1　充电器启动/停止

充电器启动/停止操作见表 3-1。

表 3-1　充电器启动/停止

序号	操作步骤	操作要求	操作工器具	测评标准	备注
1	设备信息核对	1. 检查设备标识与工作票 2. 一致一人核对、一人复核	无	工作票与模拟体铭牌对应	
2	闭合上游 380 V 开关	1. 仔细核对开关状态 2. 一人操作、一人监护	无	380 V 开关推入闭合	
3	验证充电器得电	佩戴绝缘手套，在充电器 Q001 进线侧验证 380 V 电源已送入	万用表	Q001 进线测得 380 VAC 电压	
4	闭合充电器内开关 Q001	1. 仔细核对开关状态 2. 一人操作、一人监护	无	Q001 开关闭合，显示屏显示 Standby	
5	启动充电器	按下充电器“S1”键	无	显示屏显示 Float charge Load: ...%	
6	检查进线电压是否正常	按下 7 MAINS VOLTAGE 键，检查进线电压，并与实测值相符	万用表	进线电压正常，约为 380 V，显示值与实测值相符	
7	检查输出电压	按下“9”键，检查输出电压，并与实测值相符	万用表	输出电压正常，显示值与实测值相符	
8	检查输出电流	按下 6 TOTAL-DC CURRENT 键，检查输出电流，并与实测值相符	钳型电流表	输出电流正常，显示值与实测值相符	
9	复位报警	按下 C 键，复位报警	无	确认所有报警灯灭	
10	关闭充电器	同时按下“S1”“S2”键	无	显示屏显示 Standby	
11	断开 Q001	1. 仔细核对设备标牌与开关状态 2. 一人操作、一人监护	无	充电器显示屏无显示	
12	断开上游 380 V 开关	1. 仔细核对设备标牌与开关状态 2. 一人操作、一人监护	无	380 V 开关断开	

3.2 操作实施 2 充电模式的切换(浮充切至均充)

充电模式的切换操作见表 3-2。

表 3-2 充电模式的切换

序号	操作步骤	操作要求	操作工器具	测评标准	备注
1	设备信息核对	检查设备标牌与工作票一致 一人核对、一人复核	无	工作票与模拟体铭牌对应	
2	核实充电器已启动并处于浮充状态	按下[↵]键,查看充电器运行状态一人操作一人监护	无	充电器应为 Float charge 状态	
3	进入充电模式切换界面	按下[⌑],按下[▲]或[▼],选择充电模式切换界面。 一人操作一人监护	无	显示屏显示 [Select charge mode: Float]	
4	选择切换充电模式到均充	按下[C]	无	显示屏显示 [Select charge mode: Boost]	
5	确认切换	按下[⌑]	无	显示屏显示 [* Data stored *]	
6	检查当前充电模式为均充	1. 按下[↵]键,查看充电器运行状态 2. 一人操作一人监护	无	充电器应为 Boost charge 状态	

3.3 操作实施 3 充电器报警堆栈的进入

充电器报警堆栈的进入操作见表 3-3。

表 3-3 充电器报警堆栈的进入

序号	操作步骤	操作要求	操作工器具	测评标准	备注
1	设备信息核对	1. 检查设备标识与工作票一致 2. 一人核对、一人复核	无	工作票与模拟体铭牌对应	
2	核实充电器已启动并处于浮充状态	1. 按下[↵]键,查看充电器运行状态 2. 一人操作一人监护	无	充电器应为 Float charge 状态	
3	进入充电器历史报警堆栈	1. 同时按下[✻]和[▲],进入报警堆栈界面 2. 一人操作一人监护	无	显示屏显示历史报警清单	
4	查看历史报警时间	按下[◷]查看本条历史报警的时间	无	显示屏显示历史报警时间	
5	退出历史报警堆栈	按下[↵]键,查看充电器回到主界面	无	显示屏回到主界面	

3.4 操作实施 4 充电器风扇组件的电容测量

充电器风扇组件的电容测量操作见表 3-4。

表 3-4 充电器风扇组件的电容测量

序号	操作步骤	操作要求	操作工器具	测评标准	备注
1	设备信息核对	1. 检查设备标识与工作票 2. 一致一人核对、一人复核	无	工作票与模拟体铭牌对应	
2	验证隔离状态	1. 验证充电器上游开关已断 2. 一人操作一人监护	无	上游开关在断开位置	
3	卸下柜内防护板并验电	1. 卸下柜内防护面板 2. 在充电器进线端子处验电 3. 一人操作一人监护	万用表	万用表验明无电	
4	卸下散热风扇	1. 拆除柜内散热风扇箱的螺丝与接线 2. 将风扇箱抽出柜 3. 一人操作一人监护	螺丝刀	将风扇箱顺利抽出柜体	做好防异物措施
5	测量风扇控制板(A050、A051)的电容值	1. 对风扇控制板(A050、A051)的电容进行测量 2. 断开风扇板上的黑、棕、蓝线,做好拆接线记录 3. 对控制板上 C001 电容进行测量 4. 若容量低于 2.5 μF,则应更换风扇电容板 5. 恢复风扇电容板上的黑、棕、蓝接线	万用表、螺丝刀	万用表档位正确拆接线记录规范正确	
6	恢复散热风扇箱	1. 将风扇箱插入柜内导轨 2. 端接柜内散热风扇箱的螺丝与接线 3. 一人操作一人监护	螺丝刀	将风扇箱顺利安装于柜内	做好防异物措施
7	恢复柜内防护板	恢复柜内防护面板	无	柜内防护板已安装牢固	

3.5 实施中需要特别注意的几个关键点

在验证隔离期间,应提醒学员使用自检、监护等防人因失误工具。

在验电期间,学员应将设备假设为带电状态,应规范佩戴绝缘手套进行操作。

在柜内进行风扇箱的拆接线时,要注意做好放异物措施,防止细小零件坠入设备内部。

第四章　故障判断和排除

4.1　4LAB101RD 变压器 T001 震动高

故障现象：2011 年 11 月 8 日，4LAB101RD 充电器的 T001 变压器被发现有很大的噪声(80 dB)和比较严重的振动问题。

故障处理：将缺陷变压器进行更换后，震动和噪音大缺陷消除。

故障原因：将缺陷变压器返厂进行进一步检查，并在之后收到厂家回文，具体摘要如下：噪声问题已经做查明，有两个外部的线圈筒(column)与构架(yoke)连接不是很好，原因是铁片没有严格的按规格切割好。

图 4-1　4LAB101RD 变压器

4.2　充电器超温报警停机

故障现象：2012 年 4 月 24 日 10 时 30 分，3LCA001RD 触发"Charger 30 ℃　temperature shutdown"报警，充电器停机。对整流器进行成像，最高温度为 43 ℃，未达到 110 ℃的停运温度值。用热风枪现场试验，"整流器超温停机"温度开关在 120 ℃时动作，温度开关正常。

故障处理：对设备进行清灰处理，替换掉接触不良的排线，替换掉氧化严重的温度开关后，故障未再出现，但根本原因未查明。

图 4-2　温度开关

4.3　8LBG002RD 充电器风扇故障

故障现象:2013 年 7 月 1 日 8LBG002RD 显示“风扇 1 故障”。

故障处理:

1. 办理紧急票,查看 8LBG002RD 显示“风扇 1 故障”;

2. 根据历史报警经验怀疑风扇电容容量低,但现场测得容量为 2.84 μF,满足要求;同时,发现风扇 1 电机温度远高于风扇 2 电机温度,且手盘风扇 1 存在卡涩现象,风扇 2 运转顺畅。

3. 将 A050 风扇拆除,带回办公室进行解体发现风扇电机负荷端轴承缺油卡涩,且轴承内部充满经磨损产生的铁屑。

4. 由于该轴承为密封式轴承,无法向其添加润滑油脂,且若将轴承盖打开,会破坏轴承完整性,损坏轴承。故选用新的风扇头,回装至风扇箱内,运行正常,故障消除。

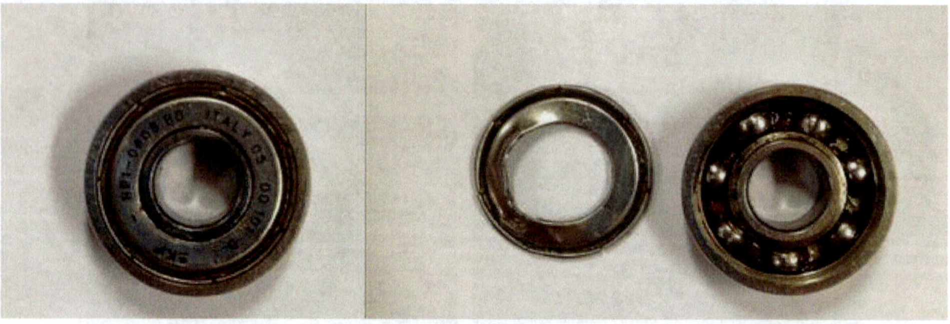

图 4-3　充电器风扇轴承

故障原因:该轴承缺油卡涩现象,分析为风扇持续运行,润滑油长期损耗,却又无法定期添加所致。

参阅厂家给出的《充电器逆变器元器件及备件更换说明》,风扇组件的更换年限为 5 年。

然而 8LBG002RD 自调试期间投运至今,已经历近 5 年时间,且润滑油脂已大部分消耗,接近风扇组件的更换年限。但充电器逆变器风扇轴承均为封闭式,无法在日常工作中定期为其添加油脂,故只能根据更换年限以及设备实际运行情况进行更换。

第五章　操作结束

5.1　总结培训过程

充电器作为直流系统的重要组成部分之一，其供电的可靠性直接关系到机组的安全稳定运行，充电器的检修工作一般都是安排在大修期间进行，是一项对工作负责人要求较高且需要一定检修经验的电气检修项目。

此次培训着重于学习充电器的内部结构原理、设备功能以及一些简单的操作，后续的深度维修要依靠平时的积累与不断拓展学习。

学员要认真听取各环节操作要点，多动手，勤加练习，掌握充电器的基本操作和检修，并对常见缺陷有一定的认识，对今后的工作有一定的指导。

5.2　评判

学员熟悉充电器内部的主要元器件，能够正确启动和停运充电器，掌握如何看报警、切换充电模式，以及学会充电器风扇电容的测量等。教员应指出学员操作过程中的错误以及需要注意的事项，并且依据评判表，对学员的学习情况作出整体评判。

5.3　清理现场

工作结束后，做到工完料尽场地清，对检修后的物资设备进行分类。工具整理并与工具清单进行对比，确保工具无缺失，并检查工具的可用性，记录损坏情况并汇报。

5.4　工后会

工后会是对整个工作的过程的回顾以及必要的经验反馈。

回顾工作过程：工作许可证已归还，场地已清理，设备标牌完好，对检修任务进行评价，是否达到预期的目的，试验设备与工器具已经归还。

工作后的经验反馈是对以后同类型的阀门工作的经验积累，以提高工作的检修技能，能够更好的完成检修工作，其主要有以下内容：

1) 工期是否安排合理；

2) 工作人员是否配备充足；

3) 工作文件的合理性；

4) 工作人员的检修技能是否满足要求；

5）规程、图纸是否需要升版；
6）检查过程中的异常；
7）工作的经验反馈；
8）协调事项。

第六章　经验反馈

6.1　充电器误报主熔丝熔断故障

故障现象：2011 年 2 月 5 日，4LAA001RD 充电器报警，查看报警堆栈为“主熔丝熔断”信号导致。

检查处理情况：现场检查历史报警堆栈中闪发“CHARGER FUSE BLOWN”报警；经检查，充电器熔断器并未熔断，此熔丝微动开关使用的是常闭点，正常情况下应导通，但用万用表测量其常闭点，阻值在很大范围内波动，最大达到兆欧级。因此认为微动开关已经失效。

经验反馈：今后在进行充电器的预防性维修中，应该着重注意检查熔丝微动开关，仔细测量其触点间的阻值，如有阻值波动较大的现象，应立即更换，为避免设备今后出现类似缺陷，微动开关应 5 年更换一次。

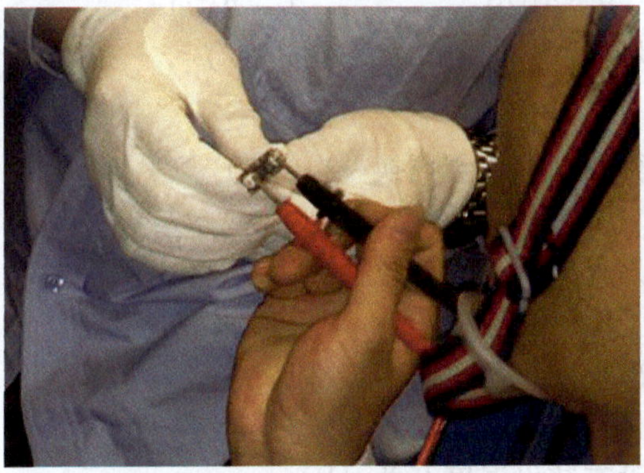

图 6-1　充电器主熔丝

6.2　部分设备风扇电容版电容值下降

故障现象：部分充电器设备在运行过程中触发“风扇报警”，经测量风扇调速板上的电容下降较为严重。已经低于额定容量的 83%(2.5 μF)

故障处理：将风扇电容版进行更换后，“风扇报警”故障消除，更换后的电容值需处在正常范围内。

经验反馈：咨询 GUTOR 厂家，风扇电容的更换年限为 5 年，或者容量降至额定容量的 85%以下即进行更换，最长贮存时间为 10 年。

第七章　习　题

7.1　选择题(共 20 分,每题 2 分)

1. 我厂使用的 GUTOR 充电器为什么系列。(B)

A. SCD　　B. SDC　　C. DSC

2. 充电器型号中 220-630 中的 630 指的是。(C)

A. 充电器的输出电压　　B. 充电器的最小输出电流

C. 充电器的最大输出电流

3. 下列哪块板卡用于充电器整体监测与控制的?(B)

A. A025　　B. A070　　C. A071

4. 下列哪块板卡可用于充电器远程关机的?(A)

A. A025　　B. A070　　C. A071

5. 查看充电器报警堆栈,应[⬆]键和键一起按?(C)

A. [C]　　B. [⏲]　　C. [✳]

6. 充电器辅助熔丝微动开关应年更换一次?(A)

A. 5 年　　B. 9 年　　C. 2 年

7. 以下哪个按键不是充电器前面板包括的按键?(C)

A. 开机键　　B. 关机键　　C. 报警查看键

8. 充电器起到输出部分防止倒送电的部件是?(A)

A. 隔离二极管　　B. 电抗器　　C. 电容

9. 充电器哪个部件没有装设温度开关?(B)

A. 电抗器　　B. 主控板　　C. 隔离二极管

10. 充电器的隔离二极管与哪个部件安装在一起?(A)

A. 整流模块　　B. 主控板　　C. 变压器

7.2　判断题(共 20 分,每题 2 分)

1. SDC 48-220 型号的充电器,输出电压为 220 V。(×)

2. 充电器是将直流变成交流的设备。(×)

3. 当充电器存在当前报警时,前面板综合报警灯实时闪烁。(√)

4. 当充电器风扇报警时,前面板下方报警窗口将显示相应报警。(√)

5. 考虑到电容长期运行,容量会有下降,因此对充电器电容进行 9 年一次的定期更换。(×)

6. 充电器只有浮充、均充两种充电模式。 (×)
7. 充电器的电抗器、直流电容具有滤除交流分量的作用。 (√)
8. 充电器的关机仅需要按下"S2"键即可。 (×)
9. 充电器可与蓄电池和逆变器,组成不间断电源。 (√)
10. 充电器的自动开机功能打开后,若市电正常后,可延时1分钟自动开机。 (√)

7.3 简答题(20分)

根据以下流程图,指出图中的充电器元件的作用,并简述充电器的工作原理。

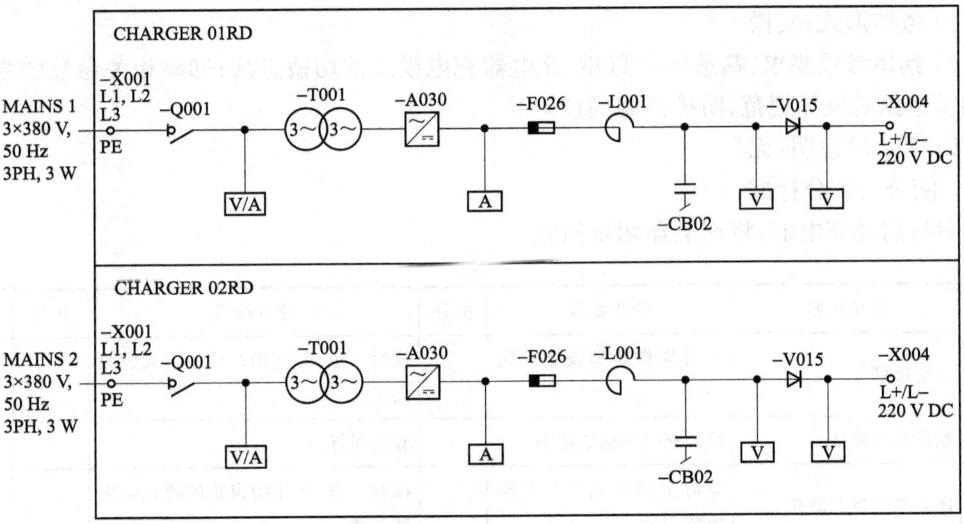

7.4 操作题(40分)

鉴定点:启动充电器,将充电器切至初充

试题:启动充电器,将充电器切至初充

1. 准备要求

考场准备:

(1) 试题名称:启动充电器,将充电器切至初充

(2) 本题分值:40

(3) 考核时间:20 min

(4) 考核形式:实操

(5) 设备设施准备

序号	名称	规格	单位	数量	备注
1	GUTOR充电器		台	1	教学用GUTOR充电器一台
2	万用表等		块	1	测量用工具
3	绝缘手套		副	1	防护用具

考生准备：

(1) 试题名称：启动充电器，将充电器切至初充

(2) 本题分值：40

(3) 考核时间：20 min

(4) 考核形式：实操

(5) 工具及其他准备：无

2. 考核要求

(1) 本题分值：40

(2) 考核时间：20 min

(3) 考核形式：实操

(4) 具体考核要求：熟悉 GUTOR 充电器充电模式的切换方法；知晓相关参数的测量位置；测量数据时操作规范，防护措施到位。

(5) 否定项说明：无

3. 配分与评分标准

题目：启动充电器，将充电器切至初充

序号	考核内容	考核要点	配分	评分标准	扣分	得分
1	核对标牌	核对操作票和设备代码一致	2	核对一致，并使用自检的防人因失误工具		
2	初始状态确认	检查充电器初始状态	2	有此项行为		
3	闭合充电器上游开关	核对上游开关位号与操作票一致	2	核对一致，并使用自检的防人因失误工具		
4	验证充电器是否得电	规范佩戴绝缘手套万用表档位正确	2	规范佩戴绝缘手套，验明充电器 Q001 上游已经得电		
5	闭合 Q001	仔细核对开关位号与状态，经确认后闭合	4	核对一致，并使用自检的防人因失误工具		
6	按下“S1”启动充电器	仔细核对充电器面板按钮，确认无误后按下	4	核对一致，并使用自检的防人因失误工具		
7	检查充电器输出电压正常，并与显示值匹配	用万用表测量充电器输出电压，查看前面板显示值与实际值匹配	6	规范佩戴绝缘手套，万用表档位正确，前面板显示值与实际值匹配		
8	将充电器切至均充运行	正确操作充电器前面板	6	操作正确，仔细核对充电器状态		
9	将充电器切至初运行	正确操作充电器前面板	6	操作正确，仔细核对充电器状态		
10	检查充电器输出电压	规范佩戴绝缘手套，万用表档位正确，核实输出电压与初充电压设定值相符，前面板显示值与实际值匹配	6	规范佩戴绝缘手套，万用表档位正确输出电压与初充电压设定值相符前面板显示值与实际值匹配		

评分人：　　年　　月　　日　　　　　　　　核分人：　　年　　月　　日

第七部分　GUTOR 逆变器维修

第一章　GUTOR 逆变器概述

1.1　什么是逆变器

逆变器是能把直流电能(电池、蓄电瓶)转变成交流电的设备,他能与另一路变压器同时使用,由变压器作为其备用旁路,给不间断交流电源系统供电。由于不间断交流电源系统一般用于调节、控制与保护回路,要求有很好的品质,而逆变器输出电压范围:电压波动±1%,频率波动±0.01%,并且有蓄电池作为其备用进线电源,较之常规变压器变压所得的 220 V 交流电压,具有更好的电学品质。

秦山核电压水堆主流的逆变器采用瑞士GUTOR公司的WEW型逆变器,其与蓄电池和旁路变压器共同组成了核电厂不间断电源系统 LNA/B/C/D/E/P/F/Q/R 等。

其中,LNA/B/C/D 由 LBC/D/E/F 供电,提供四个保护通道 SIP I～SIP IV 逻辑元件、仪表的控制用电;LNE 向所有调节系统元件及直流系统绝缘监测仪供电;8LNF 向两机组公用设备的调节回路及直流系统(如 8LCD,8LBG)的绝缘监测仪供电;LNP 为计算机用 UPS (B 列);LNQ、LNR 供常规岛控制与调节用电(DCS,DEH 等)。

1.2　逆变器的型号定义

GUTOR 逆变器根据不同母线的电压等级与容量,细分为不同型号,如秦二厂 3、4 号机组 LNA 系统,逆变器型号为 WEW 1010-110/220-EAN,“1010”表示逆变器为单相,容量 10 kVA,“110/220”表示逆变器输入直流为 110 V,输出交流为 220 V,EAN 表示系统包含两个静态开关 EN 和 EA,除此之外还有 LNE 系统:WEW1080-220/220-EAN-R,“R”表示两台逆变器并机运行。

1.3　不间断电源系统的组成(LNQ/LNR)

核电厂的不间断电源系统由一台充电器、一组蓄电池、一台逆变器、一个旁路变压器组成。旁路变压器作为下游负荷的备用电源，正常情况下交流市电经过充电器转为直流电，给蓄电池充电的同时，由逆变器逆变为交流电供至负荷，当逆变器故障或不可用时，可切至旁路供电。在逆变器失去充电器电源期间，蓄电池可以作为逆变器的后备电源。

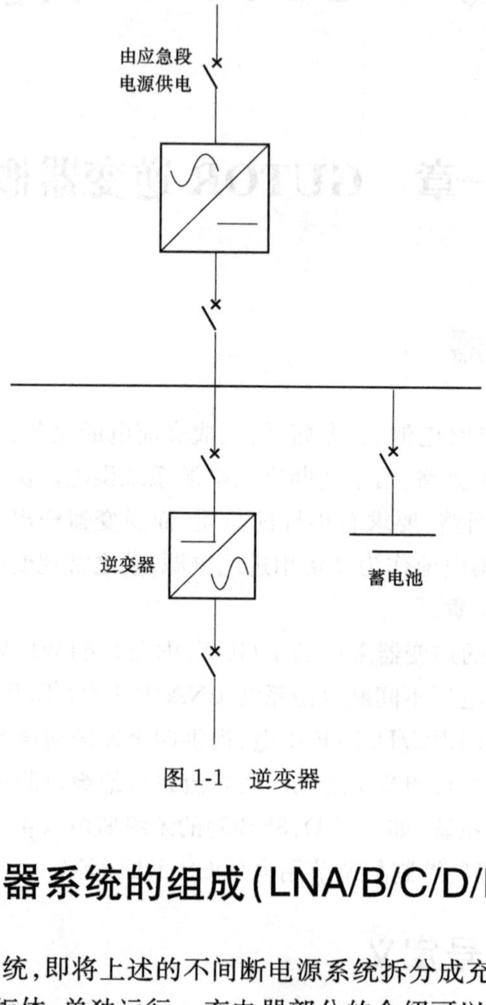

图 1-1 逆变器

1.4 独立的逆变器系统的组成(LNA/B/C/D/E/P)

所谓独立的逆变器系统，即将上述的不间断电源系统拆分成充电器、逆变器与旁路两大部分，各自安装于独立的柜体，单独运行。充电器部分的介绍可以查看《GUTOR 充电器技能培训教材》，此教材中所介绍的逆变器均为该独立模式下的逆变器设备。

1.5 逆变器的四种运行模式

逆变器可通过转换开关 Q050，以四种模式运行：NORMAL、BYPASS、TEST、MANUAL BYPASS。

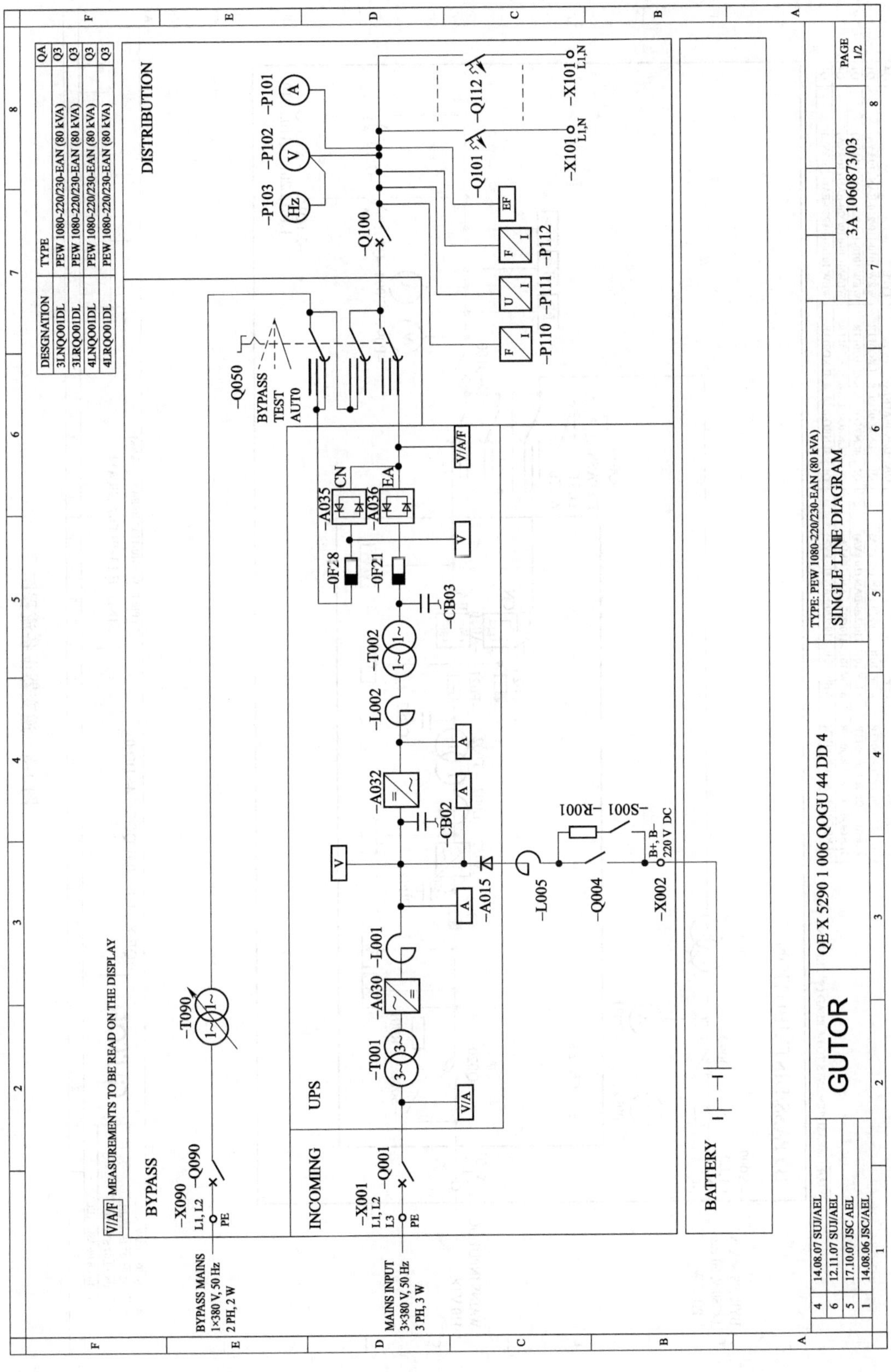

图 1-2 不间断电源系统流程图

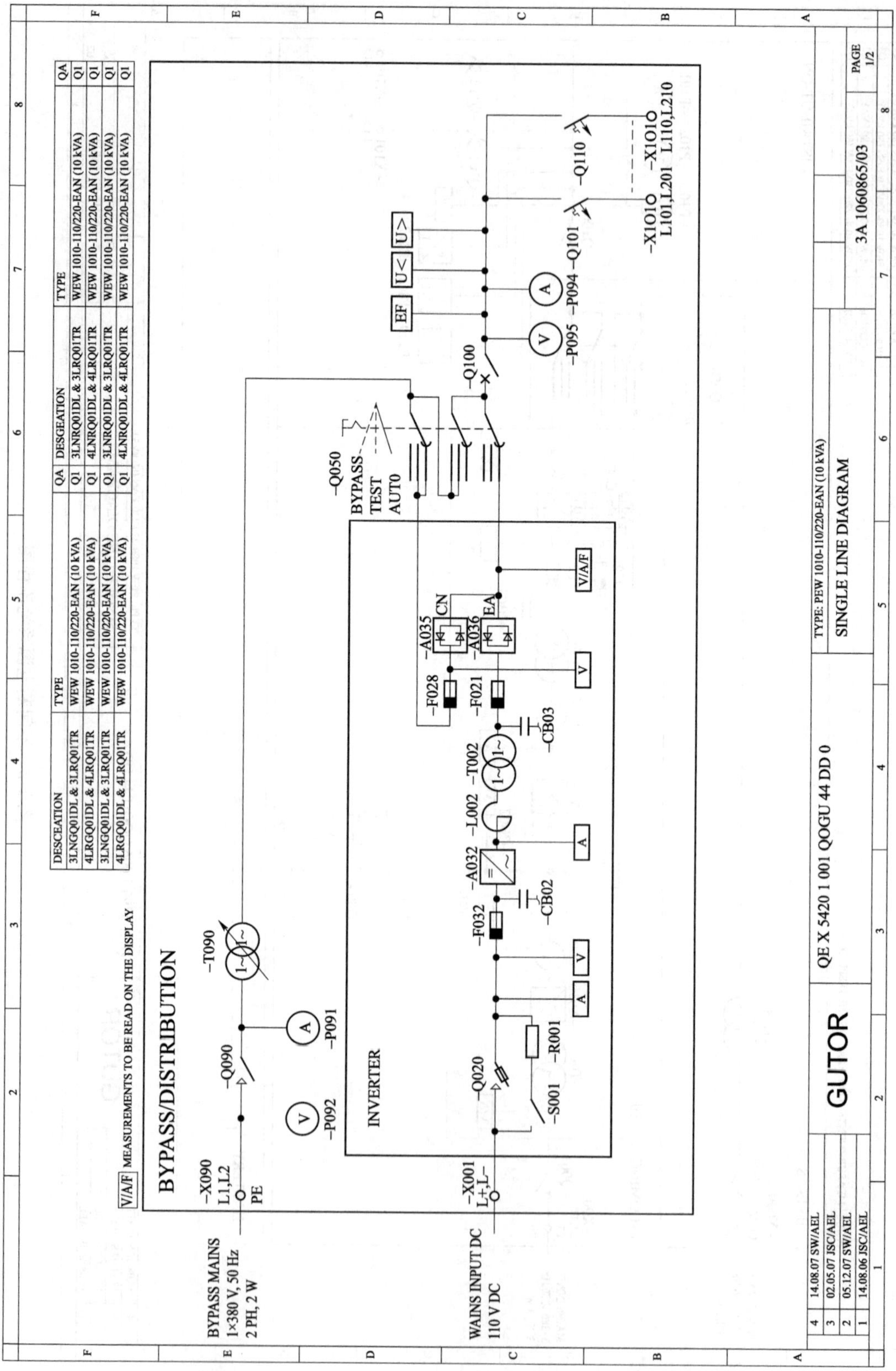

图 1-3 逆变器设备流程图

NORMAL 模式：

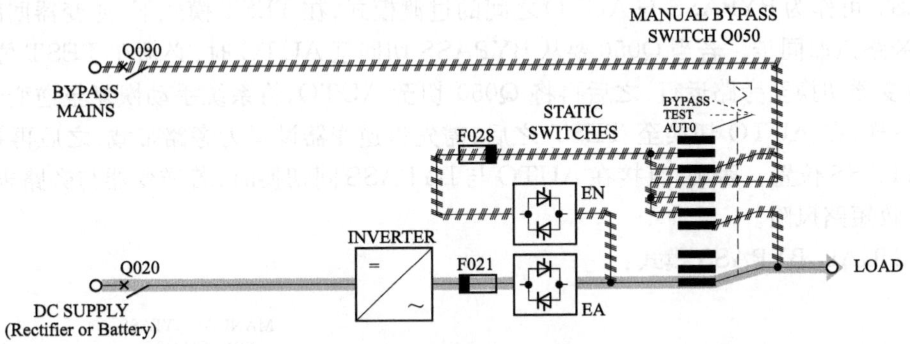

图 1-4 NORMAL 运行模式

转换开关 Q050 在 AUTO 位置，该位置为逆变器的正常运行位置，此状态下，逆变器带载，旁路备用，静态开关 EA 导通，EN 闭锁。

BYPASS 模式：

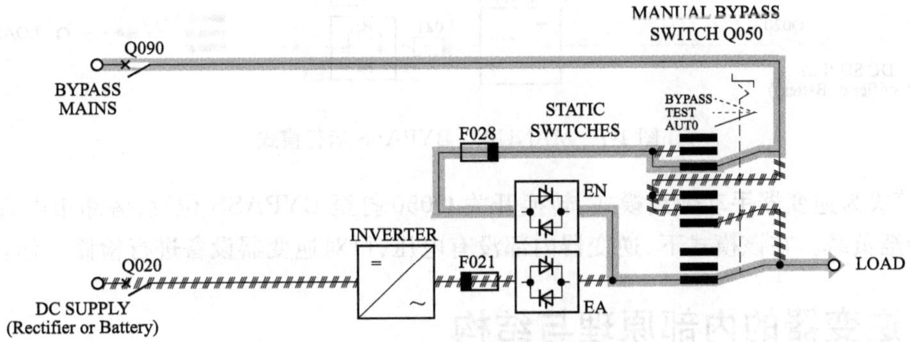

图 1-5 BYPASS 运行模式

转换开关 Q050 仍在 AUTO 位置，当直流电源故障或者逆变器故障时，系统自动切至旁路带载，静态开关 EA 闭锁，EN 导通。当直流电源恢复正常或相关故障消除时，系统会自动切回逆变器带载。

通过手动设置，也可将系统由逆变器带载切换至旁路带载。

TEST 模式：

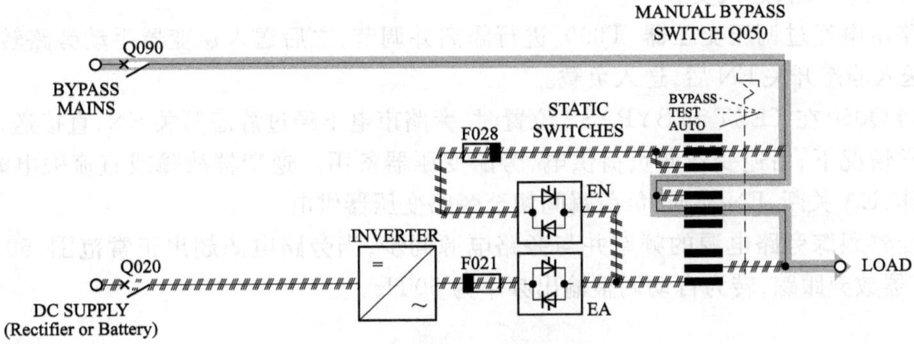

图 1-6 TEST 运行模式

转换开关 Q050 打至 TSET 位置，在该模式下，系统由旁路带载。

TEST 可作为 BYPASS 与 AUTO 之间的过渡模式，在 TEST 模式下，逆变器回路得电，可以向旁路抓取同步。若当 Q050 要从 BYPASS 切回至 AUTO 时，必须在 TEST 位置的时候，将逆变器切换至旁路运行，之后再将 Q050 切至 AUTO，将系统手动恢复至逆变器带载。反之也一样，在 AUTO 切换至 TEST 之后，需先将逆变器设置为旁路带载，之后再将 Q050 打至 BYPASS 位置。否则，直接在 AUTO 与 BYPASS 间切换时，若逆变器与旁路未抓取同步，会导致短路风险。

MANUAL BYPASS 模式：

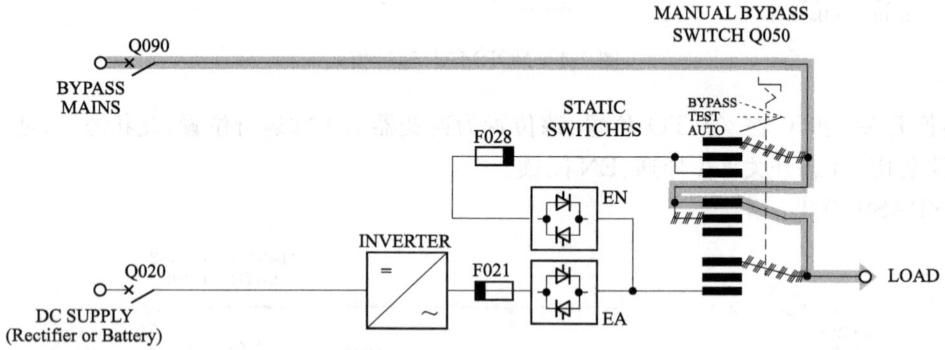

图 1-7 MANUAL BYPASS 运行模式

该模式为逆变器手动旁路模式，转换开关 Q050 打至 BYPASS 位置，旁路市电直接通过 Q050 传至负载。在该模式下，逆变器内部没有电压，可对逆变器设备进行检修工作。

1.6 逆变器的内部原理与结构

逆变器内部的三大重要元件：逆变器 A032、静态开关 EA&EN、三位手动旁路开关 Q050、旁路变压器 T090。

直流电源经过直流电容 CB02 滤波后，送入逆变器 A032 逆变为交流电，经电抗器 L002、交流电容 CB03 组成的 LC 滤波电路滤除高次谐波，保证逆变器输出波形为低失真的正弦波(其中变压器 T002 用于将直流电源与负载进行隔离，同时也是滤波回路的一部分)，之后经过静态开关 EA 后，送入负载。

旁路市电经过调压变压器 T090 进行隔离并调节，之后送入逆变器手动旁路转换开关 Q050，送入静态开关 EN 后，送入负载。

在当 Q050 在 TEST 和 BYPASS 位置时，旁路市电不经过静态开关 EN，直接送入负载。

正常情况下，由逆变器向负荷供电，旁路变压器备用。逆变器故障或直流失电时，静态开关动作，EA 关断，EN 导通，负荷瞬间切至旁路变压器供电。

逆变器跟踪旁路电源的频率并与旁路电源同步，当旁路电源超出正常范围 50 Hz±6% 时，逆变器放弃跟踪，转为自动调整输出频率为 50 Hz。

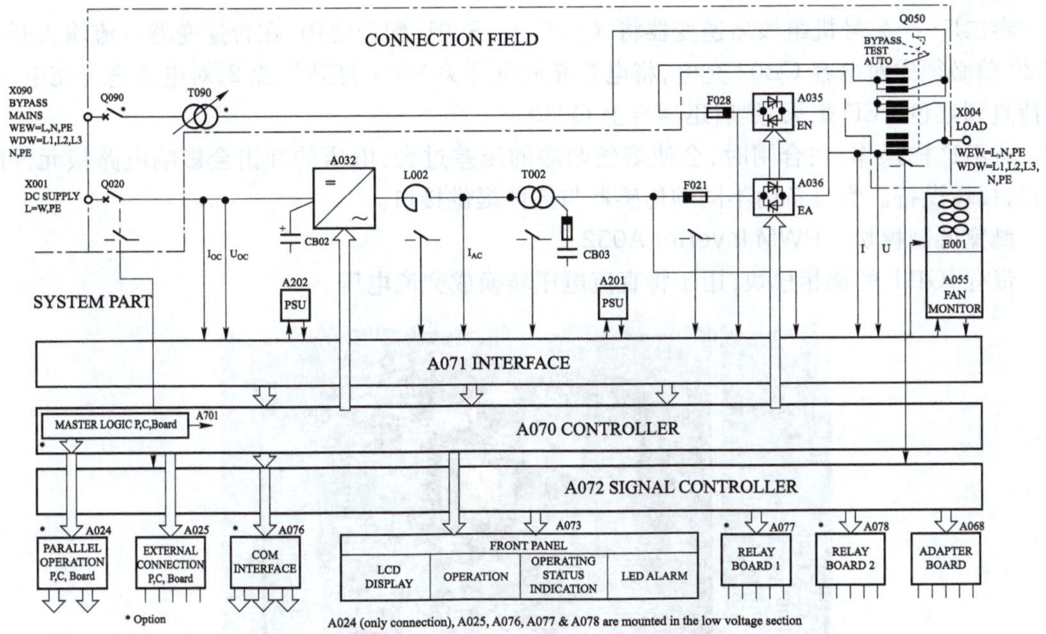

图 1-8　GUTOR 逆变器内部原理图

1.7　GUTOR 逆变器元器件介绍

该章节主要介绍逆变器内部各类电气元器件，包括开关、线圈与集成电路板等部件，我们只需要了解各个元器件的作用与功能，便于今后设备故障的定位与分析。

直流进线开关　DC input isolator Q020

该开关为带有外壳的熔断器开关，将熔丝装入外壳熔丝架中，通过推入、拉出开关外壳，实现开关的闭合与关断。

图 1-9　直流进线开关 Q020

秦二厂 3、4 号机组核岛逆变器将 Q020 与 S001 配合使用,在合逆变器直流输入开关 Q020 前必须先对电容 CB02 充电,将电容充放电开关 S001 打到位置 2,对电容进行充电,并保持直到红色 LED 熄灭,然后迅速合上 Q020。

若不这样操作,在合闸时,会使熔丝两端的压差过大,电压的冲击会影响电路板元件的运行,损坏设备。为设备内不同的传感器与部件提供接口。

脉宽调制模块 PWM inverter A032

带有 IGBT 的调相模块,用于将直流电压转换成交流电压。

图 1-10 脉宽调制模块 A032

旁路变压器 T090

用于旁路市电输入与负载之间的电流隔离,在旁路市电输入电压与输出电压不同时。也可以采用稳压器。

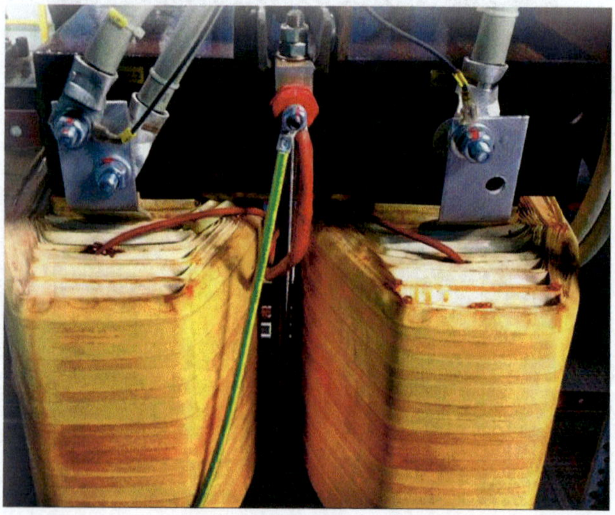

图 1-11 旁路变压器 T090

静态开关　Static switch EA/EN

由自然换相的三组反向并联晶闸管组成。

静态开关 EN 用于过载或逆变器因其他原因导致输出超出范围时自动转换至旁路运行，或如果操作人员从前面板键盘上将输出手动转向旁路。

自动或手动向旁路的转换只能在旁路市电电压和频率在允许的范围内才能完成。

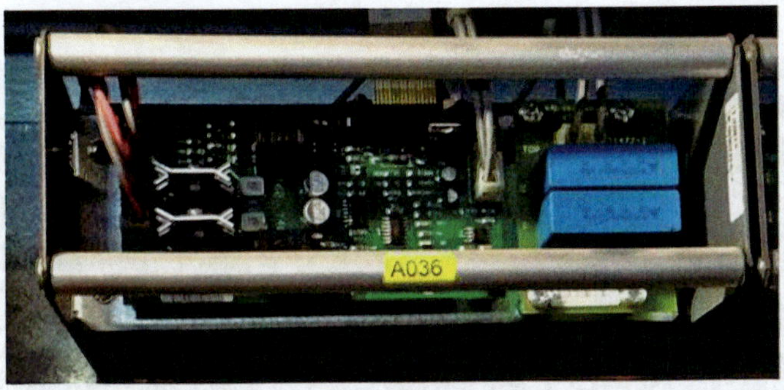

图 1-12　静态开关 Static switch EA/EN

手动旁路开关　Manual bypass switch　Q050

选用此开关可以在进行维修和维护工作时隔离系统部分。该开关是先合后断式的，具有三个位置。

1）“Auto”（正常运行）时，负载由 UPS 系统供电（逆变器或静态旁路）；

2）“Test”位置，负载直接由旁路市电供电，UPS 可以在不影响负载的情况下进行测试；

3）“Bypass”位置，负载直接由旁路市电供电，静态开关与旁路市电隔离，断开 Q020 整个系统可以完全被隔离。

图 1-13　手动旁路开关 Q050

主控板 controller A070

1) 控制静态开关;

2) 控制整流器;

3) 监测电压、电流、报警等;

4) 与前面板的通讯;

5) 串行通讯。

图 1-14 主控板 A070

信号控制板 signal controller A072

1) 控制前面板的 LED 指示灯

LED 指示灯用于指示设备运行状态,显示系统的哪一部分向负载供电,哪一部分处于备用状态。告警 LED 用于指示当前故障或更进一步的故障,并在显示器中可以查询故障的细节。

2) 控制报警继电器

接口板 interface A071

1) 将直流进线电压、旁路电压和输出电压转化成适合于主控板的低电压信号,并且保证市电/输出电压与主控板之间的电流隔离;

2) 将直流电压转化成适合于主控板的低电压信号,并且保证直流/蓄电池与主控板之间的电流隔离;

3) 作为单一控制线(如变压器温度开关)与主控板连线的排线接口;

4) 将内部控制电源分配到不同模块中。

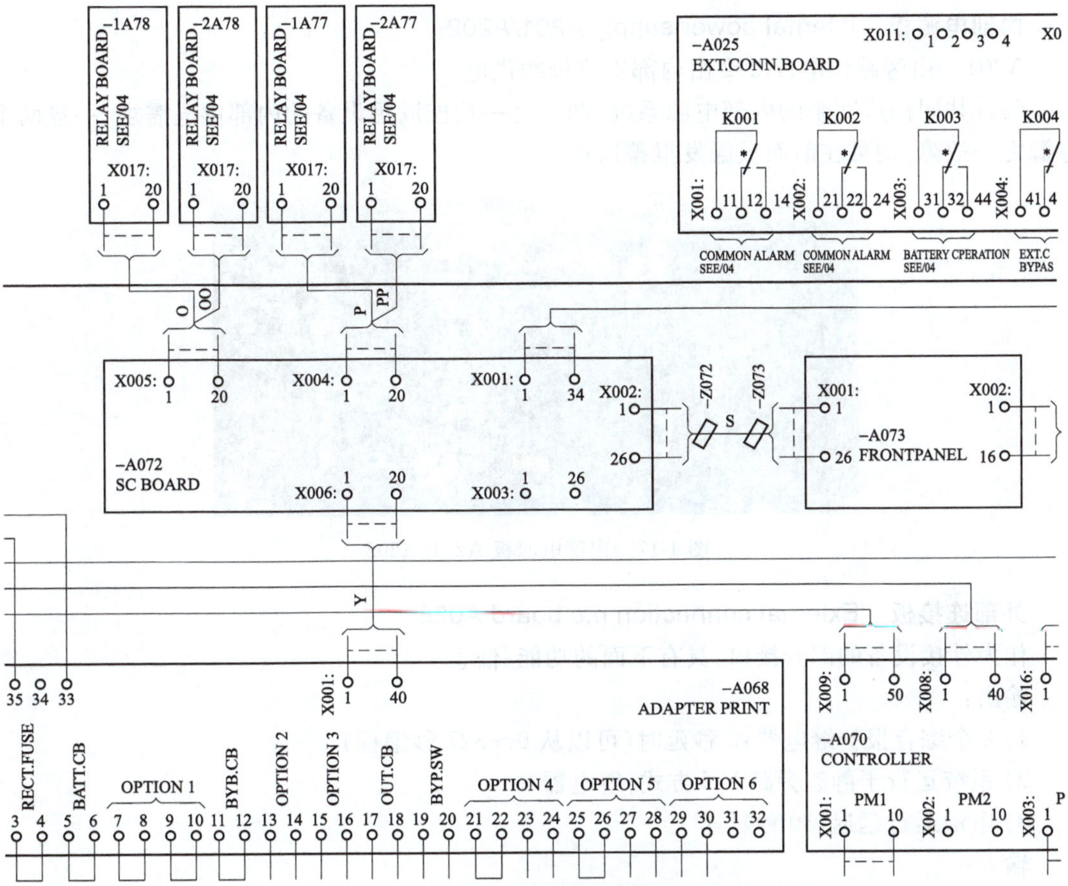

图 1-15　信号控制板 A072

图 1-16　接口板 A071

内部电源板 Internal power supply A201/A202

A201 由旁路供电;A202 由内部直流母线供电。

两者共同构成冗余的内部电源系统,两者之一均能满足设备的内部供电需求,一旦两个电源之一故障,均可在前面板触发报警信息。

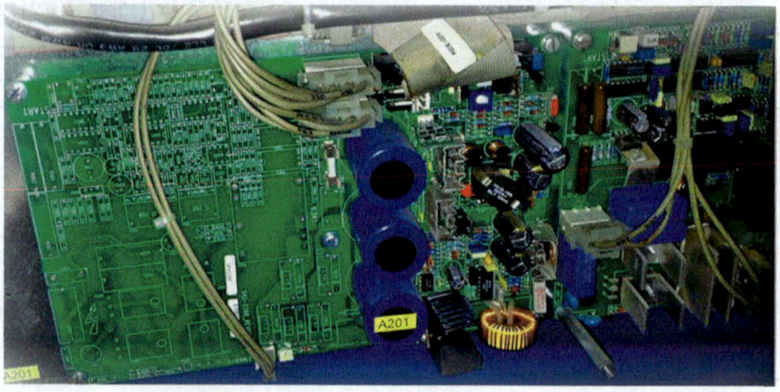

图 1-17 内部电源板 A201/A202

外部连接板 External connection p.c.board A025

作为外接设备的部分接口,具有下面的功能/信息。

输出:

1) 2 个综合报警继电器:5 秒延时(可以从 0～327 秒编程)

2) 系统运行于静态旁路 EN 方式,继电器

3) 电池运行延迟:30 秒延迟

输入:

1) 遥远启动/关机

2) 紧急关机

3) 电池充电电压温度补偿

图 1-18 外部连接板 A225

继电器板 Relays A077/A078

所有告警继电器是故障安全继电器，即在告警存在的情况下，继电器处于无电压激励状态，将报警送出；当告警消失时，继电器得电动作。

风扇监测板 Fan system A05X

风扇变压器板将输出电压转换为风扇适用的电压。

风扇带霍尔传感器用于监测风扇的转数。

风扇监测器，监测每个风扇的转数，如果转数低于设置值，触发风扇报警。

图 1-19 外部连接板 A225

图 1-20 风扇监测板 A05X

前操作面板 Front panel A073

包括：显示单元、操作、运行状态指示、告警指示等。

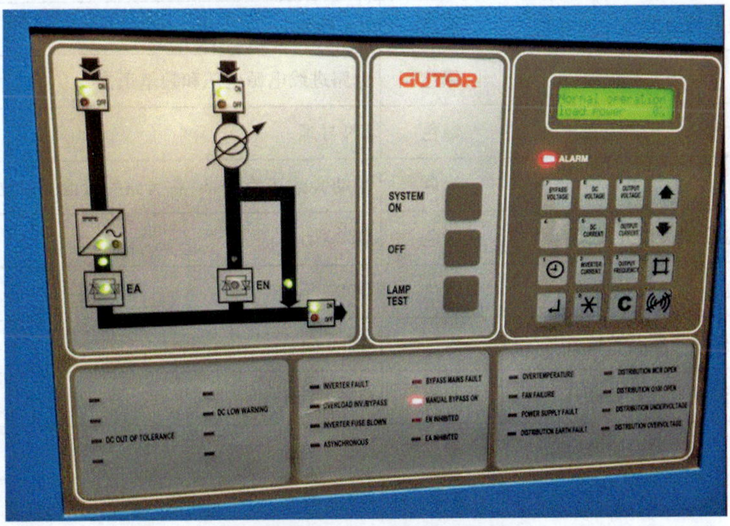

图 1-21 前操作面板 A073

1）运行状态指示区：包含模拟图和指示灯，通过 LED 指示灯，指示逆变器的运行状态。

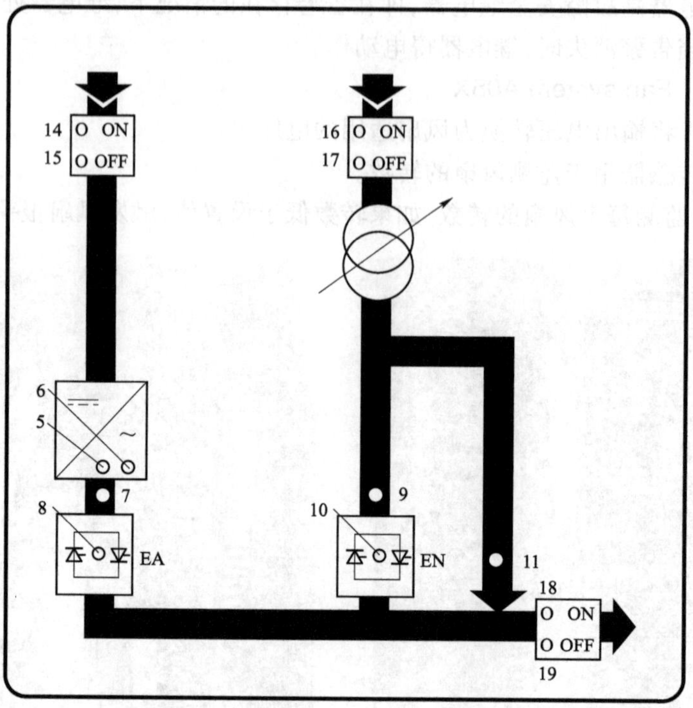

编号	含义	颜色	说明
1	逆变器运行	绿色	逆变器打开，逻辑控制电路将控制信号送往 PM 模块，但不代表逆变器运行正常
2	同步	黄色	逆变器输出与旁路同步
3	逆变电压正常	绿色	逆变器输出电压在允许范围内
4	负载通过静态开关 EA	绿色	EA 导通
5	旁路电源正常	绿色	旁路进线电源电压和频率正常
6	负载通过静态开关 EN	绿色	EN 导通
7	手动旁路	绿色	手动旁路开关 Q050 在旁路位置或测试位置
8	逆变器进线开关闭合	绿色	Q020 闭合
9	逆变器进线开关断开	红色	Q020 断开
10	旁路进线开关闭合	绿色	Q090 闭合
11	旁路进线开关断开	红色	Q090 断开
12	出线开关闭合	绿色	Q100 闭合
13	出线开关断开	红色	Q100 断开

2) 操作区:包含 3 个按键

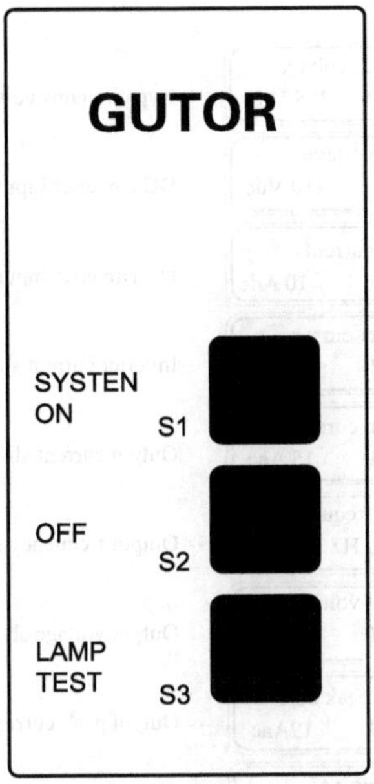

编号	含义	中文	功能
S1	SYSTEM ON	启动	系统启动;与 S2 同时按下时停止
S2	SYSTEM OFF	停止	同时按下 S1 和 S2 方可停运逆变器
S3	LAMP TEST	灯试	检验 LED,包括所有指示灯和报警灯

3) 显示区:包含一个显示屏,一个“COMMON ALARM”报警灯(红色 LED)和若干按键

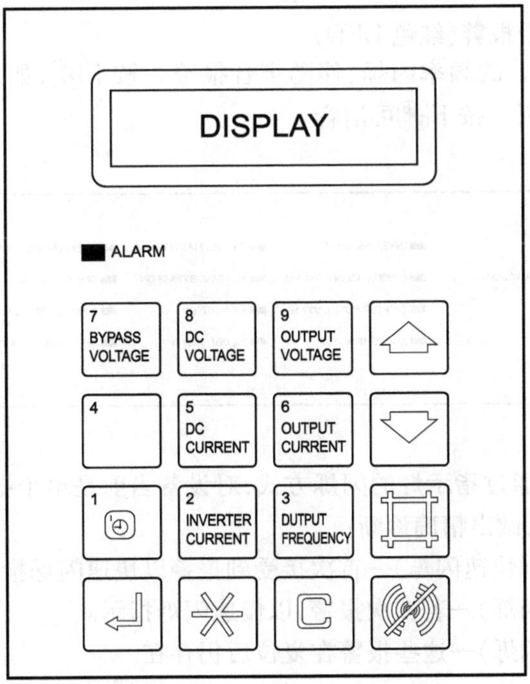

各按键用于查询的参数如下：

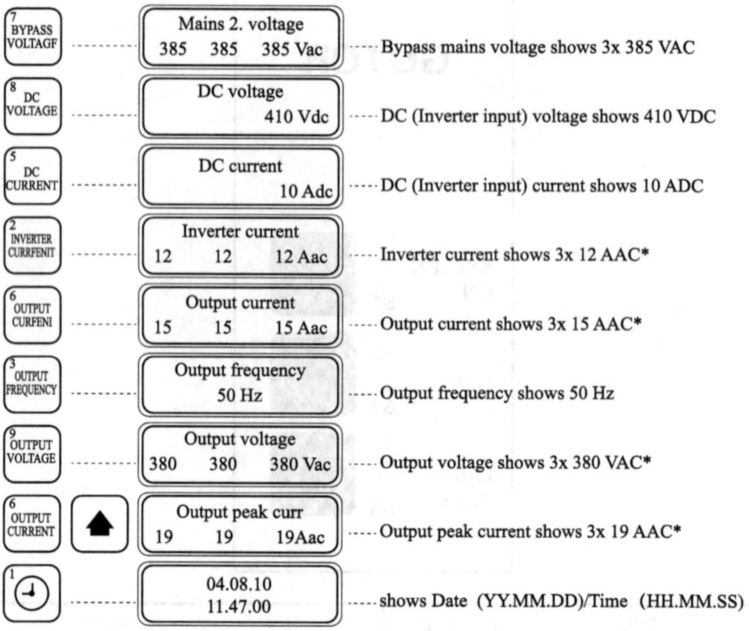

一般显示屏显示当前运行状态。在其他界面保持 30 秒无操作或按下⏎或发生状态切换，显示屏返回当前运行状态界面。显示的参数每秒钟刷新一次。当“COMMON ALARM”报警灯亮时，可按下✱，然后按下▲或▼在显示屏上查看报警信息。报警出现时喇叭会响，持续 30 秒或到报警消除。按下🔇可消音。

4）报警区：包含若干报警(红色 LED)

报警出现时以 1 Hz 的频率闪烁，伴随声音报警。按下Ⓒ，如果报警信息还在则相应 LED 稳定显示；否则灯灭。按下🔇可消音。

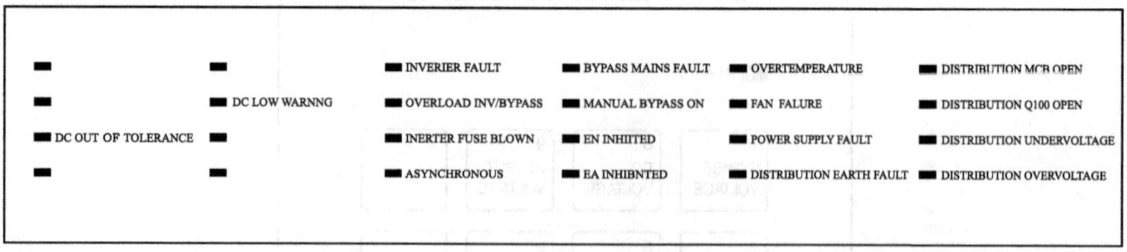

报警指示可使我们通过指示灯的闪烁方式，对设备当前是单个报警还是多个报警，是永久性故障还是瞬时故障，做出精确诊断：

➢ 第 1 次有效指示(快速闪烁)—首次接受到报警以快速闪烁指示并记忆。

➢ 多次报警(慢速闪烁)—若多次报警，以慢速闪烁指示。

➢ 永久性报警(无闪烁)—这些报警在复位后仍存在。

报警含义及原因说明见下表：

序号	报警名称	中文	延时	原因
1	DC OUT OF TOLERANCE	直流超限	5 s	因直流电压过高或者过低，逆变器关机
2	DC LOW WARNING	电池电压低	5 s	电池电压降至低压报警
3	INVERTER FAULT	逆变器故障	5 s	下列事件同时发生：① 逆变器运行；② 逆变器未过载；③ 逆变器输出电压超限或者逆变器关断或者逆变器元件温度高
4	OVERLOAD INV/BYPASS	逆变器/旁路过载	30 s	逆变器或者旁路负载≥100%负载
5	INVERTER FUSE BLOWN	逆变器熔断器	5 s	一个或多个逆变器输出熔断器断或者逆变器输入开关(可选件)断开
6	ASYNCHRONOUS	不同步	30 s	逆变器输出与旁路不同步
7	BYPASS MAINS FAULT	旁路电源故障	30 s	旁路电源电压或频率(静态开关输入端)超限
8	MANUAL BYPASS ON	手动旁路运行	5 s	手动旁路开关 Q050 置于 TEST 或者 BYPASS 位置
9	EN INHIBITED	旁路静态开关 EN 闭锁	5 s	假如下列事件发生，静态开关 EN 被闭锁： 1. 旁路电压或者频率超限 2. 静态开关 EN 温度高
10	EA INHIBITED	逆变器静态开关 EA 闭锁	5 s	逆变器电压超限或 EA 温度高
11	OVERTEMPERATURE	温度过高	5 s	下列电子器件有热量监测： 1. 整流桥 2. 整流变压器 3. 直流滤波器 4. TSM 模块 5. 逆变器变压器 6. 交流滤波器 7. 静态开关 EN 8. 静态开关 EA
12	FAN FAILURE	风扇故障	30 s	系统一个或者多个风扇故障
13	POWER SUPPLY FAULT	电源故障	5 s	电源(+5 V/±12 V/+20 V)之一超限或者电源板缺输入电源(整流器/旁路电源/直流)
14	DISTRIBUTION EARTH FAULT	配电箱接地故障		AC 输出对地阻抗低于限值

续表

序号	报警名称	中文	延时	原因
15	DISTRIBUTION MCB OPEN	馈线开关断开		馈线开关 Q101…Q1xy 之一断开
16	DISTRIBUTION Q100 OPEN	出线开关 Q100 断开		Q100 断开
17	DISTRIBUTION UNDERVOLTAGE	配电箱低电压		AC 输出电压低于限值
18	DISTRIBUTION OVERVOLTAGE	配电箱高电压		AC 输出电压高于限值

第二章　操作准备

2.1　文件准备

逆变器操作工作完全模拟现场工作，具有完整的工作文件包，包括工作指令单，质量计划、风险分析、领料、隔离指令等、工前会、工后会等。

2.2　工器具准备

工器具准备见表 2-1。

表 2-1　工器具准备

工器具名称	规格型号	数量	用途
个人常用工具		1套	检修时使用
万用表	FLUKE 179	1台	测量电压、电阻
钳型电流表	FLKUE	1个	测量电流

2.3　模拟体准备

操作所选用模拟体为 WEW 型逆变器，安装在培教中心逆变器模拟体房间。

2.4　辐射防护准备

逆变器检修工作无辐射风险，无需进行特殊防护。

2.5　工业安全准备

按照电力安规相关规定执行，所有人员需规范穿戴劳动保护用品，包括安全帽、绝缘鞋、工作服、绝缘手套等。检修场地使用警示带进行围栏，确保工作过程中无非工作人员进入。

2.6　配合人员准备

需两名助教配合教学过程。助教主要负责操作指导及安全监护工作。助教需有一定电气检修工作经验,参加过逆变器检修工作,持有 QC 证。

2.7 场地准备

现场铺设检修垫用于摆放工器具;合理分配场地,确保工具、设备的合理分布,方便检修,一般按照文件、工具、备件/材料、工具包区域布置场地;在场地外围布置警示带;完工后清理场地,确保检修场地无其他异物。

第三章　操作实施

3.1　操作实施 1　逆变器启动/停止

逆变器启动/停止操作见表 3-1。

表 3-1　逆变器启动/停止

序号	操作步骤	操作要求	操作工器具	测评标准	备注
1	设备信息核对	检查设备标识与工作票一人核对、一人复核	无	工作票与模拟体铭牌对应	
2	确认逆变器 Q050 处于“AUTO”位置	仔细核对开关状态一人操作、一人监护	无	手动旁路开关 Q050 处于“AUTO”位置	
3	闭合上游直流进线开关	仔细核对开关状态一人操作、一人监护	无	直流进线开关推入闭合	
4	闭合逆变器旁路进线交流电源	仔细核对开关状态一人操作、一人监护	无	旁路进线开关推入闭合。	
5	闭合逆变器内旁路进线开关 Q090	仔细核对开关状态一人操作、一人监护	无	逆变器内旁路进线开关 Q090 闭合	
6	对逆变器预充电，闭合逆变器进线开关 Q020	将电容充放电开关“S001”打到“2”位置进行充电，至红色 LED 灯灭后，迅速合上直流进线开关“Q020” (为了降低合闸的压差，建议实时观察盘面的直流电压显示，当显示大于 105 V 时，闭合 Q020)	无	显示屏显示 System type　UPS ... kVA　—　. . .V， 10 秒后显示： Charger only 状态指示灯 14(Q020 合闸)、16(Q090 合闸) 指示灯亮	
7	启动逆变器	按下“S1”按钮	无	显示屏显示： Normal operation load power　. . % 检查绿色 LED 5、7、8、9 亮，绿色 LED 10 熄灭	
8	检查输出电压	按下 [9 OUTPUT VOLTAGE] 键，检查输出电压，并与实测值相符	万用表	输出电压正常，显示值与实测值相符	

续表

序号	操作步骤	操作要求	操作工器具	测评标准	备注
9	关闭逆变器	同时按下“S1”“S2”键	无	显示屏显示 [Charger only]	
10	断开 Q020	断开 Q020,将电容充放电开关“S001”打到“1”位置进行放电,直至逆变器指示灯全部熄灭；	无	逆变器显示屏无显示,所有指示灯熄灭	
11	断开旁路进线开关 Q090	仔细核对设备标牌与开关状态一人操作、一人监护	无	Q090 断开	
12	断开上游直流电源	仔细核对设备标牌与开关状态一人操作、一人监护	无	直流进线开关断开	
13	断开逆变器旁路进线交流电源	仔细核对开关状态一人操作、一人监护	无	旁路进线开关断开	

3.2 操作实施 2 将逆变器在正常运行与旁路运行互相切换

逆变器在正常运行与旁路运行互相切换操作见表 3-2。

表 3-2 逆变器在正常运行与旁路运行互相切换

序号	操作步骤	操作要求	操作工器具	测评标准	备注
1	设备信息核对	检查设备标牌与工作票一致一人核对、一人复核	无	工作票与模拟体铭牌对应	
2	闭合逆变器上游直流电源、旁路进线电源	检查设备标牌与工作票一致一人核对、一人复核	无	相应电源有电,已正常合闸	
3	按照“3.1 操作实施 1”,将逆变器启机	严格执行规程一人操作一人监护	无	逆变器正常带载	
4	将逆变器转换至旁路运行	1. 按下[⌗],按下[▲]或[▼],直到显示屏显示 [Bypass operation : OFF] 2. 按下[⊙]键进行切换。一人操作一人监护	无	显示屏显示 [Bypass operation] 检查绿色 LED 10、5、7 亮,绿色 LED 8 熄灭	
5	将逆变器切回正常运行	1. 按下[⌗],按下[▲]或[▼],直到显示屏显示 [Bypass operation : ON] 2. 按下[✱]键切回正常运行	无	显示屏显示 [Normal operation load power . . %] 检查绿色 LED 5、6、7、8、9 亮,绿色 LED 10 熄灭；	

3.3 操作实施 3 逆变器从正常运行切换至手动旁路运行

逆变器从正常运行切换至手动旁路运行操作见表 3-3。

表 3-3 逆变器从正常运行切换至手动旁路运行

序号	操作步骤	操作要求	操作工器具	测评标准	备注
1	设备信息核对	1. 检查设备标识与工作票一致 2. 一人核对、一人复核	无	工作票与模拟体铭牌对应	
2	闭合逆变器上游直流电源、旁路进线电源	检查设备标牌与工作票一致一人核对、一人复核	无	相应电源有电,已正常合闸	
3	按照"3.1 操作实施 1",将逆变器启机	严格执行规程一人操作一人监护	无	逆变器正常带载	
4	将逆变器转换至旁路运行	1. 按下[⌶],按下[▲]或[▼],直到显示屏显示 Bypass operation : OFF 2. 按下[⏲]键进行切换。一人操作一人监护	无	显示屏显示 Bypass operation 检查绿色 LED 10、5、7 亮,绿色 LED 8 熄灭	
5	将手动旁路开关 Q050 由"AUTO"位置转换到"TEST"位置	在将手动旁路开关 QO5O 由"AUTO"位置打到"TEST"位置前,必须确认逆变器已经切换到旁路运行,逆变器面板上绿色 LED10 亮,LED 8 熄灭,显示器显示"Bypass operation",否则禁止操作,以免损坏设备	无	逆变器面板上绿色 LED10 亮,LED 8 熄灭,显示器显示"Bypass operation",Q050 在"TEST"位置	
6	将手动旁路开关 Q050 转换至"BYPASS"位置	一人操作,一人监护	无	绿色 LED 11 点亮	
7	将逆变器关机	同时按下 S1(SYSTEM ON)和 S2(OFF),系统进入准备运行状态	无	系统显示 Charger only	

3.4 操作实施 4 将逆变器由手动旁路运行切换至正常运行(逆变器未启机)

逆变器由手动旁路运行切换至正常运行操作见表 3-4。

表 3-4 逆变器由手动旁路运行切换至正常运行

序号	操作步骤	操作要求	操作工器具	测评标准	备注
1	设备信息核对	1. 检查设备标识与工作票一致 2. 一人核对、一人复核	无	工作票与模拟体铭牌对应	
2	闭合逆变器上游直流电源、旁路进线电源	检查设备标牌与工作票一致一人核对、一人复核	无	相应电源有电，已正常合闸	
3	确认逆变器 Q050 处于“BYPASS”位置	仔细核对开关状态一人操作、一人监护	无	手动旁路开关 Q050 处于“BYPASS”位置	
4	闭合逆变器内旁路进线开关 Q090	仔细核对开关状态一人操作、一人监护	无	逆变器内旁路进线开关 Q090 闭合检查旁路电压指示正常	
5	对逆变器预充电，闭合逆变器进线开关 Q020	将电容充放电开关“S001”打到“2”位置进行充电，至红色 LED 灯灭后，迅速合上直流进线开关“Q020” （为了降低合闸的压差，建议实时观察盘面的直流电压显示，当显示大于 105 V 时，闭合 Q020）	无	显示屏显示 System type UPS ... kVA — . . .V， 10 秒后显示： Charger only LED 指示灯 14、16、11、19 点亮	
6	逆变器开机	按下“S1”按钮 一人操作、一人监护	无	显示屏显示 Normal operation load power . . % LED 指示灯 5、7、8 点亮	
7	将 Q050 从“BYPASS 切至“TEST”位置	一人操纵、一人监控	无	Q050 在“TEST”位置 LED 指示灯 6、9 点亮	
8	将逆变器本体转换至旁路运行	1. 按下[⌑]，按下[▲]或[▼]，直到显示屏显示 Bypass operation : OFF 2. 按下[⊙]键进行切换。 一人操作一人监护	无	显示屏显示 Bypass operation 检查绿色 LED 10、5、6、7 亮，绿色 LED 8 熄灭	
9	将手动旁路开关 Q050 由“TEST”位置转换到“AUTO”位置	在将手动旁路开关 QO5O 由“TEST”位置打到“AUTO”位置前，必须确认逆变器已经切换到旁路运行，逆变器面板上绿色 LED10 亮，LED 8 熄灭，显示器显示“Bypass operation”，否则禁止操作，以免损坏设备	无	逆变器面板上绿色 LED10 亮，LED 8 熄灭，显示器显示 Bypass operation	

续表

序号	操作步骤	操作要求	操作工器具	测评标准	备注
10	将逆变器切至正常运行	1. 按下,按下或,直到显示屏显示 Bypass operation : ON 2. 按下键切回正常运行	无	显示屏显示 Normal operation load power . . % 检查绿色 LED 5、6、7、8、9 亮,绿色 LED 10 熄灭	
11	复位报警	按下键,复位所有报警	无	逆变器无报警	

3.5 操作实施 5 查看逆变器历史报警堆栈

查看逆变器历史报警堆栈操作见表 3-5。

表 3-5 查看逆变器历史报警堆栈

序号	操作步骤	操作要求	操作工器具	测评标准	备注
1	设备信息核对	1. 检查设备标识与工作票一致 2. 一人核对、一人复核	无	工作票与模拟体铭牌对应	
2	核实逆变器已启动并处于浮充状态	1. 按下键,查看逆变器运行状态 2. 一人操作一人监护	无	逆变器应为带载状态	
3	进入逆变器历史报警堆栈	1. 同时按下和,进入报警堆栈界面 2. 一人操作一人监护	无	显示屏显示历史报警清单	
4	查看历史报警时间	按下查看本条历史报警的时间	无	显示屏显示历史报警时间	
5	退出历史报警堆栈	按下键,查看逆变器回到主界面	无	显示屏回到主界面	

3.6 实施中需要特别注意的几个关键点

1) 在验证隔离期间,应提醒学员使用自检、监护等防人因失误工具;

2) 在验电期间,学员应将设备假设为带电状态,应规范佩戴绝缘手套进行操作;

3) 在合逆变器直流输入开关 Q020 前必须先对电容充电,否则严禁合闸 Q020,以免对设备造成破坏;

4) 在将手动旁路开关 QO5O 由“TEST”位置打到“AUTO”位置，或者由“AUTO”位置打到“TEST”位置前，必须确认逆变器已经切换到旁路运行，逆变器面板上绿色 LED10 亮，LED 8 熄灭，显示器显示“Bypass operation”，否则禁止操作，以免损坏设备；

5) 系统处于正常运行状态时(逆变器带载)，严禁操作手动旁路开关 Q050，否则将造成短路，损坏设备。

第四章　故障判断和排除

4.1　逆变器 A025 板 X005:3 号端子(GND)对机壳有 20 V DC 电压

故障现象:在 302 大修期间,发现 3LNA/D/P 中 A025 板 X005:3 号端子(GND)对机壳有 20 V DC 电压。

故障处理

经检查:

1) 3LNA/P001DL A202 板固定螺杆垫片较大,与相邻电容引脚印刷线接触,将垫片拆除后对低电压现象消失。

2) 3LND001DL A202 板固定螺杆黄蜡管破损,与相邻电感线圈发生触碰,将螺杆垫片拆除并重新热缩套管后对地电压现象消失。

3) 将 3 号机组逆变器所有 A202 板相应螺杆的垫片拆除。

故障原因:板卡元器件接地,导致板卡内部电压紊乱。

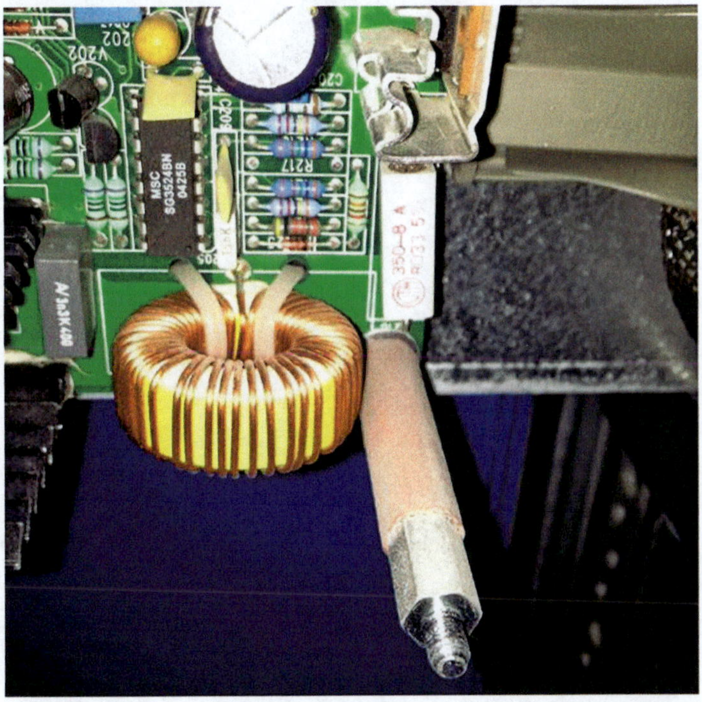

图 4-1　逆变器 A025 板

4.2 3LNE002DL 启机后报“CB03 电流报警”

故障现象：305、306 大修期间，在进行完 3LNE 逆变器定期清扫检查工作后，在对 3LNE002DL 启机时，3LNE002DL 触发“CB03 current warning”。

故障处理：经检查，3LNE002DL 的 CB03 电流报警系 CB03 电容电流大引起，将逆变器停机后，对CB03电容进行测量，发现一个CB03电容空亏，并且该组电容的熔丝熔断，在分别更换了 CB03 电容与熔丝备件后，重新启机，故障消除。

故障原因：CB03 电容短路，导致该组 CB03 电流增大，将保护熔丝熔断后，该组 CB03 不可用，引起逆变器整体 CB03 容抗降低，电流降低至报警值，引发“CB03 电流报警”。

4.3 AutoStart 功能无法开启

故障现象：2012 年 6 月 14 日，4LNA001DL 自启动功能无法开启

故障处理：将 RAM1 更换后，故障消除，并将缺陷 RAM1 返回 GUTOR 进行进一步研究故障。

故障原因：RAM1 被写保护，导致所有功能闭锁，设置无法更改。

第五章　操作结束

5.1　总结培训过程

逆变器作为不间断电源系统的重要组成部分之一，其供电的可靠性直接关系到机组的安全稳定运行，逆变器的检修工作一般都是安排在大修期间进行，是一项对工作负责人要求较高且需要一定检修经验的电气检修项目。

此次培训着重于学习逆变器的内部结构原理、设备功能以及一些简单的操作，后续的深度维修要依靠平时的积累与不断拓展学习。

学员要认真听取各环节操作要点，多动手，勤加练习，掌握逆变器的基本操作和检修，并对常见缺陷有一定的认识，对今后的工作有一定的指导。

5.2　评判

学员熟悉逆变器内部的主要元器件，能够正确启动和停运逆变器，掌握如何看报警、启停逆变器，以及学会逆变器与旁路运行的相互切换等。教员应指出学员操作过程中的错误以及需要注意的事项，并且依据评判表，对学员的学习情况作出整体评判。

5.3　清理现场

工作结束后，做到工完料尽场地清，对检修后的物资设备进行分类。工具整理并与工具清单进行对比，确保工具无缺失，并检查工具的可用性，记录损坏情况并汇报。

5.4　工后会

工后会是对整个工作的过程的回顾以及必要的经验反馈。

回顾工作过程：工作许可证已归还，场地已清理，设备标牌完好，对检修任务进行评价，是否达到预期的目的，试验设备与工器具已经归还。

第六章 经验反馈

6.1 逆变器误报主熔丝熔断故障

故障现象：2011 年 2 月 5 日，4LNC001DL 误报主熔丝熔断，系统切旁路运行。

检查处理情况：

1) 现场检查历史报警堆栈中闪发“INVENTER FUSE BLOWN”报警；

2) 经检查逆变器熔断器并未熔断，此熔丝微动开关使用的是常闭点，正常情况下应导通，但用万用表测量其常闭点，数值在很大范围内波动，阻值最大达到兆欧级。因此认为微动开关已经失效；

3) 更换微动开关，无异常。

经验反馈：今后在进行逆变器的预防性维修中，应该着重注意检查熔丝微动开关，仔细测量其触点间的阻值，如有阻值波动较大的现象，应立即更换，为避免设备今后出现类似缺陷，微动开关应 5 年更换一次。

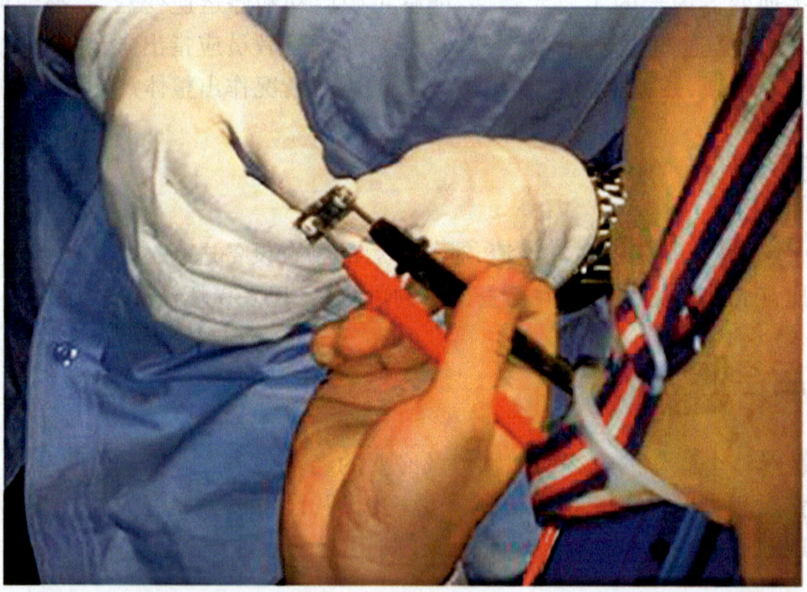

6.2 部分逆变器设备 CB02、CB03、CB04 电容值下降

故障现象：在逆变器预防性维修过程中，部分设备 CB02、CB03、CB04 电容值均有不同程度的下降。

故障处理：将 CB02、CB03、CB04 电容进行更换，确保更换后的电容值处在正常范围内。

经验反馈:咨询 GUTOR 厂家,确定 CB02、CB03、CB04 电容值的更换标准与年限。

1) 风扇电容的更换年限为 5 年,或者容量降至额定容量的 85%以下即进行更换,最长贮存时间为 10 年。

2) CB02 电容更换年限为 9 年,或者容量低于额定容量的 60%以下即进行更换,最长贮存时间为 10 年。

3) CB03、CB04 电容更换年限为 9 年,或者容量低于额定容量的 75%以下即进行更换,最长贮存时间为 10 年。

6.3 逆变器板卡电子元件接地

故障情况:详见 4.1 节。

经验反馈:在后续进行逆变器定期检查时,应注意检查各个集成电路板上的电子元件是否与其他金属部位相触碰,查看是否有其他金属部件绝缘破损等现象,避免发生类似电子元件接地和感应电的现象,影响设备的正常安全运行。

对于 A025 板上各端子的电气参数,在每次年检中需进行测量,内容如下:

测量位置	实测值		电压参考值		电阻参考值/Ω
	AC	DC	AC	DC	
X005:1(ON)-X005:3(GND)			0 V	5 V	
X005:2(OFF)-X005:3(GND)			0 V	5 V	
X005:1(ON)-机壳			0 V	5 V	6.06 k～6.17 k
X005:2(OFF)-机壳			0 V	5 V	6.12 k～6.69 k
X005:3(GND)-机壳			0 V	0 V	5.029 k～5.12 k

测量结果应于参考值接近,若差距较大,则应着重检查逆变器 A201/A202 电源板固定螺栓热缩护套是否破皮,以及固定螺栓是否与电感等其他元器件引脚相碰等。

第七章 习 题

7.1 选择题(共 20 分,每题 2 分)

1. 我厂使用的 GUTOR 逆变器为什么系列。(A)

A. WEW　　B. EWE　　C. SDC

2. 逆变器型号中 1010-110/220 中的 110 指的是。(B)

A. 逆变器的输出电压　　B. 逆变器的输入电压

C. 逆变器的最大功率

3. 在闭合下列哪个开关前,需要进行预充电?(C)

A. Q001　　B. Q009　　C. Q020

4. 下列哪块板卡可用于逆变器远程关机的?(A)

A. A025　　B. A070　　C. A071

5. 逆变器手动旁路开关不包括以下哪一个位置?(C)

A. AUTO　　B. BYPASS　　C. CLOSE

6. 逆变器辅助熔丝微动开关应(　　)年更换一次?(A)

A. 5　　B. 9　　C. 10

7. 逆变器 CB03 更换的年限是?(B)

A. 5 年　　B. 9 年　　C. 10 年

8. 电源与旁路市电均正常的情况下,若突发逆变器故障,则逆变器。(A)

A. 直接切换至旁路运行　　B. 保持逆变器带载,逆变器由蓄电池供电

C. 关机,切断负荷

9. 在没有人为干预的前提下,逆变器旁路带载时,若直流电源恢复,则。(B)

A. 无报警,保持现状运行　　B. 切回逆变器带载

C. 报警,保持旁路带载

10. 逆变器报“主熔丝熔断故障”,但实际仍有输出,则可能的原因出在(　　)上。(A)

A. 电源板　　B. 辅助熔丝微动开关

C. 主控板

7.2 判断题(共 20 分,每题 2 分)

1. 逆变器型号中“EAN-R”,指的具有 EA 和 EN 静态开关的并机运行的逆变器系统。(√)

2. 核岛逆变器的直流电源仅从充电器供电。(×)

3. 在逆变器启机前,在确保上游直流电源正常后,直接将 Q020 合闸即可。(×)

4. 逆变器前面板上状态指示黄灯 6 点亮,说明逆变器当前有报警。 (×)

5. 逆变器 CB03 电容的更换条件为 9 年更换或到额定容量的 50%进行更换。 (×)

6. 逆变器在进行 AUTO 和 TEST 两个位置切换时,必须先将逆变器设置为 Bypass operation。 (√)

7. 逆变器的 CB02 为有极电容,CB03 为无极电容。 (√)

8. 在手动将逆变器切至旁路运行后,人为断开旁路进线开关,下游负载将失电。 (×)

9. 逆变器的内部控制电源,一路来自旁路,一路来自直流电源。 (√)

10. 逆变器在 BYPASS 位置运行时,将逆变器启机,逆变器无法与旁路自动同步。(√)

7.3 简答题(20 分)

根据以下流程图,指出图中的逆变器元件的作用,并简述逆变器的工作原理。

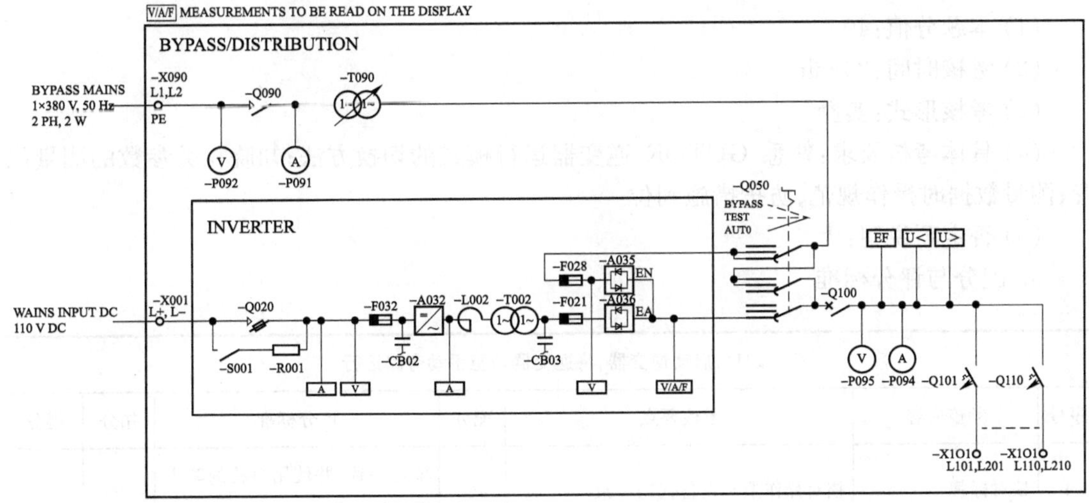

7.4 操作题(40 分)

鉴定点:启动逆变器,将逆变器切至手动旁路运行

试题:启动逆变器,将逆变器切至手动旁路运行

1. 准备要求

考场准备:

(1) 试题名称:启动逆变器,将逆变器切至手动旁路运行

(2) 本题分值:40

(3) 考核时间:20 min

(4) 考核形式:实操

(5) 设备设施准备

序号	名称	规格	单位	数量	备注
1	GUTOR逆变器		台	1	教学用GUTOR逆变器一台
2	万用表等		块	1	测量用工具
3	绝缘手套		副	1	防护用具

考生准备：

(1) 试题名称：启动逆变器，将逆变器切至手动旁路运行

(2) 本题分值：40

(3) 考核时间：20 min

(4) 考核形式：实操

(5) 工具及其他准备：无

2. 考核要求

(1) 本题分值：40

(2) 考核时间：20 min

(3) 考核形式：实操

(4) 具体考核要求：熟悉 GUTOR 逆变器运行模式的切换方法；知晓相关参数的测量位置；测量数据时操作规范，防护措施到位

(5) 否定项说明：无

3. 配分与评分标准

题目：启动逆变器，将逆变器切至手动旁路运行

序号	考核内容	考核要点	配分	评分标准	扣分	得分
1	核对标牌	核对操作票和设备代码一致	2	核对一致，并使用自检的防人因失误工具		
2	闭合逆变器上游直流电源开关、旁路进线电源开关	仔细核对开关位号与状态，确认电源无异常后闭合。	2	核对一致，使用自检或监护的防人因失误工具		
3	闭合逆变器内旁路进线开关 Q090	仔细核对开关位号	2	核对一致，使用自检或监护的防人因失误工具		
4	对逆变器预充电，闭合逆变器进线开关 Q020	1. 将电容充放电开关“S001”打到“2”位置进行充电，实时观察盘面的直流电压显示，当显示大于 105 V 时，迅速合上直流进线开关“Q020” 2. 闭合后，观察显示屏显示“Charger only”，状态指示灯 14(Q020 合闸)、16(Q090 合闸)、11(手动旁路供电)、19(Q100 分闸)指示灯亮；	6	严格按照规程执行，一人操作一人监护，操作完成后仔细核对指示灯状态		

续表

序号	考核内容	考核要点	配分	评分标准	扣分	得分
5	按下“S1”启动逆变器	1. 仔细核对逆变器面板按钮，确认无误后按下 S1 2. 逆变器启机后，核实显示屏显示“Normal operation：load power%”，状态指示中 5(逆变器运行)、7(逆变器电压正常)、8(EA 导通)指示灯亮；	2	核对一致，使用自检或监护的防人因失误工具，操作完成后仔细核对指示灯状态		
6	闭合逆变器输出断路器 Q100	核对操作票和设备代码一致	4	核对一致，并使用自检的防人因失误工具		
7	将逆变器转换至旁路运行	1. 按下 ，按下  或 ，直到显示屏显 Bypass operation : OFF 2.  键进行切换。 3. 显示屏显示 Bypass operation 4. 检查绿色 LED 10、5、7 亮，绿色 LED 8 熄灭	6	严格按照规程执行，使用自检或监护的防人因失误工具 操作完成后仔细核对指示灯状态		
8	将手动旁路开关 Q050 由“AUTO”位置转换到“TEST”位置	在将手动旁路开关 QO5O 由“AUTO”位置打到“TEST”位置前，必须确认逆变器已经切换到旁路运行，逆变器面板上绿色 LED10 亮，LED 8 熄灭，显示器显示“Bypass operation”	6	核对一致，使用自检或监护的防人因失误工具 操作完成后仔细核对指示灯状态		
9	将手动旁路开关 Q050 由“TEST”位置转换至“BYPASS”位置	绿色 LED 11 点亮	4	核对一致，使用自检或监护的防人因失误工具，操作完成后仔细核对指示灯状态		
10	检查逆变器输出电压	规范佩戴绝缘手套，万用表档位正确，核实输出电压与额定电压设定值相符，前面板显示值与实际值匹配	6	规范佩戴绝缘手套，万用表档位正确，输出电压与额定电压设定值相符，前面板显示值与实际值匹配		

评分人：　　年　月　日　　　　核分人：　　年　月　日

第八部分　阀门电动装置维修

第一章　操作准备

1.1　原理描述

电动执行机构是一种能够提供直线或旋转运动的驱动装置，它利用电能作为驱动能源，并在控制信号作用下工作。电动执行机构主要由电动机、减速器、力矩行程限制器、过力矩保护机构、电源控制箱、手轮、机械限位装置、控制开关等部件组成。电动阀就是利用控制系统及执行机构把阀门驱动至全开或者全关或者某个设定的位置，用来切断或者调节介质在管道中的流量。

1.2　文件准备

Limitorque 电动执行机构检修工作可依据工单评估步骤执行，具体的细化步骤可参照《Limitorque L120 型阀门电动装置维修规程》(98-92310-MP-1035A)进行操作，其他文件准备还包含：质量计划 QP、风险分析、领料申请、工器具借领单、工前工后会议、控制原理图、MM 手册等。

1.3　工器具准备

工器具准备见表 1-1。

表 1-1　工器具准备

序号	工器具名称	规格型号	数量	用途
1	绝缘表	FLUKE1508	1 个	测量驱动电机绝缘电阻
2	万用表	FLUKE179	1 个	测量触点接触电阻
3	数字电桥	QJ84	1 个	测量驱动电机直流电阻
4	电源拖线盘	220 V,10 A	1 个	提供仪器仪表电源
5	个人常用工具	N/A	1 套	紧固、拆装

续表

序号	工器具名称	规格型号	数量	用途
6	公制内六角扳手	2～10 mm	1套	拆除电装端盖螺丝
7	漆刷	75 mm	1把	清扫电动执行机构灰尘
8	白布	N/A	1平方米	清洁电动执行机构油污

1.4 模拟体准备

二厂培训楼培教中心 105 室 Limitorque 电动执行机构模拟体。模拟体要求外观完好、结构完整、可动部件动作灵活、可调部件可调整，电动头不需要接入三相电源。

1.5 辐射防护准备

秦三厂 Limitorque 电动执行机构主要用于常规岛厂房，无辐射防护方面要求。

1.6 工业安全准备

按照电力安规相关规定及公司工业安全相关规定执行，所有进入现场人员需穿戴劳动保护用品，包括防砸鞋、安全帽、工作服等。检修场地使用警示带进行围栏，禁止无关人员进入工作现场。

1.7 配合人员准备

由于实际开展培训过程中人员较多，模拟体设备较少，需两名助教配合教学过程。助教主要工作负责暂未轮到培训的学员的操作指导及安全监督。助教需一定的电气检修工作经验。

1.8 场地准备

培训模拟体附近需铺设橡胶垫用于摆放工器具及拆除的部件。需确保模拟体周围场地清洁，便于异物控制。合理分配场地，确保工器具、部件能够合理摆放，便于检修与讲解。在场地外围布置警示带并放置上写“无关人员禁止进入”的标志牌。

第二章　操作实施

2.1　工作前准备

工作开展前必须先开工前会，确保每个工作组成员都对本次工作内容及注意事项有所了解，并能够承诺在工作中遵守相关管理规定。

<table>
<tr><td colspan="4" align="center">维修工前会议记录表</td></tr>
<tr><td colspan="3">工作内容：</td><td>工单号：</td></tr>
<tr><td>电厂：</td><td>机组：</td><td>系统：</td><td>工作地点：</td></tr>
<tr><td colspan="2">设备编码：</td><td colspan="2">工作负责人/项目负责人：</td></tr>
<tr><td colspan="4">一、工作负责人/项目负责人会前需要确认的事项</td></tr>
<tr><td colspan="4">□维修工作包完整齐全　□工具和备品备件齐全　□风险分析全面
□安全措施正确完备并已落实到位　□隔离边界明确　□工作票证齐全
□工作组成员精神状态良好　□个人防护用品和安全用具齐全
□水、电、气、汽源情况检查，确认工作期间对这些源的使用便利性和安全性</td></tr>
<tr><td colspan="4">二、工作负责人/项目负责人向工作组成员交代以下事项</td></tr>
<tr><td colspan="4">□工作目的、工作对象、工作范围、工作地点
□工作组成员分工
□工作风险分析及预防性措施</td></tr>
<tr><td colspan="4">三、工作负责人/项目负责人与工作组成员讨论并记录以下事项</td></tr>
<tr><td colspan="4">□程序关键步骤、高风险步骤提示及预防性措施：
□以往同类工作经验反馈：
□其他事项：</td></tr>
<tr><td colspan="4">声明：
本人已参加此次工前会，已清楚工前会的内容及要求，并保证在工作实施过程中严格遵守和执行。
工作组成员签名/日期：</td></tr>
</table>

说明：

1. 工作负责人/项目负责人负责组织并主持召开工前会并记录。
2. 开工前工前会记录表必须填写完成，未完成填写或现场无工前会记录表不准开工。
3. 工作组全体成员在了解工前会全部内容和要求，并同意工前会声明后签字。
4. 工前会记录表中确认项目涉及的就打“√”，没有涉及的打“×”。

2.2 操作实施 1

操作实施 1 见表 2-1。

表 2-1 操作实施 1

序号	操作步骤	操作要求	工器具	测评标准	备注
1	确认设备	核对工作票与现场设备编码一致,一人核对,一人确认	目视确认	工作票与现场设备编码一致	
2	动力电源安措确认	根据安措票内容,确认 MCC 间隔电源开关安措已经建立	目视确认	根据安措票内容确认	
3	48 V DC 控制电源检查	使用万用表测量控制回路电源,确认是否断开	万用表	测量后根据实际情况给出结果	48 V DC 控制回路电源不一会做安措
4	就地确认安措是否有效	使用万用表电压档在模拟体三相电源进线端子测量有无电压	万用表	测量动力电源,确认安措是否有效	MCC 间隔确认安措后,就地也需要验电

2.3 操作实施 3

操作实施 3 见表 2-2。

表 2-2 操作实施 3

序号	操作步骤	操作要求	工器具	测评标准	备注
1	外观检查	全面检查执行机构外观确认外观完好,无破损,锈蚀,漏油等	目视检查	检查全面	
2	外表清洁	使用白布、漆刷、清洗剂对执行机构外表进行全面清洁	白布、漆刷、清洗剂	外表清洁	
3	控制箱接线端子	使用内六角扳手打开控制箱端盖,仔细检查接线端子,确认是否存在端子过热、松脱、碎裂等	目视检查	检查仔细,并作出判断	
4	元器件检查	对电桩内各元器件进行检查,确认元器件是否损坏	目视检查	对元器件进行检查,并作出判断	

2.4 操作实施 4 接线紧固

接线紧固操作见表 2-3。

表 2-3 接线紧固

序号	操作步骤	操作要求	工器具	测评标准	备注
1	工器具选择	根据需紧固螺丝类型，合理选择螺丝刀	一字或十字螺丝刀组套	合理选择	紧固端子需要用到一字或十字螺丝刀，根据实际情况选择。现场实际工作中可能存在 48 V 控制电压，因此紧固过程中应小心谨慎，避免发生短路情况
2	紧固控制回路端子	依次紧固所有控制回路端子（没有接线的端子也许紧固，防止螺丝脱落造成短路）	一字或十字螺丝刀组套	依次紧固所有端子接线，用力适中，不损坏固定螺母	依次对端子进行紧固，微动开关固定螺母一般都比较小，注意不可用力过猛，避免螺丝滑丝或损坏微动开关
3	紧固动力电源回路	紧固三相动力电源端子	一字或十字螺丝刀组套、套筒扳手	紧固牢固，无松动	

2.5 操作实施 5 触点接触电阻测量

触点接触电阻测量操作见表 2-4。

表 2-4 触点接触电阻测量

序号	操作步骤	操作要求	工器具	测评标准	备注
1	选择仪器仪表	测量触点电阻选用万用表或其他有欧姆档的仪表	万用表或其他有欧姆档的仪表	选择使用万用表或有欧姆档的仪表	其他有欧姆档的仪表也可以，但不必选择电桥
2	选择档位	以 FLUKE179 型万用表为例： 1. 红色表笔插在电阻 Ω 插口，黑色表笔插在 COM 插口 2. 转换开关旋转至电阻 Ω 档	FLUKE179 型万用表	选择正确	
3	校准	短接红黑表笔，接触电阻应不大于 0.5 Ω	FLUKE179 型万用表	≤0.5 Ω	一般内阻不大于 0.2 Ω，但由于表线原因可能会有影响，但不应大于 0.5 Ω
4	测量接触电阻	测量常闭触点，触点电阻应≤1 Ω，常开触点为+∞；数值减去表笔电阻	FLUKE179 型万用表	≤1 Ω	

2.6 操作实施 6 测量驱动电机直流电阻

测量驱动电机直流电阻操作见表 2-5。

表 2-5　测量驱动电机直流电阻

序号	操作步骤	操作要求	工器具	测评标准	备注
1	接线	以 QJ84 型电桥为例：两根测试线红线连接 C1、C2 触头，两根黑线连接 P1、P2 触头；电源线接入电桥本体电源接口	QJ84 型数字电桥	按下 POWER 键，屏幕显示 0000	QJ84 型电桥背后四个接线柱分别为 C1、P1、P2、C2，对应两组测试线的红黑线
2	估测阻值	使用万用表电阻档估测阻值	万用表	测量并读取数值	用万用表测量出大概值，以便于电桥精确测量
3	连接	测试夹夹持牢固、正确，分别测量 AB 相、AC 相、BC 相	电桥	分别测量 AB、AC、BC 相	
4	测量	1. 分别测量 AB、AC、BC 相直流电阻 2. 记录数据	电桥	分别测量三相相间直阻，并记录	记录形式可 AB、AC、BC 或者黄绿、黄红、红绿，但测了哪两相须记住，避免重复测量
5	计算偏差	(最大值−最小值)/最小值*100%＜5%	N/A	会计算	电动头驱动电机比较特殊，偏差＜5%即为合格

2.7　操作实施 7　测量驱动电机绝缘电阻

测量驱动电机绝缘电阻操作见表 2-6。

表 2-6　测量驱动电机绝缘电阻

序号	操作步骤	操作要求	工器具	测评标准	备注
1	选择仪表	FLUKE1508 型绝缘表或者其他型号	绝缘表	正确选择	教材以 FLUKE1508 为例
2	选择档位	选择 500 V 档	FLUKE1508	正确选择档位	
3	校零	将两表笔短接，显示应为 0，放开应为 550 MΩ	FLUKE1508	短接为 0，放开为 550 MΩ	FLUKE1508 型 500 V 档最大显示 550 MΩ
4	绝缘测量	1. 将 COM 口表笔接触电动头外壳，将“绝缘”表笔接触电动头外壳另一部位，按下测试键，此时数值应为 0 2. 将“绝缘”表笔接触 ABC 任意一相，COM 口表笔保持不动，按下测试键	FLUKE1508	数值为 0	测量时间为 1 分钟，如果 1 分钟内绝缘值上升到 550 MΩ，则直接记录 550 MΩ；如果没有到 550 MΩ，则读取 1 分钟时的数值
5	记录数据	先关闭电源，再记录数据	FLUKE1508	记录形式＞*MΩ	
6	判断	＞0.5 MΩ	FLUKE1508	＞0.5 MΩ	

2.8 实施中需要特别注意的几个关键点

1. 直流电阻测量应先于绝缘电阻测量，因绝缘测试之后会有剩余电压，会造成测试数据不准确或损坏电桥；如果要测量绝缘，则必须在绝缘测试完成之后进行彻底放电。

2. 计算直流电阻偏差时必须注意是(最大值−最小值)/最小值。

第三章　故障检查和处理

3.1　故障 1　端子或电缆过热变色

端子或电缆过热变色故障见表 3-1。

表 3-1　端子或电缆过热变色

序号	故障现象	判断方法	故障原因分析	故障排除方法
1	动力电缆接线端子过热变色	检查动力电缆接头	1. 如果是电缆松动引起的，则必须测量接触电阻，如接触电阻在规定范围内，则对端子进行紧固，如接触电阻较大或者变色严重，则必须更换电缆或电缆鼻子 2. 如因电动阀频繁启停造成的必须查明原因，排除故障，并确认是否需要更换电缆	1. 根据过热程度，确认是否需要更换电缆或电缆鼻子。 2. 电动阀频繁启停会造成的电缆过热变色，一般也是电缆紧固不够引起的，需要在确认是否需要更换电缆之后紧固电缆。
2	控制电缆过热变色	检查控制电缆接头	1. 接触不良 2. 短路	控制回路电流一般比较小，引起变色的可能是接触不良或短路。紧固或排除短路故障。根据端子过热程度考虑是否更换电缆或电缆鼻子。

3.2　故障 2　绝缘电阻异常

绝缘电阻异常故障见表 3-2。

表 3-2　绝缘电阻异常

序号	故障现象	判断方法	故障原因分析	故障排除方法
1	对地绝缘电阻为 0	绝缘表测量对地绝缘	1. 如在 MCC 侧测量绝缘为 0，则可能是电缆有破损接地或驱动电机绝缘损坏 2. 如在就地解开电缆测量驱动电机绝缘为 0，则电机绝缘损坏	1. 检查动力电缆破损接地处，根据严重程度考虑是否更换电缆 2. 更换电机

续表

序号	故障现象	判断方法	故障原因分析	故障排除方法
2	绝缘电阻值偏低	绝缘表测量对地绝缘	绝缘电阻跟电机出厂值,使用环境等有关	对比历史数据,如无变化,则属于正常;如下降较多,则绝缘性能有问题,需检查具体原因

3.3 故障 3 直流电阻异常

直流电阻异常故障见表 3-3。

表 3-3 直流电阻异常

序号	故障现象	判断方法	故障原因分析	故障排除方法
1	直流电阻不平衡	测量三相直阻,计算偏差＞5%	1. 如本体测量直流电阻合格,而在 MCC 侧测量不合格,则是动力电缆直阻不平衡引起的 2. 如本次测量直流电阻不合格,则电机线圈电阻异常	1. 如电缆引起则需相关技术人员评估后确认是否更换电缆 2. 如电机线圈故障,则需返厂更换电机(因执行机构电机有力矩值要求,无法自行更换)

3.4 故障 4 电动阀开、关异常

电动阀开、关异常故障见表 3-4。

表 3-4 电动阀开、关异常

序号	故障现象	判断方法	故障原因分析	故障排除方法
1	无法打开或者无法开到位	通电试验	1. 力矩设定值不正确,导致阀门未开启力矩开关先动作 2. 行程开关跑位造成电动阀开启正常,但无法开启到指定位置	1. 力矩设定需要专门的力矩校验台进行校准,无法自行调整 2. 行程不到位问题都可以调整行程开关解决
2	无法关严或者关闭力矩过大	管道压差	1. 力矩设定值偏小,造成阀门关闭力矩不够,导致管道渗漏 2. 力矩设定值过大,造成阀门关闭力矩过大,损坏阀门 3. 阀门关闭时,行程开关应略先动作于力矩开关	1. 力矩设定值问题需要返厂进行力矩校准,无法自行调整 2. 关行程开关问题可通过调整解决

第四章　操作结束

4.1　工后总结

4.1.1　整理工器具

清点工器具、仪表，做到工完料尽，防止工器具遗留在现场或设备内。

4.1.2　清理场地

对工作区域进行清洁，清除工作中产生的垃圾，异物。

4.1.3　数据整理

将测量产生的数据进行整理，数据填入维修规程中，便于编制工作报告。

4.1.4　记录测量仪器仪表型号、编号、有效期

4.1.5　工后会

工后会是对整个工作过程的回顾总结，并进行必要的经验总结。对工作过程中发现的问题，根据需要发出状态报告 CR 进行跟踪，为以后同类型工作积累经验。

<table>
<tr><td colspan="4">工作内容：</td><td colspan="2">工单号：</td></tr>
<tr><td colspan="3">电厂：</td><td>机组：</td><td colspan="2">工作负责人/项目负责人：</td></tr>
<tr><td colspan="3">计划完工时间：</td><td colspan="3">实际完工时间：</td></tr>
<tr><td colspan="2">序号</td><td>检查项目</td><td colspan="2">检查结果</td><td>异常情况记录</td></tr>
<tr><td rowspan="5">工作
回顾</td><td>1</td><td>工作许可证已归还</td><td>□是</td><td>□否</td><td></td></tr>
<tr><td>2</td><td>检修现场清理完成</td><td>□是</td><td>□否</td><td></td></tr>
<tr><td>3</td><td>设备标牌清晰无损伤</td><td>□是</td><td>□否</td><td></td></tr>
<tr><td>4</td><td>检修任务达到预期结果</td><td>□是</td><td>□否</td><td></td></tr>
<tr><td>5</td><td>试验设备和工器具归还完成</td><td>□是</td><td>□否</td><td></td></tr>
<tr><td rowspan="3">经验
反馈</td><td>6</td><td>工期安排是否合理</td><td>□是</td><td>□否</td><td></td></tr>
<tr><td>7</td><td>工作人员配置充足</td><td>□是</td><td>□否</td><td></td></tr>
<tr><td>8</td><td>工作文件准备充分</td><td>□是</td><td>□否</td><td></td></tr>
</table>

续表

序号		检查项目	检查结果		异常情况记录
经验反馈	9	工作人员的检修技能满足要求	□是	□否	
	10	规程、图纸是否有升版需求	□是	□否	
	11	库存备件是否需要补充	□是	□否	
	12	更换下来的旧部件是否需要利旧翻新维修	□是	□否	
	13	检修过程中出现预期外的现象和报警	□无	□有	
	14	提交缺陷单、QDR、状态报告等	□无	□有	
	15	编写良好实践、经验反馈	□无	□有	
	16	工作中需要协调、改进建议等	□无	□有	
其他	17				

工作组成员签名/日期：

4.2 培训总结

Limitorque 电动执行机构检查工作是电气专业在大修期间的一项重要检修项目，一般由大修期间成立专门的常规岛电动阀专项组负责。

Limitorque 电动执行机构主要工作为清洁、紧固、直阻绝缘测量、行程力矩调试及送电试验等。本次培训为电动执行机构常规检修项目的培训，不涉及复杂的调试项目，目的是要求学员认真听取各环节操作要点，多动手，多体验，掌握基本检修技能及基本检修工器具的使用方法，并对常见缺陷有一定的了解，对今后的工作有一定的指导作用。

现场实际工作开展时，都是在线设备，可操作性较低，且设备周围环境比较复杂，没有在培训教室那么好的条件。并且现场工作进行时必须争分夺秒，高效率，高质量完成检修任务。因此，学员应珍惜培训模拟体上的培训机会。

4.3 评判

学员对 Limitorque 检修工作进行简述，并说明其中的关键点以及注意事项。教员对学员的陈述做简要记录，根据阐述评判学员的掌握情况。其中隔离验证、检查测量项目需要详细阐述。教员指出学员阐述过程中的错误以及需要注意的事项，并且依据评判表，对学员的学习情况作出整体评判。

第五章　经验反馈

5.1　垫片未清除，造成电动阀动作异常

CR 主题	1-3432-MV41 电动阀操作关阀到位后出现来回开关动作（设备 QC 组）
CR 编号	CR20102376

CR 内容：在带 EPS 电源试验中，运行人员进行 ECC 重水隔离阀 1-3432-MV41 电动操作时，出现在阀门达到全关位置后电动阀频繁开关。维修人员接到紧急报修后，在处、科领导和指导下，运行处、设备处等部门的大力配合下，全体参战人员连续苦战至深夜，通过细致查线、试验、比对，终于在校线检查到该阀门电动头上的接线箱时，发现接线箱内的 12 号和 21 号接线柱之间被一个小垫片卡住，同时在接线箱内还发现留有两个垫片和一个螺母。由于 12 号和 21 号接线柱之间被垫片直接短接，从而旁通了开阀回路的控制手柄开关致其直接关阀后自动又开阀这样的频繁开关。分析根本原因是该电动头在本次大修中拆装过程中被倒置，从而将以前丢落留存在电动头接线箱电缆管内的螺母、垫片等小部件又被倒回到接线箱内所致。

另外，在故障处理过程中，还发现该电动头的手动切换手柄失效，导致无法手动操作该电动阀。

潜在后果：电动阀不能正常工作，导致 EPS 试验被迫中断长达 8 小时。如果此故障在机组运行中出现，那将导致机组停机停堆甚至于机组的核安全受到极大挑战。

另外，本故障导致 EPS 试验超时运行的成本增加，还有故障当天晚上的缺陷处理投入的大量人力和管理成本（维修、设备和运行三个处室相关人员）就更难计算。

采取行动：将卡在电动头接线箱内两个接线柱上的 1 个短接垫片、2 个滞留在内的垫片和 1 个滞留在内的螺母取出，重新确认接线箱内部接线正常，确认该电动头其他部件无异常后重新试验，电动阀工作恢复正常。

进一步行动：发工作包对 105 大修拆装过的其他 ROTORK 电动阀进行重新检查接线箱，以消除存在的类似问题。

5.2　阀位指示松动，造成阀位指示错误

工单号	263629
工作任务	2-43210-MV4108 电动头上的阀位指示故障处理
故障分析	电动阀在运行过程中，因振动导致阀门阀位指示器固定螺母松动，造成阀位指示错误
后果及潜在后果	对工作人员造成误导，阀门实际已到达要求位置。
处理方法	对阀位指示器进行紧固

5.3 辅助触点跑位,造成阀门反复动作

工单号	246372
工作任务	7131-MV4103 在 42%位置来回摆动故障处理
故障分析	辅助触点位置在设备运行期间因震动跑位,导致触点在 42%开度位置时出现接触不良,导致开关阀信号在 42%开度位置反复出现,造成阀门在 42%开度位置来回摆动
后果及潜在后果	1. 阀门因短时间内反复动作,会造成损坏 2. MCC 间隔内热继电器因阀门频繁启动,造成热保护动作 3. 接触器因频繁动作烧毁触头或线圈
处理方法	紧固接线,重新调整触点位置

第六章 习 题

6.1 选择题

1. 各部分属于电动执行机构基本组成的是哪些?(D)

A. 驱动机构　　B. 传动机构

C. 手/自动切换手柄　　D. 以上全是

2. Limitorque 电动执行机构基本检修项目包括哪些?(A)

A. 直流电阻和绝缘电阻　　B. 力矩设定值

C. 辅助开关更换　　D. 力矩开关更换

3. Limitorque 电动执行机构直流电阻测量应满足的什么标准?(D)

A. (电阻最大值−电阻最小值)/电阻最小值×100%＜2%

B. (电阻最大值−电阻最小值)/电阻最小值×100%＜3%

C. (电阻最大值−电阻最小值)/电阻最小值×100%＜4%

D. (电阻最大值−电阻最小值)/电阻最小值×100%＜5%

6.2 判断题

1. 万用表是用于测量绝缘电阻的仪表。 (×)

2. Limitorque 电动执行机构检修过程中以检修为主,清扫项目可以省略。 (×)

3. TSC 是 Limitorque 执行机构关力矩开关缩写。 (√)

6.3 简答题

请陈述 Limitorque 电动执行机构有哪些基本检修项目?(答出四个即可)

答:1) 外观检查与清洁

2) 紧固接线端子

3) 检查阀门力矩设定值

4) 测量执行机构驱动电机直流电阻

5) 测量执行机构驱动电机绝缘电阻

6) 行程开关触点电阻测量

7) 力矩开关触点电阻测量

6.4 实操题

试题 1:测量执行机构驱动电机直流电阻

1. 准备要求

考场准备:

(1) 试题名称:测量执行机构驱动电机直流电阻

(2) 本题分值:20

(3) 考核时间:40 min

(4) 考核形式:实操

(5) 设备设施准备

序号	名称	规格	数量	单位	备注
1	模拟体	Limitorque	1	台	教学用模拟体一台
2	电工工具		1	套	紧固、拆卸工具
3	数字电桥	QJ84	1	台	直流电阻测量用

考生准备:

(1) 试题名称:测量执行机构驱动电机直流电阻

(2) 本题分值:20

(3) 考核时间:40 min

(4) 考核形式:实操

(5) 工具及其他准备:无

2. 考核要求

(1) 本题分值:20

(2) 考核时间:40 min

(3) 考核形式:实操

(4) 具体考核要求:操作仪表进行直流电阻测量,熟悉仪表使用方法,了解直流电阻测量关键点,提升动手能力

(5) 否定项说明:无

3. 配分与评分标准

序号	考核内容	考核要点	配分	评分标准	扣分	得分
1	电桥接线	红黑表笔正确连接	3	1. 连接错误扣 3 分 2. 连接不规范扣 2 分		
2	开启数字电桥电源	按下红色 POWER 键	2	无法找到电源键扣 2 分		
3	选择档位	用万用表估测直流电阻值	5	1. 未估测扣 1 分。 2. 未选择合适档位扣 3 分。		

续表

序号	考核内容	考核要点	配分	评分标准	扣分	得分
4	测量	分别测量 AB/AC/BC 相并记录数值	5	1. 少测数据扣 4 分 2. 数据未记录扣 2 分		
5	偏差计算	计算相间直阻偏差	5	1. 不会计算扣 5 分 2. 计算错误扣 3 分		

否定项：1. 不会使用数字电桥；
2. 直阻偏差不会计算。

评分人： 年 月 日 核分人： 年 月 日

第九部分　6 kV 厂用电综合保护及二次回路维修

第一章　操作准备

1.1　原理描述

1.1.1　通用继电器结构以及工作原理

中压系统使用的继电器一般为机电型通用继电器。继电器未激励的情况下，机械力将继电器锁定在初始状态（或者某一状态，针对双位置继电器），此时继电器的常开触点断开，常闭触点闭合；当继电器被激励动作时，电磁力大于机械力，继电器被锁定至动作状态，此时继电器的常开触点闭合，常闭触点断开。

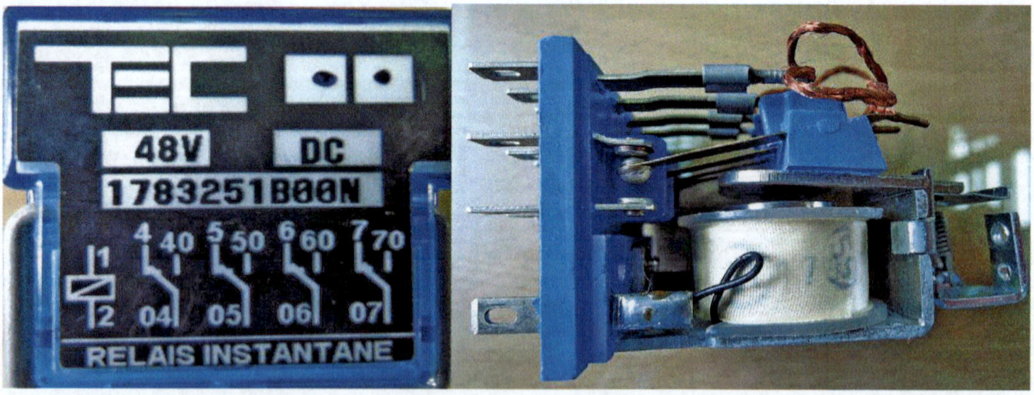

图 1-1　通用继电器

通用继电器一般指有或无继电器，对其进行校验主要包括两个方面：一方面是机械特性检查，主要检查继电器动作是否存在卡涩、动作是否灵活；另一方面是指电气动作特性检查，主要包括继电器的动作值、返回值。

有关动作特性的概念如下。

初始状态：为了在给定的输出电路中完成预定的功能，继电器及装置要脱离的那个规定状态。

终止状态:为了在给定的输出电路中完成预定的功能,继电器及装置要达到的那个规定状态。

释放状态:继电器及装置在不施加激励量时的规定状态。

动作状态:继电器以及装置在施加激励量时的规定状态。

动作值:继电器及装置从初始状态到终止状态所需要输入激励量(或特性量)的大小。

不动作值:不致使继电器及装置从初始状态到终止状态所需要输入激励量(或特性量)的大小。

不返回值:不致使继电器及装置从终止状态到初始状态所需要输入激励量(或特性量)的大小。

返回值:继电器及装置从终止状态到初始状态所需要输入激励量(或特性量)的大小。

通用校验方法:按照极性要求,缓慢给继电器线圈(或者驱动机构)施加激励量,至继电器刚好动作,此时量为继电器的动作值。然后缓慢降低激励量,至继电器刚好返回,此时量为继电器的返回值。动作值和返回值需要满足该继电器的特许要求。继电器动作后相应的触点应可靠变位,还需在初始状态和终止状态下分别对继电器的触点进行接触电阻测量,接触电阻也需满足相关标准对该类型继电器的要求。

1.1.2 综合保护继电器简介(SPACOM)

SPAM 150C 型保护继电器是一种通用的组合继电器,它集多种保护功能于一体,主要为各种用途的大中型交流电动机而设计,也可用于其他设备,如电缆馈线、电力变压器等。中核运行二厂目前所使用的 SPAM 150C 综合保护以 SPCJ 4D34 保护模块为核心,加上输入、输出、辅助电源模块等附属器件组成。它包含 8 个保护单元:高定值过流保护单元、热过载保护单元、启动监视单元、相不平衡单元、逆相保护单元、低电流保护单元、无方向接地保护单元、启动时间累加单元。它的监测对象是相电流和零序电流,其输入分别来自于所在开关柜内的相电流互感器和零序电流互感器二次侧。SPAM150C 保护继电器是应用微处理器,完全根据测量电流来进行运算的多功能完整的电动机保护继电器,它具备交流电动机的全部保护功能。其主要应用领域覆盖了所有传统的由接触器或断路器控制的大、中型三相电动机。继电器还可以用于其他领域保护,诸如那些要求具有单相、两相或三相过流和/或过载保护及无方向性接地故障保护功能的场合。其特点有:数字化多功能的电动机保护;继电器用于保护中型和大型交流电动机,用于接触器和断路器控制交流电动机的场合;过串行接口实现远方通信;具有自诊断功能的监示系统;适用于所有恶劣环境的应用领域;继电器外壳铝压铸成型,防护等级达 IP54。

中核运行二厂 6 kV 厂用电系统的进线、馈线开关以及厂用变压器的 6 kV 进线开关的保护选用厦门 ABB 公司生产的 SPAM142C 保护继电器。基于微处理器的 SPAJ142C 型组合式过流与接地故障保护继电器是用于直接接地、经电阻接地或阻抗接地电力系统中的辐射式馈线的短路和接地故障保护。保护装置硬件由两大部分组成:过电流保护和接地故障单元,包括:三相定时限或反时限低定值接地故障保护,瞬时或定时限高定值接地故障保护、断路器失灵保护等保护功能。组合式过流与接地故障 SPAJ 142C 继电器接入被保护馈线的电流互感器上。三相过流元件和无方向零序电流元件连续地测量被保护馈线的电流与零序电

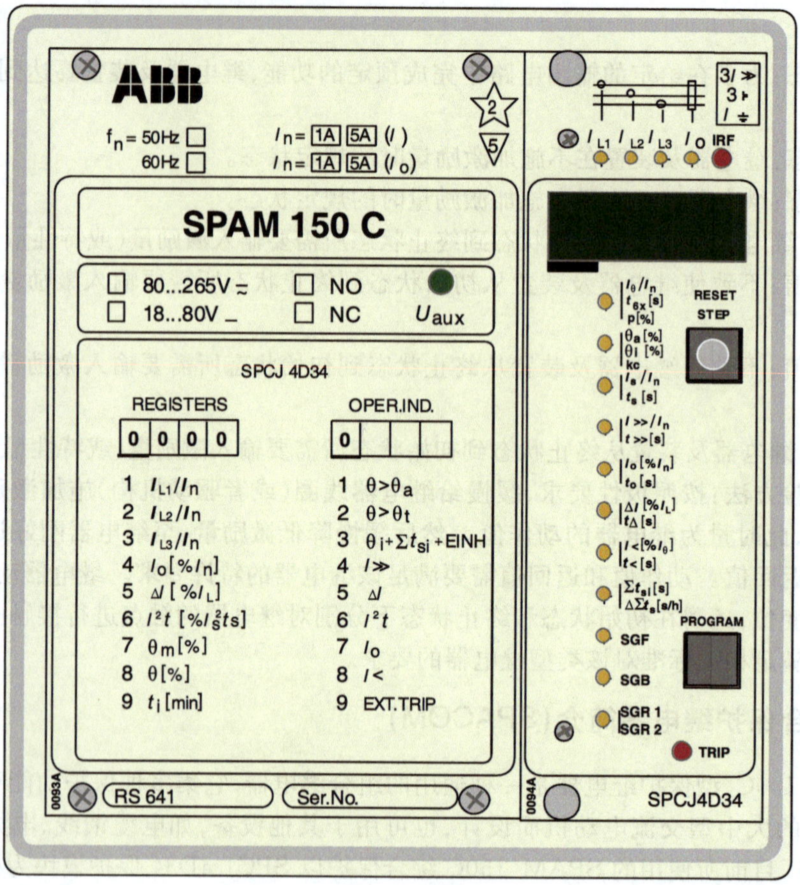

图 1-2　综合保护继电器

流。在故障情况下,保护装置可根据所选择的保护方式起动外部自动重合闸或使断路器跳闸。当故障电流超出过流元件的整定值时,该元件起动,同时起动相应的延时电路,当整定动作时间到达后,发出过流保护动作跳闸指令。同样的,当故障电流超出速断过流元件的整定值时,该元件起动,同时起动相应的延时电路。当整定动作时间到达后,发出速断过流动作跳闸指令。无方向零序电流过流元件基于相同的动作原理。该元件可根据所选择的保护方式不同,可选择发信号、使断路器跳闸或者起动外部自动重合闸。综合保护继电器包括过电流元件和零序电流元件两部分,它们都具有高度灵活的跳闸和信号输出。馈线保护可根据使用要求,采用单相、两相或三相过流保护以及无方向零序电流保护。除了过流与接地故障继电器还包含有断路器失灵保护。中核运行二厂 6 kV 厂用电系统的进线、馈线开关以及厂用变压器的 6 kV 进线开关均采用该保护继电器。

SPAD 346C 主要为双卷变压器、三相电动机、发电机变压器组的相间短路、接地故障和出口相间短路等提供保护。整体化差动继电器 SPAD 346C 包括三个独立的保护模块:三相具制动特性的差动保护模块 SPCD 3D53、接地保护模块 SPCD 2D55 和组合式过流和接地故障保护模块 SPCJ 4D28。继电器的额定电流输入电流为 5 A 和 1 A。高压侧和低压侧可以使用不同或相同的电流。中核运行二厂主要使用了继电器的差动模块 SPCD 3D53 和组合式过流及接地故障保护模块 SPCJ 4D28 两个模块。变压器高压侧和低压侧接地故障保护可用以下原理来实现:差动电流原理、高阻抗原理、计算或测量残余电流原理或零序电流原理。可为变压器和发电机提供三段过流保护并为接地故障保护提供两段后备保护。差动继电器的动作特性易于适应不同的应用场合。即使电流互感器开始饱和,其动作时间也很短。保护区外的故障和变压器涌流期间可靠不误动。

对 SPACOM 系列综合保护继电器来说,其校验工作主要包括动作特性校验和动作逻辑校验。

1.2　文件准备

1.2.1　综合保护继电器说明书

鉴于 SPACOM 系列综合保护继电器功能多样,定值复杂,能够将各个定值熟记于心固然方便,但是为便于现场检修,建议工作时携带相应型号说明书,以便需要时翻阅。

1.2.2　标准中压开关保护校验工作包

对于中压开关保护装置以及控制回路的检修,其日常标准工作包包括:工作申请票、工作指令单、相关图纸、规程、工前会记录单、工后会记录单、二次安全措施记录卡、定值单等内容。大修标准工作包包括:工作包封面、工作申请票、工作指令单、质量计划、风险分析单、资源需求单、维修记录单、相关图纸、规程、定值单。对于不同的检修项目需按照不同的要求准备标准工作包。

1.3　工器具准备

1.3.1　继保多功能测试仪准备

本检修工作需要借助继保专业通用的继保多功能测试仪,用以提供校验保护装置所需要的各种激励量和测量相关动作特性。

1.3.2　辅助检修工器具准备

各种计量仪器、仪表的准备,个人常用工具包的准备。需要特别注意的是,各计量仪器、仪表必须有检验合格标志,且在有效期内。对于中压开关保护以及控制回路检查的工作来说,一般需要的主要工具以及耗材有以下几项。

螺丝刀:安全措施的布置以及端子排紧固。

扳手以及内六角:继电器固定装置的检查。

万用表:各种参数的测量。

兆欧表:用以绝缘测量。

测试线:转接各激励量。

柜门钥匙:打开二次小室。

绝缘胶带:绝缘包扎。

隔离警示带:建立工作区域。

1.4 模拟体准备

1.4.1 综合保护继电器介绍

1. SPACOM 保护继电器一般操作方法

对该系列保护继电器的一般操作主要为实时参数查看、定值查看、动作记录查看和复位操作,一般操作如下表所述,详见装置说明书。

要求的步骤或设置的操作	按钮	动作
在主菜单或子菜单内向前移动	STEP	按下 0.5 秒钟以上
在主菜单上快速向前扫描	STEP	按住
在主菜单或子菜单内反向移动	STEP	按下 0.5 秒钟以内
从主菜单进入子菜单	PROGRAM	按下 1 秒钟
进入或离开设置方式	PROGRAM	按下 5 秒钟
在设置方式下增加值	STEP	
在设置方式下移动光标	PROGRAM	按下约 1 秒钟
在设置方式下存储某个值	STEP 和 PROGRAM	同时按下
抹掉存储的值和锁定的输出继电器复位	STEP 和 PROGRAM	
锁定的输出继电器复位	PROGRAM	注!必须关掉显示

2. SPACOM 保护继电器校验内容

针对 SPACOM 系列保护继电器,执行预防性维修项目时一般包括外观检查、上电检查、采样精度检查、动作定值检查、动作逻辑检查、出口检查等几个方面。其中保护装置的某些保护功能可能被闭锁,现场工作时需要根据保护装置有效定值单决定执行哪些保护模块的校验。

1.4.2 开关保护回路介绍

中核运行二厂 6 kV、10 kV 中压系统均为 ABB 开关柜组成,开关柜分为三种类型:电压互感器柜(每段配电装置母线装设一台)、真空断路器柜、熔断器—接触器柜。

一般情况下,对于 6 kV 系统供电,额定功率为 200 kW 及以上的电动机由 6 kV 系统供电,额定功率大于 1 000 kW 的电动机由真空断路器供电,额定功率不大于 1 000 kW 的电动机和额定容量不大于 1 000 kVA 的变压器由熔断器-接触器供电。电源进线、备用电源进线及厂用主要负荷馈出线使用真空断路器。该系统能承受瞬时过电压和操作过电压。

控制图常用符号说明如下表所示。

符号	说明	符号	说明
X0	58针控制插座	S3、S4、S5	断路器辅助开关
Y1	合闸闭锁电磁铁	S8	小车试验位置辅助开关
Y2	第一分闸脱扣器	S9	小车工作位置辅助开关
Y3	合闸脱扣器	K0	防跳继电器
Y9	第二分闸脱扣器	V0-V9	桥式整流装置
S1	储能位置辅助开关	M0	储能电机
S2	合闸闭锁辅助开关	X100	试验插座

真空断路器的控制图如图1-3所示。

合闸操作：在合闸闭锁电磁铁已经带电后，远方或就地启动合闸线圈 Y3，合闸过程便开始，合闸完成后，S3、S4、S5 断路器辅助开关即翻转，同时断路器开始进行储能，准备下一次的合闸。

分闸操作：远方就地或继电保护装置启动第一分闸脱扣器 Y2 或第二分闸脱扣器 Y9，分闸过程便开始，分闸完成后，S3、S4、S5 断路器辅助开关即翻转。

继电器及作用如下表所示。

继电器编号	额定电压/V	作用
K101	110	试验插头插入切断远方操作继电器
K204	110	开关柜综合报警继电器
K205	48	远方合闸继电器
K206	48	远方分闸继电器
K208	110	保护跳闸信号继电器
K361	110	泄压门保护继电器
K363	110	泄压门保护继电器

熔断器+接触器柜的控制，分为电保持和机械保持两种。

控制图常用符号如下表所示。

符号	说明	符号	说明
X0	24针控制插座	S3	接触器辅助开关
DU	合闸装置	S6	真空接触器手车限位开关
K201	真空接触器	S9	手车工作位置辅助开关
Y3	合闸保持线圈	X201	试验插座

电保持熔断器+接触器柜的控制图如图1-4所示。

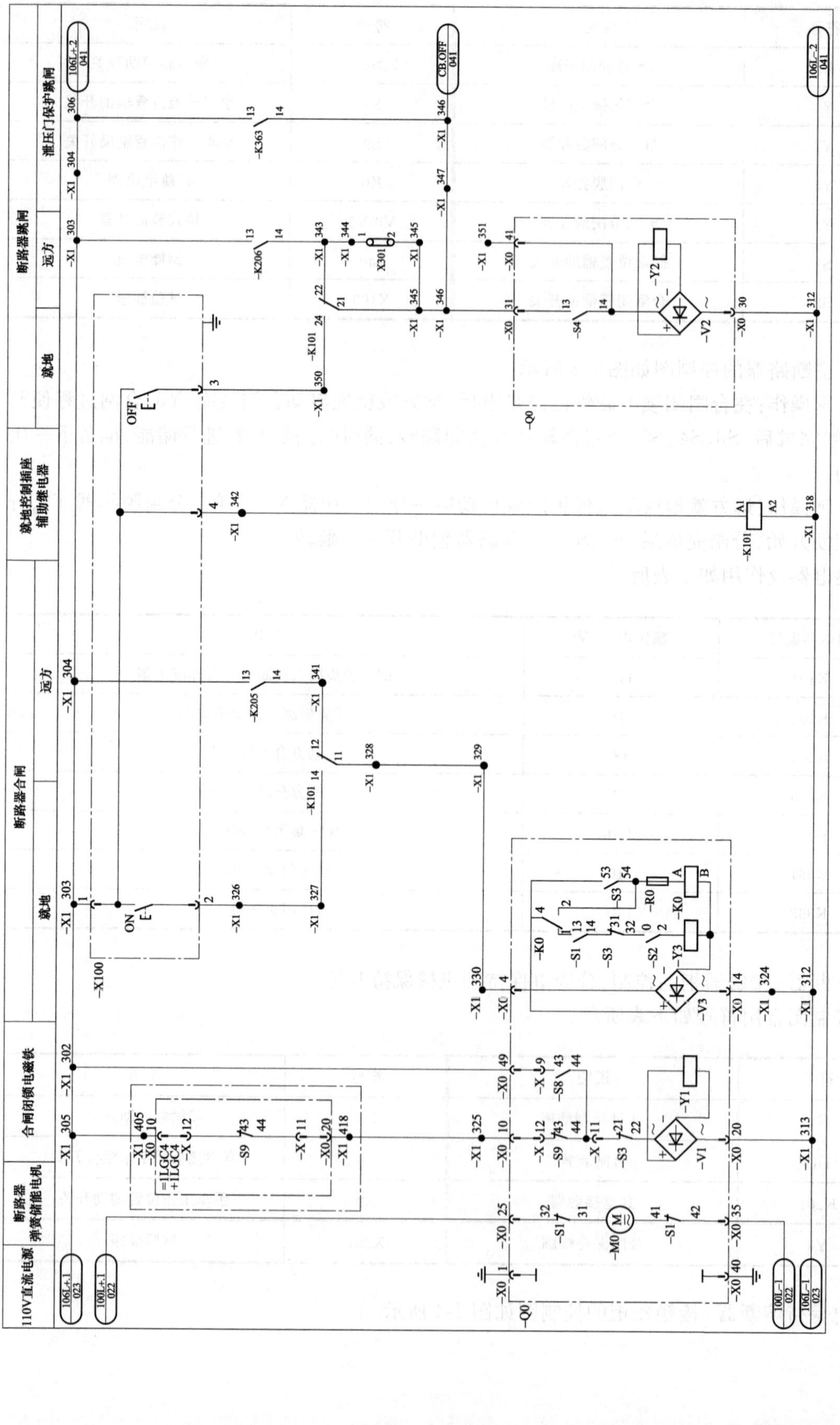

图 1-3 真空断口器的控制图

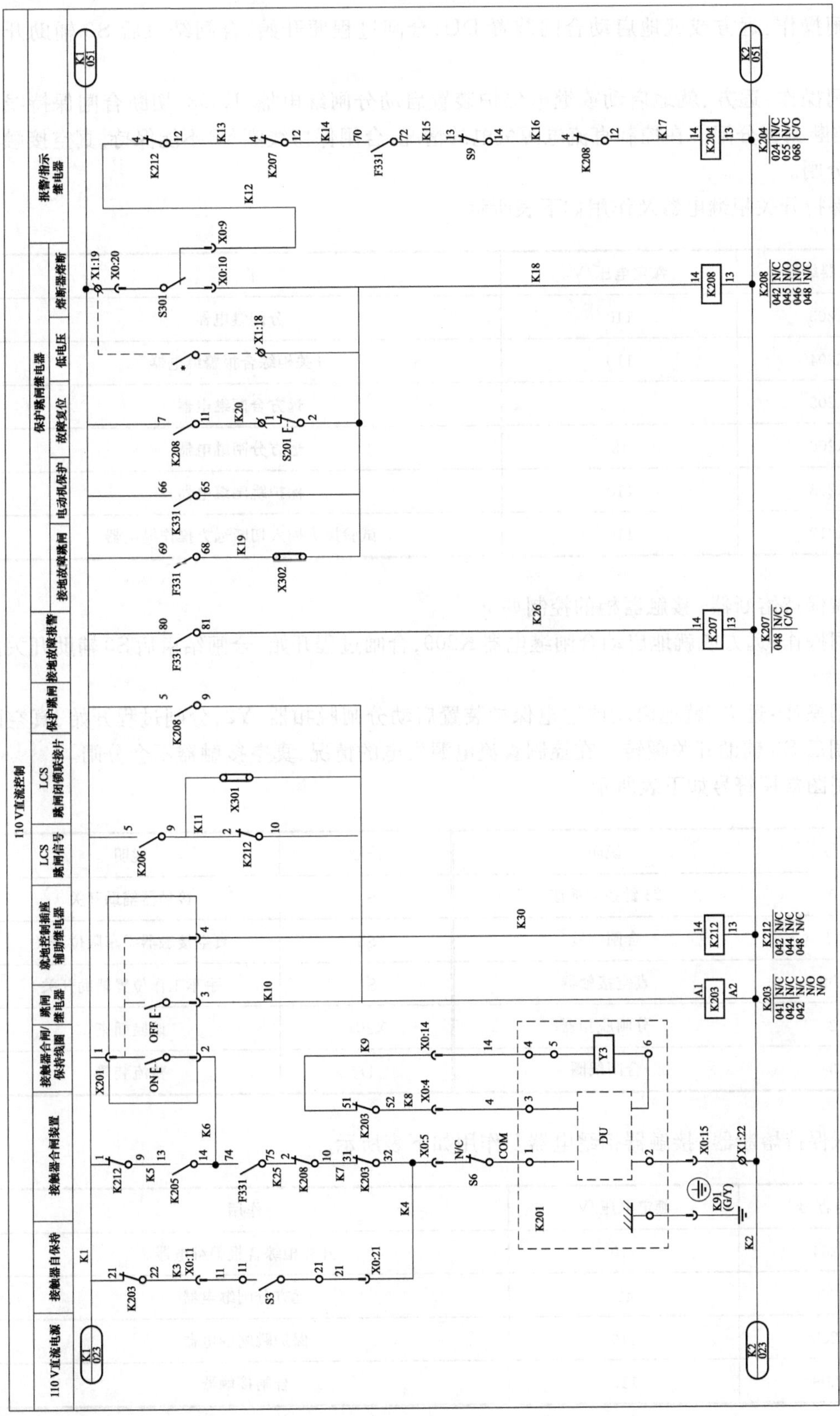

图 1-4　电保持熔断器+接触器柜的控制图

合闸操作:远方或就地启动合闸装置 DU,合闸过程便开始,合闸结束后 S3 辅助开关翻转。

分闸操作:远方、就地启动或继电保护装置启动分闸继电器 K203,切断合闸保持线圈 Y3,真空断路器分闸。在控制直流电源失电的情况,合闸保持线圈 Y3 不能保持,真空接触器同样会分闸。

电保持开关柜继电器及作用如下表所示。

继电器编号	额定电压/V	作用
K203	110	分闸继电器
K204	110	开关柜综合报警继电器
K205	48	远方合闸继电器
K206	48	远方分闸继电器
K208	110	保护跳闸继电器
K212	110	试验插头插入切断远方操作继电器

机械保持熔断器+接触器柜的控制如下。

合闸操作:远方或就地启动合闸继电器 K209,合闸过程开始,合闸结束后 S3 辅助开关翻转。

分闸操作:远方、就地启动或继电保护装置启动分闸脱扣器 Y2,分闸过程开始,真空断路器分闸后 S3 辅助开关翻转。在控制直流电源失电的情况,真空接触器不会分闸。

控制图常用符号如下表所示。

符号	说明	符号	说明
X0	24 针控制插座	S3	接触器辅助开关
DU	合闸装置	S6	真空接触器手车限位开关
K202	真空接触器	S9	手车工作位置辅助开关
Y2	分闸脱扣器	X201	试验插座
Y3	合闸线圈	D	整流装置

机械保持熔断器+接触器柜继电器及作用如下表所示。

继电器号	额定电压/V	作用
K204	110	开关柜综合报警继电器
K206	48	远方分闸继电器
K208	110	保护跳闸继电器
K209	110	合闸接触器

续表

继电器号	额定电压/V	作用
K210	110	断路器位置继电器
K211	48	远方合闸继电器
K212	110	试验插头插入切断远方操作继电器
K0	110	防跳继电器

机械保持熔断器+接触器柜的控制图如下图 1-5 所示。

1.5　辐射防护准备

绿区,不涉及。

1.6　工业安全准备

1.6.1　个人防护工器具准备

绝缘鞋、绝缘凳、验电笔、绝缘胶带、作业服。

1.6.2　建立检修区域

使用警示带设置隔离区域,并使用警示带将相邻设备隔离。

1.7　配合人员准备

1.7.1　委任工作负责人

经过三级安全教育,通过授权培训,两年辅助检修工作经验,熟悉待检修设备。

1.7.2　组织召开工前会

明确基本分工,交代安全注意事项。

1.8　场地准备

检修电源可用,开关控制电源可用,区域照明可用,设备已隔离。

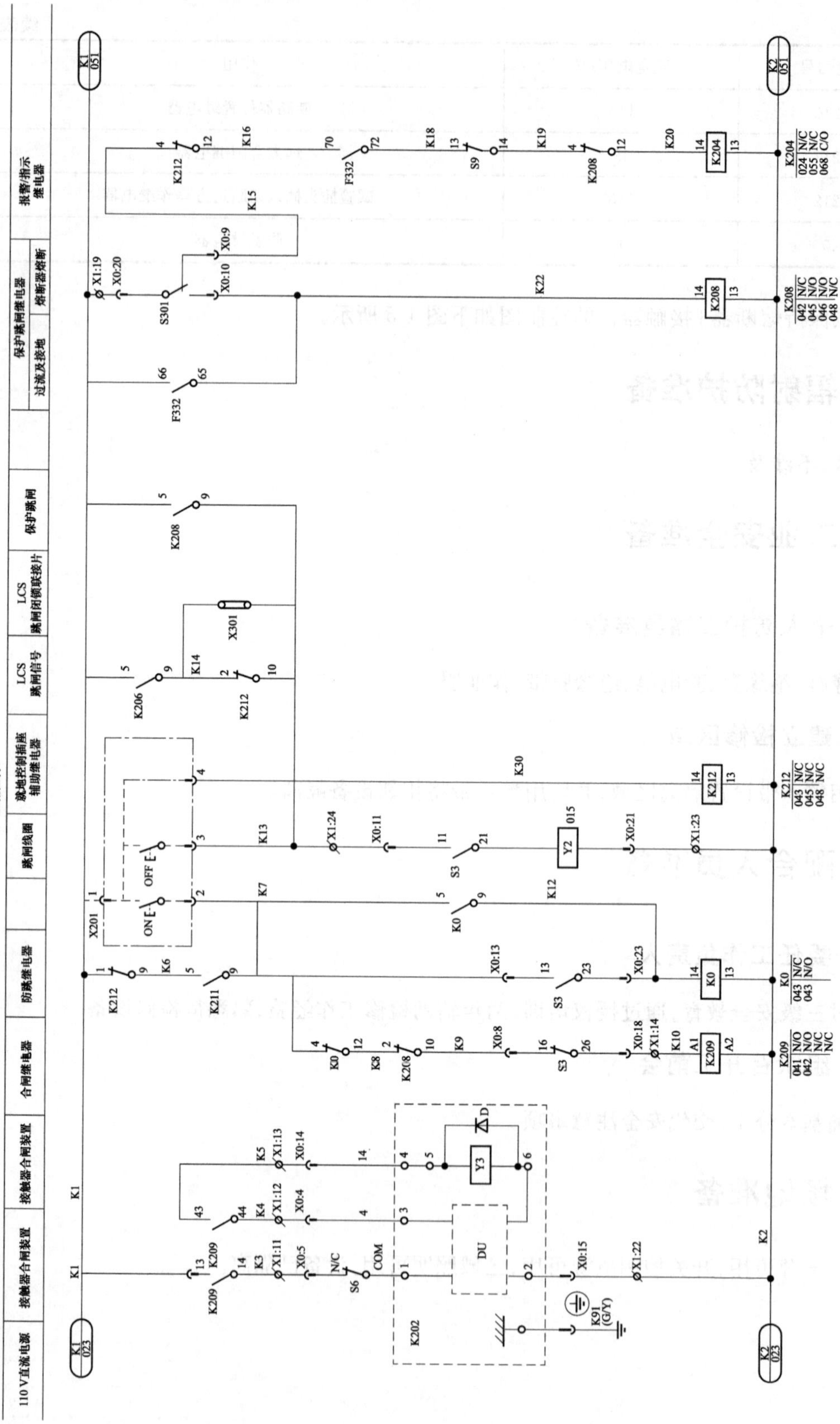

图 1-5 机械保持熔断器+接触器柜的控制图

第二章　操作实施

2.1　操作实施 1　隔离验证

隔离验证操作见表 2-1。

表 2-1　隔离验证

序号	操作步骤	操作要求	工器具	测评标准	备注
1	检查设备标牌，设备标牌应完整，标识清晰，且与工作文件包注明的设备编码一致。	验证工作票标牌、待检修设备标牌	N/A	观察仔细，标牌一致	
2	开关位置检查。确认开关处于试验\隔离位置。	目视检查开关手车位置	N/A	三向交流，明确位置	
3	初始条件检查，确认开关已经隔离、断开，本开关无其他操作，现场具备必要的检修电源，满足开工条件。且主控准许工作小组开展工作。	确认检修电源	万用表	规范作业	

2.2　操作实施 2　保护单元定值核对

保护单元定值核对操作见表 2-2。

表 2-2　保护单元定值核对

序号	操作步骤	操作要求	工器具	测评标准	备注
1	对保护装置进行上电，观察保护装置应正确开始自检，自检过后有无异常告警。	正确合闸，关注保护装置自检情况	N/A	观察仔细	
2	核对定值，对比有效定值单，核实保护装置上储存的定值是否与定值单完全一致。	逐一核对各单元定值与生效定值单是否完全一致	N/A	三向交流	

2.3　操作实施 3　安全措施布置

安全措施布置操作见表 2-3。

表 2-3 安全措施布置

序号	操作步骤	操作要求	工器具	测评标准	备注
1	分析讨论。	明确因本开关检修会受影响的外部电缆	N/A	分析全面、准确、无遗漏	
2	安措布置。	操作标准	常用工具包	布置得当	

2.4 操作实施 4 继电器校验

继电器校验操作见表 2-4。

表 2-4 继电器校验

序号	操作步骤	操作要求	工器具	测评标准	备注
1	继电器拆卸。	操作规范,对于继电器上有接线的,需要在拆线前记录各继电器各端子的实际接线,并一一拆卸,做好各个接线头的绝缘包扎工作。	工具包	完整拆卸,仔细记录、核对标识	
2	继电器外观检查。	对继电器进行目视检查,继电器应无外壳损坏、明显晃动、部件脱落、烧灼痕迹等异常现象。	N/A	检查仔细	
3	继电器线圈电阻测量。	操作规范,确认继电器无外部寄生回路,使用万用表测量继电器线圈电阻。	万用表	表计使用正确	
4	继电器性能测量。	操作规范。使用继保测试仪发生对应继电器所需的工作电压,由 50%的额定电压逐渐升至继电器的额定电压,并记录继电器刚好动作时的电压;触点使用万用表进行检查,触点闭合时的电阻应小于 0.6 Ω;触点电阻测量完毕后,缓慢降低测试仪输出电压直至继电器返回,记录此时电压。动作电压不得超过该类型继电器额定工作电压的 70%,返回电压不得低于额定电压的 5%。	测试仪、万用表	接线正确,能准确定位继电器触点	
5	继电器回装。	操作规范。按照之前记录的接线情况,将继电器回装至原位置。	工具包	原位回装	

2.5 操作实施 5 保护校验

保护校验操作见表 2-5。

表 2-5　保护校验

序号	操作步骤	操作要求	工器具	测评标准	备注
1	试验接线	操作规范。参考有效图纸，将测试仪输入、输出端子通过测试线可靠与保护装置相连。	工具包	接线正确	
2	保护校验	配合进行参数查看、设置。按照工作负责人指令，完成参数的查看、临时修改、复位等操作。	N/A	操作熟练	

2.6　操作实施 6　传动试验

传动试验操作见表 2-6。

表 2-6　传动试验

序号	操作步骤	操作要求	工器具	测评标准	备注
1	试验接线	操作规范。参考有效图纸，将测试仪输入、输出端子通过测试线可靠与保护装置相连。	工具包	接线正确	
2	状态设置	配合进行开关位置状态查看及设置。按照工作负责人指令，准确的进行开关的合闸操作与其他状态的设置。	N/A	操作熟练	
3	传动试验	配合进行试验参数确认和设置，确认开关动作行为。	N/A	操作熟练	

2.7　操作实施 7　绝缘测量

绝缘测量操作见表 2-7。

表 2-7　绝缘测量

序号	操作步骤	操作要求	工器具	测评标准	备注
1	试验准备	表计验证，接地点拆除。使用绝缘测量表之前打开测试开关，将两表笔迅速短接一下后放开，确认兆欧表在表笔短接时显示测量结果为零，放开后回复至无穷大位置。然后放电。对回路进行测量前需要参考有效图纸临时拆除回路接地点，并做好拆接线记录。	工具包	表计有效，接地点有效拆除	

续表

序号	操作步骤	操作要求	工器具	测评标准	备注
2	试验	回路绝缘测量。先将兆欧表的接地线与回路相连，然后将测量笔与待测点接触。测量完毕后进行放电。	兆欧表	测量方式正确	

2.8 操作实施8 现场清理

现场清理操作见表2-8。

表2-8 现场清理

序号	操作步骤	操作要求	工器具	测评标准	备注
1	检查检修记录	检查检修记录是否完整	N/A	记录完整	
2	保护定值核对	再次与定值单核对	N/A	接线正确	
3	继电器确认	确认所有继电器已正确回装	N/A	检查全面	
4	接线恢复	确认所有因试验而修改的接线已恢复	工具包	检查全面	
5	恢复状态	将设备恢复至初始状态	N/A	与开工前对比，状态完全一致	
6	工作结束	汇报工作情况，办理结票	N/A	手续齐全，流程规范	

2.9 实施中需要特别注意的几个关键点

2.9.1 隔离验证

需要确认待检修开关确已有效隔离，验电时注意正确操作步骤（应先在有电设备上确认验电笔、万用表工作正常）。

2.9.2 保护单元定值核对

需要按照生效定值单对保护单元每一项定值逐一核对，如有疑问需立即汇报设备管理工程师。核对定值时需要三向交流，并设置专人验证。

2.9.3 安全措施布置

布置安措需要有效闭锁外部相关信号，以防外部信号干扰试验或者本试验干扰相关系统。如需拆接线，需要按照生效图纸进行，并详细记录接线改动情况，且所有临时拆接线都要设置有效的隔离，以防误碰。

2.9.4　继电器校验

外观检查时要检查仔细，确认触点是否有氧化老化等不良情况；观察其动作时有无卡涩异音。动作性能校验时需注意试验接线和继电器的额定工作电压，以防误加电压造成设备损坏。

2.9.5　保护校验

注意试验接线和测试仪设置，以防设备损坏；临时修改定值时需专人监护，且应有详细的记录。试验完成后要及时按照记录和定值单恢复。

2.9.6　传动试验

试验接线要严格按照有效图纸分析、讨论后形成的方案执行，以防误上电造成人身伤亡或者设备损坏。设置开关状态时要确认此状态是否超越隔离条件、是否会影响其他系统的正常工作或干扰其他工作。开关动作后要准确汇报开关动作行为并立即给出预判断。

2.9.7　绝缘测量

依据有效图纸和讨论结果进行接地点有效临时拆除并做详细记录，测量绝缘时需先确认绝缘测试仪是否故障，测量完毕后要及时放电，及时按记录恢复接地点，并确认接地点已有效可靠恢复。

2.9.8　现场清理

现场设备按记录恢复至初始状态。

第三章　故障检查和处理

3.1　常见故障现象和判断方法检查和处理

常见故障现象和判断方法检查和处理见表 3-1。

表 3-1　常见故障现象和判断方法检查和处理

序号	故障现象	判断方法	故障原因分析	故障排除方法
1	保护装置不工作	保护装置工作指示灯不亮	1. 直流控制电源未合闸 2. 直流小空开熔丝故障 3. 安措布置时误拆除相关接线 4. 保护装置故障	1. 将直流控制电源合闸 2. 检查直流空开上下两端电压，如异常则更换相应故障熔丝 3. 恢复误拆除的接线 4. 更换保护装置
2	开关分合闸指示灯不亮	开关分闸闸指示灯均不亮。	1. 指示电源未合闸 2. 指示灯故障 3. 开关二次接插件未连接	1. 将指示电源合闸 2. 测量指示灯电阻，给指示灯外加试验电源，如不能工作则更换指示灯 3. 连接二次接插件

3.2　常见故障原因分析和故障排除方法

常见故障原因分析和故障排除方法见表 3-2。

表 3-2　常见故障原因分析和故障排除方法

序号	故障现象	原因分析及排查方法
1	额定工作电压下继电器拒动	查看继电器是否已经烧毁，如烧毁办理相应手续进行更换。 查看继电器动作机构是否有异物，如有异物应取出后重新试验。若仍不动作则认定继电器故障，办理相应手续进行更换。
2	保护单元不能正确出口	查看相关定值，确认定值和应测量的出口位置无误。这样的情况一般是由于不熟悉保护装置已经设定的程序，测量了错误的出口位置。如确认定值无误，可尝试保护装置强制出口方式，验证保护逻辑和出口继电器是否故障。如仍不能按既定逻辑工作，则需更换保护装置。
3	开关拒动	继电器故障或者控制回路断线。通过手动分合闸试验或者直接在连接件上进行分合闸试验来确认。若可以手动分合闸，则认定是控制回路或者继电器故障，需逐段检查各回路。若不能手动分合闸，则需联系高压处理。

3.3　特殊故障现象和判断方法

特殊故障现象和判断方法见表 3-3。

表 3-3　特殊故障现象和判断方法

序号	故障现象	判断方法
1	额定工作电压下继电器拒动	除 3.2 所述情况，如果测试仪输出功率不足也会导致类似现象，此情况较为少见，如果出现类似情况，应测量测试仪带载后其实际输出电压是否与设定输出电压一致，如二者差异较大甚至测试仪已经发出过载告警，则可认定是测试仪输出功率不够。
2	开关不能合闸	1. 有外部闭锁命令，如有控制电源正常但开关不能执行合闸命令，则有可能有外部闭锁信号。应查看有效图纸确认相关闭锁信号，并分析是否可以临时解除闭锁信号。 2. 开关位置状态不对，如果控制回路一切正常，可能是开关状态不对或者开关手车辅助接点故障，导致开关处于隔离位置和正常工作位置中间，开关自动闭锁了合闸命令。此时应请运行人员和高压人员协助重置开关位置，或者更换开关。
3	开关可以合闸，但是合闸后随即跳闸	出现此类情况一般是由外部跳闸命令导致的。监测跳闸回路，确认是否有外部跳闸指令。如果确认外部无跳闸指令开入，则可能是开关位置不当或者本体故障，需要联系高压和运行联合诊断、处理。
4	零序电流保护特性超标	零序电流动作值超过允许值。

3.4　特殊故障原因分析和故障排除方法

特殊故障原因分析和故障排除方法见表 3-4。

表 3-4　特殊故障原因分析和故障排除方法

序号	原因分析	排除方法
1	测试仪容量不足	根据前述判断方法，确认后更换测试仪。
2	开关不能合闸	1. 拆除相关闭锁信号。 2. 联系高压、运行。
3	开关可以合闸，但是合闸后随即跳闸	1. 解除外部跳闸指令。 2. 联系高压、运行。
4	零序电流保护特性超标	外部干扰，校验零序保护时拆除外部 CT 电缆。

第四章　操作结束

4.1　设备恢复至初始状态

按记录恢复接地点,并确认接地点已有效可靠恢复。现场设备按记录恢复至初始状态。

4.2　试验仪器归置

试验完成后,及时归置试验仪器,确保保护测试仪完好。

4.3　工器具清点

工作完成后,及时清点工器具,如有遗失或缺损立即报告。

第五章　经验反馈

1. 继电器拒动时首先验证机械部分是否有卡涩,可以通过继电器线圈直阻来进行初步断定。

2. 动作特性超标时要首先考虑是否有外部电缆干扰因素。必要时拆除外部电缆。

3. 实施安措时要充分考虑运行工况,避免试验干扰系统设备的正常运行。

第六章　习　题

6.1　选择题

1. K206 继电器一般用作哪种用途？(B)

A. 合闸继电器；　B. 分闸继电器；　C. 报警继电器；　D. 防跳继电器

2. IRF 的指示意义？(B)

A. 辅助电源；　B. 装置自检；　C. 装置收信；　D. 功能开关组

3. SPAM142C 在子菜单上向下浏览的操作方式？(B)

A. 按住 STEP 时间小于 0.5 秒

B. 按住 STEP 时间大于 0.5 秒，但是小于 1.0 秒

C. 按住 PROGRAM 时间小于 0.5 秒

D. 按住 PROGRAM 时间大于 0.5 秒，但是小于 1.0 秒

4. SPAJ142C 保护装置 CBFP 代表的意义是？(A)

A. 断路器失灵保护已动作；

B. 断路器失灵保护已启动；

C. 断路器失灵保护启动失败；

D. 断路器失灵保护出口失败。

5. 不属于中间继电器的测量项目是？(C)

A. 动作值；　B. 返回值；　C. 额定电压；　D. 线圈直阻

6.2　判断题

1. 工作开始前，初始条件的检查包括现场检修电源的确认。　(√)

2. 投退保护模块应使用 SGF 开关组。　(√)

3. 中间继电器校验时无需区分正负极。　(×)

4. 如果开关的航空试验插头未连接，开关的传动试验不会受到影响。　(×)

5. 开关位置指示灯不亮，肯定是指示灯故障。　(×)

6.3　简答题

1. 执行保护装置定期检查时发现保护装置不能工作，其原因可能是？

答：可能的原因有：直流控制电源未合闸、直流小空开熔丝故障、安措布置时误拆除相关接线、保护装置故障。

2. 描述 SPAM150C 的保护功能主要有哪些？

答：高定值过流保护单元、热过载保护单元、启动监视单元、相不平衡单元、逆相保护单元、低电流保护单元、无方向接地保护单元、启动时间累加单元。

6.4　实操题

鉴定点：某机械保持变压器二次回路定检

试题 1：中间继电器校验

1. 准备要求

考场准备：

(1) 试题名称：机械保持式熔断器+接触器(F+C)开关柜保护定检

(2) 本题分值：10

(3) 考核时间：10 min

(4) 考核形式：实操

(5) 设备设施准备

序号	名称	规格	单位	数量	备注
1	模拟体		台	1	教学用模拟体一台
2	继保测试仪		套	1	试验工具
3	个人工具包		套	1	试验
4	万用表		台	1	测量信号
5	兆欧表		台	1	绝缘测量
6	线包		套	1	试验接线
7	绝缘扎带		米	若干	绝缘、隔离

考生准备：

(1) 试题名称：中间继电器校验

(2) 本题分值：10

(3) 考核时间：10 min

(4) 考核形式：实操

(5) 工具及其他准备：电工常用工具以及继保测试仪

2. 考核要求

(1) 本题分值：10

(2) 考核时间：10 min

(3) 考核形式：实操

(4) 具体考核要求：中间继电器的外观检查，触点检查，动作特性检查，继电器拆装的大致步骤

(5) 否定项说明：试验电压超过继电器的额定工作电压

3. 配分与评分标准

序号	考核内容	考核要点	配分	评分标准	扣分	得分
1	继电器的拆装	确定继电器检验前的准备工作是否充分。	3	1. 未模拟检查隔离状态扣 2 分。 2. 未对继电器进行编号扣 1 分。		
2	继电器的校验	正确测量继电器动作特性	4	1. 未确认继电器极性扣 2 分。 2. 未进行继电器的触点检查扣 2 分。		
3	继电器回装	继电器的回装方法	3	1. 未按标记回装扣 2 分。 2. 回装后未进行二次验证扣 1 分。		

否定项：试验电压超过继电器的额定工作电压。

评分人：　　年　月　日　　　　　　　　　　核分人：　　年　月　日

试题 2：保护装置校验

1. 准备要求

考场准备：

(1) 试题名称：机械保持式熔断器+接触器(F+C)开关柜保护定检

(2) 本题分值：40

(3) 考核时间：40 min

(4) 考核形式：实操

(5) 设备设施准备

序号	名称	规格	单位	数量	备注
1	模拟体		台	1	教学用模拟体一台
2	继保测试仪		套	1	试验工具
3	个人工具包		套	1	试验
4	万用表		台	1	测量信号
5	兆欧表		台	1	绝缘测量
6	线包		套	1	试验接线
7	绝缘扎带		米	若干	绝缘、隔离

考生准备：

(1) 试题名称：保护装置校验

(2) 本题分值：10

(3) 考核时间：10 min

(4) 考核形式：实操

(5) 工具及其他准备：电工常用工具以及继保测试仪

2. 考核要求

(1) 本题分值:40

(2) 考核时间:40 min

(3) 考核形式:实操

(4) 具体考核要求:保护装置的操作准确,保护定值的核对严谨,保护单元的校验仔细

(5) 否定项说明:未进行保护定值的核对

3. 配分与评分标准

序号	考核内容	考核要点	配分	评分标准	扣分	得分
1	保护装置初上电	保护装置的操作	5	1. 未模拟检查隔离状态扣 3 分。 2. 未确认保护装置状态扣 2 分。		
2	保护定值核对	开工前核对定值	5	操作不熟练扣 2 分。		
3	安措布置	准确的安措布置	3	1. 布置不完全扣 2 分。 2. 未使用绝缘胶带扣 1 分。		
4	试验接线	接线准确	5	接线错误直接扣 5 分。		
5	保护单元校验	校验保护单元	12	1. 不会操作保护装置扣 12 分。 2. 未在试验前分析保护行为,有选择投退保护单元扣 2 分。 3. 试验参数设置不合理扣 2 分。 4. 校验过程中未及时切断试验输出扣 3 分。 5. 试验过程中触发试验仪器异常告警扣 5 分。		
6	保护定值的核对	核对保护定值	10	操作不熟练扣 2 分。		

否定项:1) 未进行开工前和开工后的定值核对。
　　2) 试验过程导致电源短路。

评分人:　　年　月　日　　　　　　　　核分人:　　年　月　日

第十部分　低压三相异步电动机检查维护

第一章　操作准备

1.1　概述

本教材适用于维修领域低压电动机定期维护工作。

1.2　电动机类型

电动机是将电能转变为动能的装置(机器)。按电流类型可分为交流电动机和直流电动机。交流电动机可分为异步电动机(又称感应电动机)、同步电动机两大类。根据电源相数的不同,异步电动机又分为三相异步电动机和单相异步电动机。电动机种类繁多,性能各异,但它们所遵循的电磁规律都是一样的,基本工作原理没有原则上的差别,工作特性也大致相似。因而它们的使用及修理也多有相通之处。只是在使用和修理中要注意到:对于不同类型的电动机的性能要求有所不同,技术指标也不一样。

本章主要介绍低压三相异步电动机,低压三相异步电动机主要用作拖动各种生产机械。和其他电动机比较,具有结构简单、制造容易、价格低廉、运行可靠、维护方便、效率较高等一系列优点。所以,低压三相异步电动机得到广泛的应用。

1.3　三相异步电动机的工作原理

根据电磁学的知识,在旋转磁场里,闭合导体会因发生电磁感应而成为通电导体,进而又受到电磁扭矩作用而顺着磁场旋转方向转动。而三相异步电动机就是将三相交流电通过固定在定子上的对称线圈来产生旋转磁场的。因此,旋转磁场的旋转方向由通入电动机绕组中的三相交流电的相序决定,且与电源 U→V→W 三相一致。只要调换电动机任意两相绕组所接电源相序,旋转磁场即反转。

1.4　三相异步电动机的结构

三相异步电动机的种类很多,但各类三相异步电动机的基本结构式相同的,它们都是由定子(固定部分)和转子(转动部分)这两大基本部分组成,在定子和转子之间有一定的气隙。此外,还有端盖、轴承、风扇和接线盒等其他附件,如图 1-1 所示是三相鼠笼式异步电动机的基本结构。

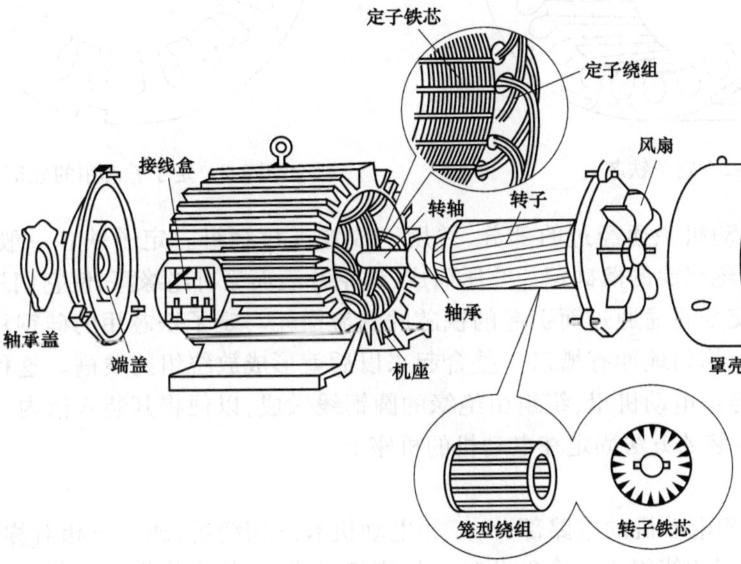

图 1-1　三相鼠笼式异步电动机的基本结构

1.4.1　定子部分

异步电动机的定子是电动机固定不动的部分,它的作用是产生旋转磁场。驱动转子旋转。它由机座、定子铁芯和定子绕组等几部分组成。各种类型的异步电动机定子都基本相同。

(1) 机座

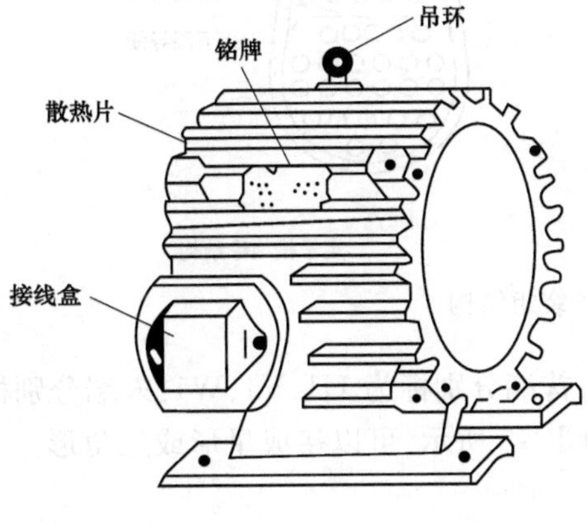

机座的作用是固定和保护定子铁芯、定子绕组,并支撑住端盖、罩壳等,是电动机的主要支架。机座一般是用铸铁铸成,封闭式电动机的机座,外表面带有散热筋,用来增加散热效果。

(2) 定子铁芯

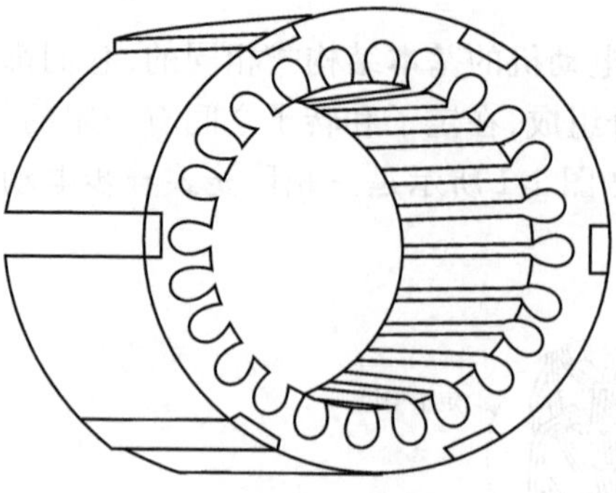

图 1-2 定子铁芯

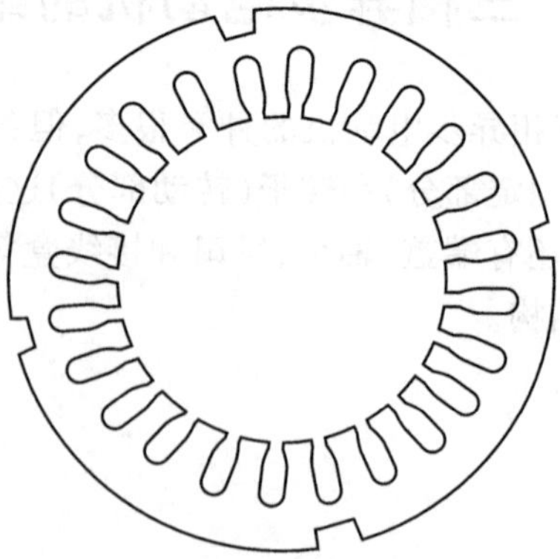

图 1-3 定子铁芯用的硅钢片

定子铁芯是电动机磁通经过的部分,并用于放置三相绕组。定子铁芯一般由 0.35～0.5 mm厚表面涂有绝缘漆的薄硅钢片叠压而成,硅钢片表面涂有绝缘漆,使它们片与片之间绝缘,减少了由于交变磁通通过而引起的铁芯的涡流损耗。定子铁芯用的硅钢片是冲压成圆形的,并在内圆上均匀地冲有槽口。叠合起来以后就形成放绕组的线槽。这种线槽的槽口很小,所以在小容量电动机里,绕组由绝缘的圆铜线做成,以便将其装入槽内。硅钢片叠成的定子铁芯,用压装的方法固定在电动机的机座上。

(3) 定子绕组

定子绕组是三相电动机的电路部分,三相电动机有三相绕组,通入三相对称电流时,就会产生旋转磁场。三相绕组由三个彼此独立的绕组组成,且每个绕组又由若干线圈连接而成。每个绕组即为一相,每个绕组在空间相差 120°电角度。线圈由绝缘铜导线或绝缘铝导线绕制。中、小型三相电动机多采用圆漆包线。

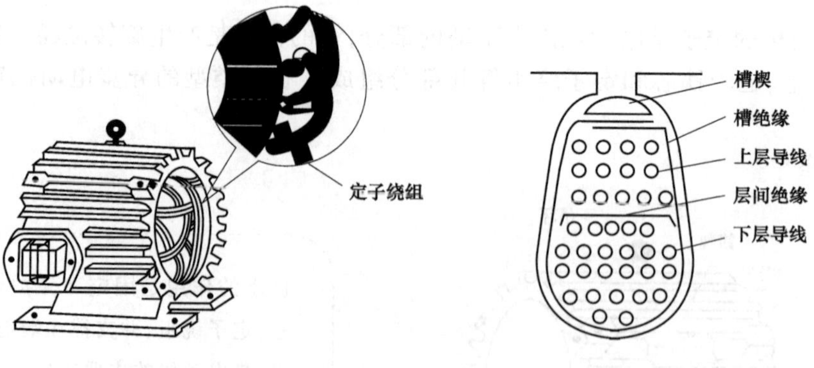

定子绕组　　　定子槽绝缘结构

图 1-4 电动机定子绕组结构

定子三相绕组的六个出线端都引至接线盒上,首端分别标为 U1,V1,W1,末端分别标为 U2,V2,W2。这六个出线端在接线盒里的排列如图 1-5 所示,可以接成星形或三角形。

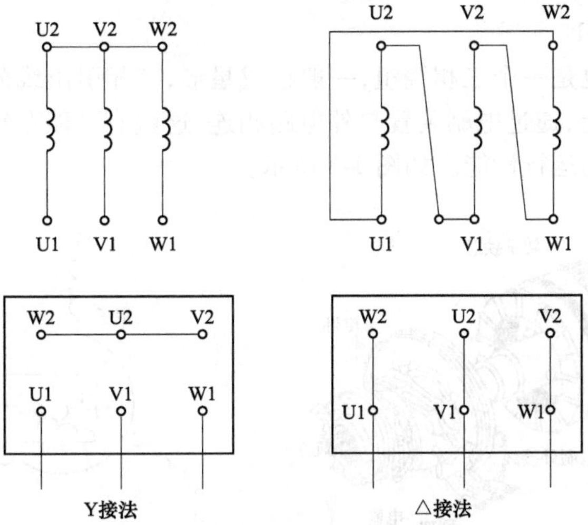

图 1-5 电动机定子绕组接线方式

1.4.2 转子部分

转子是电动机的转动部分,转子主要由转轴、转子铁芯、转子绕组、端盖、风扇等组成。

(1) 转轴:转轴一般用中碳钢制成。

(2) 转子铁芯。

转子铁芯一般由 0.35～0.5 mm 厚表面涂有绝缘漆的薄硅钢片叠压而成,硅钢片表面涂有绝缘漆,使它们片与片之间绝缘,减少了由于交变磁通通过而引起的铁芯的涡流损耗。转子铁芯用的硅钢片是冲压成圆形的,并在外圆上均匀地地冲有槽口。叠合起来以后就形成放绕组的线槽如图 1-7 所示。

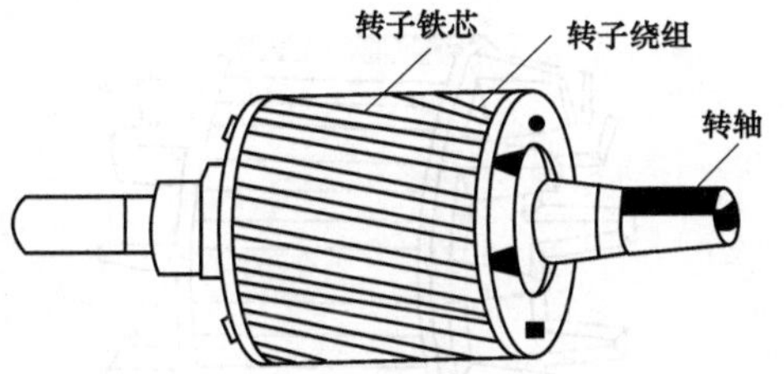

图 1-6 异步电动机转子

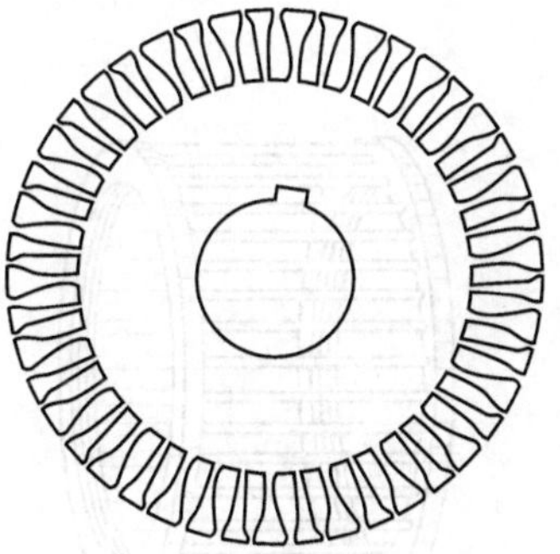

图 1-7 转子铁芯硅钢片

(3) 转子绕组

异步电动机的转子绕组其主要作用是产生感应电动势与电流,并与定子绕组产生的磁场相互作用产生扭矩输出机械功率。异步电动机的转子绕组分为绕线式(如图 1-8 所示)与鼠笼式(如图 1-9、图 1-10 所示)两种,由此分为绕线式转子异步电动机与鼠笼式转子异步电动机。

1）绕线式转子绕组

与定子绕组一样也是一个三相绕组，一般接成星形，三相引出线分别接到转轴上的三个与转轴绝缘的集电环上，通过电刷装置与外电路相连，这就有可能在转子电路中串接电阻或电动势以改善电动机的运行性能。如图 1-8 所示。

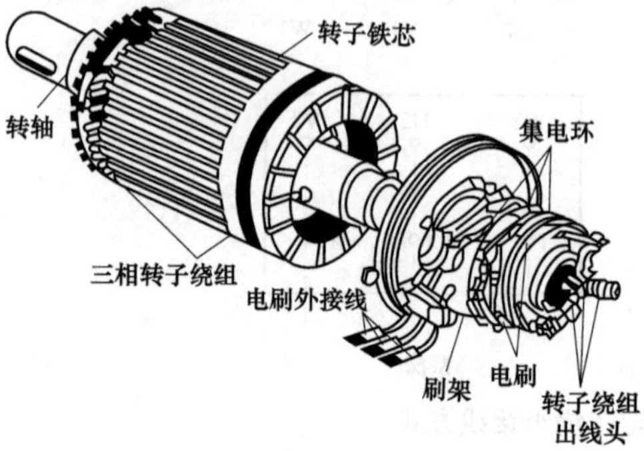

绕线式转子

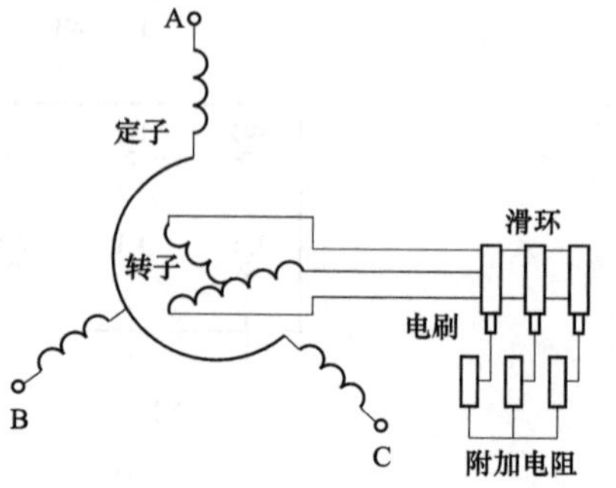

绕组式转子绕组示意图

图 1-8　绕线式转子

2）鼠笼式转子绕组

鼠笼式的转子绕组，是在转子铁芯放绕组的线槽如图 1-8 所示，每一个槽中插入一根铜条，在铜条两端各用一个铜环（称为端环）焊接起来，称为铜排转子，如图 1-9 所示。也可用铸铝的方法，把转子导条和端环风扇叶片用铝液一次浇铸而成，称为铸铝转子，如图 1-10 所示。构成鼠笼式转子绕组。如果单就转子的导体看，其形状好像一个捕鼠的笼子，因此叫作鼠笼式转子。在 100 kW 以下的异步电动机一般采用铸铝转子（转子线槽内的导体，端环以及风扇叶，都用用铝液一次浇铸而成），代替铜条和铜环，这样既提高了劳动生产率，又节省了用铜。

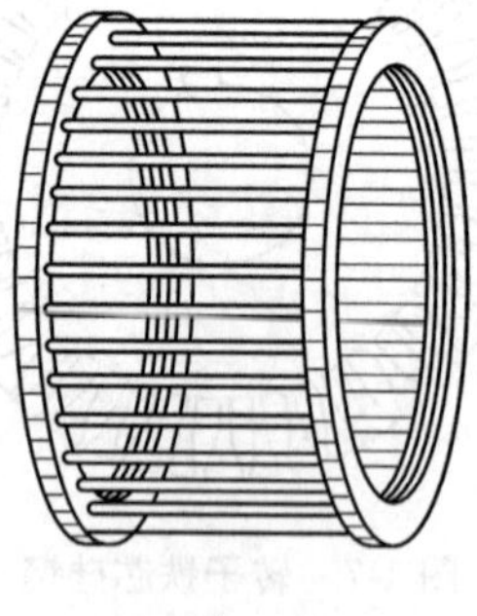

图 1-9　铜排转子

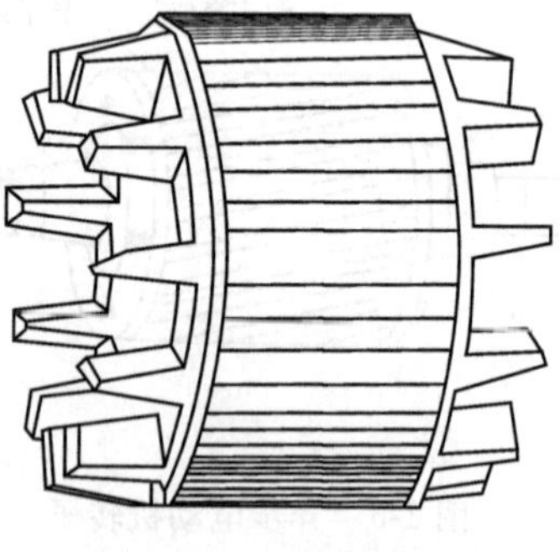

图 1-10　铸铝转子

其他部分，主要包括端盖与风扇。端盖是用来支持转子并保护绕组用的，一般是铸铁铸成，用螺栓固定在机座的两端。端盖部分除了端盖本体之外，还包括前后两套轴承和轴承盖。两套轴承用来支承转轴，转轴和轴承旋转部分在轴承内旋转，可以大大减小摩擦力。小型电动机的轴承一般都是滚珠轴承。轴承盖也是铸铁制成的，用于保护固定轴承并防止润滑油脂外流。风扇用来通风冷却。

三相异步电动机的定子与转子之间的空气隙,一般仅为 0.2～1.5 mm。气隙太大,电动机运行时的功率因数降低;气隙太小,使装配困难,运行不可靠,高次谐波磁场增强,从而使附加损耗增加以及使启动性能变差。

1.4.3 铭牌

在三相异步电动机的外壳上,钉有一块牌子,叫铭牌。铭牌上注明这台三相电动机的主要技术数据,是选择、安装、使用和修理(包括重绕组)三相电动机的重要依据,铭牌的主要内容如(图 1-11、图 1-12)所示。

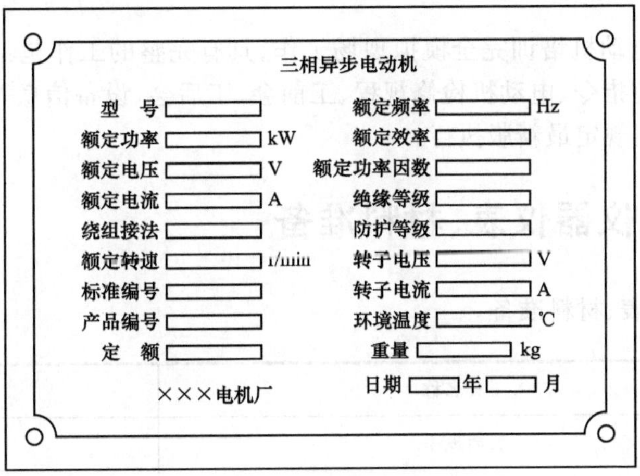

图 1-11 电动机铭牌

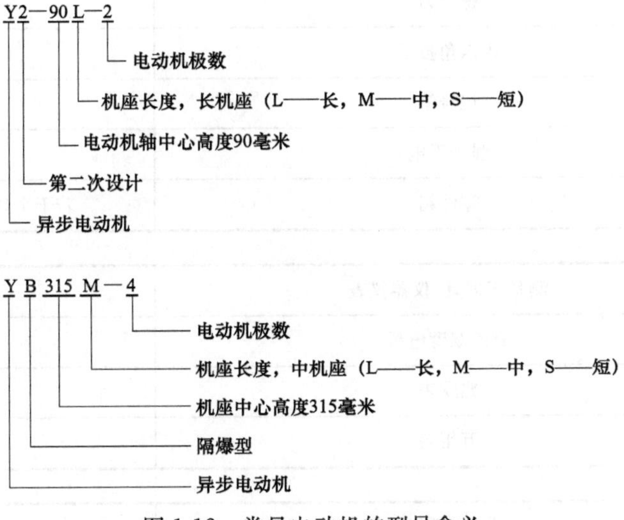

图 1-12 常见电动机的型号含义

额定值:(1) 额定电压 V—运行时,规定加在定子绕组上的线电压。

(2) 额定电流 A—运行时,规定加在定子绕组上的线电流。

(3) 额定功率 W—运行时,电动机的输出功率。

(4) 额定转速 r/min—运行时,电动机的转子转速。

(5) 额定频率 Hz—规定的电源频率。

防护等级:防护等级是指电动机外壳(含接线盒)防护电动机电路部分的能力。在铭牌中以 IPxy 的方式给出。其中 IP 是国际通用的防护等级代码,后面的 x 和 y 分别是一个数字,x 是 0～6 共 7 个数字,代表防固体能力;y 是 0～8 共 9 个数字,代表防液体(一般指水)的能力。数字越大,防护能力越强。

绕组连接方式:△接法或 Y 接法。

1.5 文件准备

低压三相异步电动机培训完全模拟现场工作,具有完整的工作包:工作指令单、质量计划、备件领料单、隔离指令、电动机检修规程、工前会、工后会、设备信息等。工作包内的信息及表格模式均按公司规定最新版执行。

1.6 工器具、仪器仪表、材料准备

工器具、仪器仪表、材料准备。

序号	工具名称	数量
1	套筒扳手	2 套
2	梅花扳手	2 套
3	螺丝刀	1 套
4	内六角扳手	1 套
5	记号笔	2 支
6	强光手电	1 支
7	零件箱	若干个(按现场实际需要)

序号	测量工器具、仪器仪表	数量
1	直流双臂电桥	1 台
2	兆欧表	1 台
3	万用表	1 台

序号	材料(耗材)	数量
1	白布	5 米
2	塑料布	5 米
3	棉纱手套	若干

续表

序号	材料(耗材)	数量
4	毛刷 1 寸	2 把
5	橡胶板	若干(按现场实际需要)

1.7　模拟体准备

培训教室,模拟体处于可用状态。检查模拟体是否有损坏,确保教学过程顺利实施。

1.8　辐射防护准备

培训楼模拟体无辐射风险,教学过程中如需要模拟实施辐射防护,需要说明在现场实施工作中所要采取的防护措施。依据不同的辐射水平,所采取的防护措施也有所不同,具体依照现场环境而定。防护措施一般有以下内容:

1) 穿戴辐射防护用品,如细沙手套、口罩、纸衣等。

2) 进入工作现场,确定周围有无辐射热点、警告标示。

3) 如有必要对现场进行辐射检查。

4) 涉及零部件运出,需办理许可证。

1.9　工业安全准备

根据工业安全规定执行,所有人员穿戴劳动保护用品。具体的工业安全准备根据现场环境而定,但基本的工业安全需要准备。所有人员必须佩戴安全帽、绝缘鞋、工作服、手套等。检修场地使用警示带进行围栏。设备起吊、放置过程中,确保吊带绑扎牢固,防止设备掉落。

1.10　配合人员准备

须有起重资质的人员将电动机吊运到合适的检修场地。

1.11　场地准备

现场铺设带有颜色塑料布用于摆放工器具;铺设橡胶板用于放置检修设备;清理场地,确保检修场地无其他异物;合理分配场地,确保工具、设备的合理分布,方便检修;在场地外围布置警示带。

第二章　操作实施

2.1　操作实施 1　开工条件确认，召开工前会，布置检修场地

开工条件确认，召开工前会，布置检修场地见表 2-1。

表 2-1　开工条件确认，召开工前会，布置检修场地

序号	操作步骤	操作要求	工器具	测评标准	备注
1	召开工前会	1. 工作组全体参加 2. 工作负责人说明：工作内容、工作组成员分工、工作时安全注意事项 3. 工作组成员对工作内容及分工无异议后，签字		按照工前会表格内容要求执行	
2	验证安措、	操作票上的安措与现场相符	自检 他检	操作票上的安措与现场相一致 确认电机动力电源断开，电加热器电源断开，安措已建立 防人因工具使用	
3	现场情况确认	工作现场满足检修工作需要	目视	无妨碍检修现场的情况	
4	检修用工具检查	检查检修工具完好性	自检	完好防人因工具使用	
5	测量仪表检查	检查测量仪表的是否适用、是否在有效期内、是否完好	自检	完好防人因工具使用	
6	现场布置	检修现场设置隔离围栏，地面铺设橡胶垫、并检查电动机外观	目视	完好	
安全风险、辐射风险、异物控制提示：确认设备已经停电		检查维护时做好防尘防潮措施			

2.2　操作实施 2　电动机检查试验

电动机检查试验操作见表 2-2。

表 2-2　电动机检查试验

序号	操作步骤	操作要求	工器具	测评标准	备注
1	电动机外观检查	设备标牌完整性。 检查电动机风罩、风叶、电动机外观的锈蚀情况。 清扫电机表面，检查电动机地脚螺栓应紧固无松动，接地线连接良好。如电机地脚螺栓有明显松动，则需通知机械专业重新对中。 检查机座端盖轴承盖的固定螺钉是否紧固。	自检、他检	电动机设备标牌完整。 电动机表面无锈蚀、油漆无脱落。 检查风扇是否坏损和锈蚀，卡簧是否正常。 检查电动机地脚螺栓紧固无松动，接地线连接良好。 机座端盖轴承盖的固定螺钉紧固。 防人因工具使用。	
2	电动机盘动检查	检查盘动电机，电机转动应灵活无卡涩。	自检、他检	电机转动应灵活无卡涩。 防人因工具使用。	
3	拆除电动机的电源线和接地线	打开电机接线盒，用万用表验电，检查接线端子是否连接紧固，有无发热螺丝松动等现象或电缆热缩状况是否良好。 做好明显标记，电源线可靠短接并包扎处理。 可用手机拍照留下记录。	相色带、短接线自检、他检	用万用表验电。 接线端子连接紧固，无发热螺丝松动等现象。 记号明显，短接并接地、连接可靠。 防人因工具使用。	
4	电动机接线盒检查	清扫接线盒，检查电动机本体引出线老化情况，电动机引出线与电动机外壳接触点是否有磨损现象。	自检、他检	电动机本体引出线无老化、无磨损。 防人因工具使用。	
5	电动机绝缘电阻测量	用 500 V 兆欧表测量三相对地及相间绝缘电阻。	兆欧表三向交流、自检、他检	测量数据记录在案。 绝缘电阻值应不小于 0.5 MΩ。 防人因工具使用	
6	电动机直流电阻测量	用双臂电桥测量电动机定子绕组三相直流电阻。	双臂电桥自检、他检	要求各相绕组的直流电阻值相互差别不应超过最小值的 2%(测量线间直流电阻其差别不应超过 1%) 防人因工具使用	三相绕组的测量数值(最大值−最小值)/最小值×100%
7	电动机手动盘车	手动盘车，判断电动机轴承润滑脂情况，盘车时转子应该转动灵活，无卡涩现象，轴承无明显异音。	自检、他检	应灵活、无卡涩现象 防人因工具使用	电动机手动盘车

2.3　操作实施 3　电动机检查试验后、接线

电动机检查试验后、接线操作见表 2-3。

表 2-3 电动机检查试验后、接线

序号	操作步骤	操作要求	工器具	测评标准	备注
1	电动机接线前检查	电动机接线盒内检查	自检、他检	接线应牢固，线鼻子压紧线芯无断裂，接线处无过热痕迹，螺母垫片不缺失 防人因工具使用	
2	电动机接电源线	紧固所有端子、按原标记接上电动机引线，用力矩扳手检查接线盒内各接头及跨接线的紧固情况，记录螺栓材质、直径及力矩值。用游标卡尺测量接线柱螺杆直径。	扳手、力矩扳手、螺丝刀自检、他检	装上连接片，按原标记接上电动机引线，紧固螺丝 防人因工具使用	力矩值参考，见(图 12)
3	电动机接地线检查	紧固接地线，按螺栓尺寸规定的紧固力矩值，进行紧固。	自检、他检	检查接地线应无断股，线鼻子压紧无氧化现象 防人因工具使用	力矩值参考，见(图 12)
4	电动机回装接线盒	接线盒清扫、检查密封圈、若破损则更换新密封圈。 接线盒回装完毕，需进行绝缘测量，防止回装接线盒时压破电缆绝缘。	扳手、螺丝刀自检、他检	回装接线盒盖：密封圈回装到位，紧固螺丝。 防人因工具使用	接线盒回装后，绝缘测量在开关柜侧进行。
5	电动机清洁	电动机外壳清扫干净。	抹布、擦拭纸自检	清扫干净	
6	完工现场检查	工作负责人检查检修工作已全部结束，检修的电动机设备标牌已恢复，质量合格。	自检、他检	电动机就位，工器具清理，现场垃圾清扫完毕 防人因工具使用	

2.4 实施中需要特别注意的几个关键点

1）在电动机检查维护过程中，对检查时电气试验数据进行对比，如果偏差超值应及时的进行分析研究，查找原因(注意与该设备的历史维修数据比较)。

2）使用前对仪器仪表进行检查，确认无误后使用。

3）拆除电动机电源线前一定要验电，确认电动机已断电。

4）拆除电动机电源线时做好记号，接线前一定要确认无误。

5）电机绕组直流电阻测量：对于 30 kW 及以上的电动机相间直流电阻相互差别不应超过其最小值的 2%，其线间相互差别不应超过其最小值的 1%；30 kW 及以下的电动机，相间直流电阻相互差别不应超过其最小值的 2%，如相间直流电阻相互差别超过其最小值的 2%但不超过其最小值的 5%，要求电动机的三相空载电流中任何一相与三相平均值的偏差应不大于三相平均值的 10%。

6）螺栓材质：① 高强度六角头螺钉和螺栓头上标有 8.8。高强度半圆头螺钉头上标有 12.9，相应的螺母代码 8。

② 不锈钢紧固件在其头上标有 A4-70 或 A4-80。

③ 不标有 8.8 或高强度代码的紧固件可看作为低碳钢紧固件(包括非铁紧固件)。

表 2-4 接线端子电气连接时力矩推荐值

螺栓直径/mm	紧固力矩/N·M	备注
M8	8.8～10.8	1. 对于接线柱直径小于 8 mm 的接线端子,只进行紧固行检查,而不做力矩要求。 2. 对于铜螺栓力矩要求按照钢螺栓力矩值的 50%执行。 3. 对锁紧帽不做力矩要求,紧固即可。 4. 屏蔽防爆电机只进行紧固检查,不做力矩要求
M10	17.7～22.6	
M12	31.4～39.2	
M14	51.0～60.8	
M16	78.5～98.1	

表 2-5 定子绕组绝缘电阻测试记录表

测量部位	阻值/MΩ	标准	结论
U—E		500 V 兆欧表测量定子绕组绝缘电阻,其值不应低于 0.5 MΩ	
V—E			
W—E			

表 2-6 定子绕组直流电阻测试记录表

试验项目		测量值	偏差	结论
Y 型接线(中性点引出)	U 相			
	V 相			
	W 相			
△型接线或中性点未引出	U-V			
	V-W			
	U-W			

表 2-7 使用仪器记录表

	名称	规格型号	编号	有效期
测量仪表				

第三章 故障检查和处理

3.1 常见故障现象和判断方法检查和处理

常见故障现象和判断方法检查和处理见表 3-1。

表 3-1 常见故障现象和判断方法检查和处理

序号	故障现象	判断方法	故障原因分析	故障排除方法
1	电动机绝缘低	兆欧表测量	1. 绕组受潮或被水淋湿 2. 绕组绝缘沾满粉尘、油垢 3. 电动机接线端子损坏,引出线绝缘老化破裂 4. 绕组绝缘老化	1. 进行加热烘干处理 2. 清洗绕组油垢后,烘干处理 3. 更换接线端子,重新包扎引线绝缘 4. 经鉴定后可以继续使用时,可经清洗烘干,重新涂绝缘漆,如绝缘老化不能安全运行时,需更换绕组绝缘

3.2 特殊故障原因分析和故障排除方法

特殊故障原因分析和故障排除方法见表 3-2。

表 3-2 特殊故障原因分析和故障排除方法

序号	故障现象	判断方法	故障原因分析	故障排除方法
1	绕组短路	电桥测量	1. 线路过电压 2. 绕组绝缘老化 3. 绕组绝缘缝隙内堆积杂质过多 4. 遭受机械力、电磁力作用后绝缘受损	1. 调整电压保护值 2. 更换绕组 3. 清洗电动机,烘干浸漆 4. 局部补强或更换绕组

第四章 操作结束

4.1 检修完成后初步验证

电动机检查完成后,手动盘转电动机转子,查看是否有卡涩、刮擦等现象。

4.2 总结培训过程

电动机检查时首先要拆除电动机的电源线,接线盒回装完毕,需进行绝缘测量,防止回装接线盒时压破电缆绝缘。按检修规程对电动机进行检查维护。

4.3 评判

学员对检查维护过程进行阐述,并说明其中的关键点及其注意事项。教员对学员的阐述进行简要记录,根据阐述评判学员掌握的情况。其中对电动机的检查维护步骤需要完整的阐述。教员指出学员阐述过程中的错误以及需要注意的事项,并且依据评判表,对学员的学习情况做出整体的评判。

4.4 清理现场

工作结束后,做到工完料尽场地清,对检修后的物资设备进行分类。工具整理并与工具清单进行对比确保工具无缺失,并检查工具的可用性,记录损坏情况并汇报。对更换的领料物资与领料单进行核实,确保所有可更换的物资已更换。更换下来的设备零部件进行后续处理,修复或者报废。清理工作过程中的耗材,进行分类处理,放置到相应的塑料袋中。清理现场。

4.5 工后会

工后会是对整个工作的过程的回顾以及必要的经验反馈。

回顾工作过程:工作票已经归还,场地已经清理,设备表牌完好,对检修任务进行评价,是否达到预期的目的,仪器仪表已经归还。

工作后的经验反馈是对以后同类型的工作的经验积累,以提高工作检修技能,能够更好地完成检修工作,其主要有以下内容:

1) 工作是否安排合理

2) 工作班成员是否配备充足

3）工作文件的合理性
4）工作人员的检修技能是否满足要求
5）规程、图纸是否要升版
6）检修过程中的异常
7）工作的经验反馈
8）协调事项

第五章　经验反馈

5.1　某电厂 2 号机组主控室空调系统碘过滤器回路风机动力电源接线错误导致碘过滤器回路不可用

1. 事件描述

2016 年 8 月 23 日，某电厂 2 号机组工作人员执行 DVC 系统碘吸附器性能试验，启动风机 2DVC001/002ZV 时发现 DVC 碘过滤器回路每台风机风量在 200～400 m^3/h 之间，没有达到系统手册要求的单台风机额定风量 900 m^3/h 和《运行技术规范解释》要求的两台风机同时运行时碘过滤器的风量约 1 200 m^3/h 的要求。检修人员发现 2DVC001/002ZV 动力电源相序错误导致风机反转，造成 DVC 系统碘过滤器回路不可用。

2. 经验教训

1) 检修人员在进行拆接线时是否按照程序要求做好标识和记录？

2) 当接线恢复时，检修人员是否严格执行检修工艺？是否使用了自检、他检等防人因失误工具？

5.2　堆腔混凝土冷却风机电机(2-7311-FM53)匝间短路导致线间直流电阻超标

1. 事件描述

2018 年 6 月 25 日，主控室出现 2-7311-FM53 R/B VENT MTRFAIL CI52 报警，检查发现 3 号堆腔混凝土冷却风机电机 2-7311-FM53 电源 2-5433-MCC13-6RE 间隔接地继电器动作，开关跳闸，切换运行 4 号堆腔混凝土风机 2-7311-F54。2018 年 10 月 4 日 DT201 小修期间对 2-7311-FM53 电机执行解体检查，解体检查发现电机驱动端定子绕组匝间短路，三相电流不平衡导致接地保护动作跳闸。

2. 经验教训

A 侧堆腔混凝土风机 F53 的运行条件较其他电机恶劣，长期运行后电机温升虽在范围内，但较其他端面风机高，电机绕组绝缘老化。

5.3　主控室空调系统碘过滤器回路风机动力电源接线错误导致碘过滤器回路不可用事件

1. 事件描述

8 月 23 日中班安排进行 2DVC 系统碘过滤器性能试验，主控在启动 2DVC001ZV 后，技术支持测量下游风量只有 200～300 m^3/h，风机出口逆止阀未能顶至全开位，碘回路电加热器未连锁启动；后切换至 2DVC002ZV，出口逆止阀能够顶至全开，碘回路电加热器连锁启动，但技术支持下游所测风量也仅有 400 m^3/h 左右，且不久后电加热器就因风量过小产生高高温报警而跳闸。当班值再次核实碘回路在线及对新风口进行检查，未发现在线错误及新风口堵塞问题，尝试将新风口 1 切换至新风口 2，重新启动 2DVC001/002ZV，发现两者出口的逆止阀均不能顶至全开。主控立即停运 2DVC001/002ZV。后经电气专业现场检查确认，因 2DVC001/002ZV 电机接线接反而导致上述异常。

2. 经验教训

1）检修人员在进行拆接线时是否按照程序要求做好标识和记录？

2）当接线恢复时，检修人员是否严格执行检修工艺？是否使用了自检、他检等防人因失误工具？

5.4 3DVE010MO 电机预防性维修工作误测量 3DVE006MO 电机直流电阻导致其负荷上游抽屉内保护熔丝熔断

1. 事件描述

2017 年 1 月 2 日，维修人员进行 3DVE010MO 电动机预防性维修工作，在 3DVE010MO 电机上游盘柜处进行定子绕组直流电阻测量时，测量人员误测量相邻 3DVE006MO 电动机直流电阻（此时 3DVE006MO 电机处于运行状态），导致其负荷上游抽屉内保护熔丝熔断，3DVE006MO 电机停运。

2. 经验教训

1）维修人员在进行 3DVE010MO 电机预防性维修工作中，误测量 3DVE006MO 电动机直流电阻，导致其负荷上游抽屉内保护熔丝熔断；

2）维修人员监护不到位。

5.5 定子冷却水泵电机的引线烧断

1. 事件描述

2016 年 10 月 29 日，主控瞬时出现 CI2684：4124PS5305SCP OUTLET PRESS.LOW；（瞬态出现定子冷却水泵出口压力低，触发 PS5 压力开关瞬态动作）。同时出现 CI1613：5434-BUG 400 V CL4 CCT BRKR TRIP（小车开关 RMS610 上面出现 LDT（长延时脱扣）报警信息）。现场检查 1 号定子冷却水泵 2-41240-P5341 异常跳泵。进一步检查发现：

1）故障电动机内部六根引线，有四根引线都存在严重的过热现象，其中 A 相 W1 电动线圈引线烧融断开，导致电动机缺相运行。

2）定冷泵电机小车开关的 RM610 模块在电动机缺相运行情况下，长时间延时（LDT-Long Delay Trip）动作，因此，1 号定子冷却水泵异常跳泵。

3）缺陷发生后，对电机接线盒进行检查，发现引线处发生过热现象，且导致 A 相引线烧断。同时确认，A 相引线的锁紧螺母没有安装到位，有松动的情况发生。就地打开电机接线盒,检查发现电机两根引线烧断,接线板及接线盒盖有灼伤痕迹,测量电机带电缆对地绝缘电阻 550 MΩ,满足绝缘电阻应大于 1 MΩ 标准要求;测量定子绕组直流电阻:U1U2:0.078 87 Ω、W1W2:0.079 12 Ω、V1V2:0.078 75 Ω,绕组直流电阻不平衡度 0.46%,满足定子绕组相间直流电阻其差别不超过最小值 2%的标准要求;经过检查,可以确认电机本体没有故障,发现电机 A 相内部引线过热断裂,导致电动机缺相运行并致 B、C 两相电流剧增;RMS610 监测电流偏大,致长延时动作,电动机停止工作。因此可以确认本次事件不是电机本体故障导致。

4) 电机引线过热烧断的可能的原因有四种。

① 引线线径设计不合理:通过核实电机功率和实际引线线径,确认不存在线径不合适导致过热的可能,此原因可以排除;

但是事后查看,在电机引线裸露部位,发现电机引线存在一部分断股引线存在,在断线部位未发现熔融痕迹,本次事件之前就可能存在引线断股情况,这样就会降低导线的有效截面积,导致引线实际载流能力降低,可能进而引起发热烧毁。

② 电机本体故障:事件发生后,通过工单 324660 完成检查确认电机本体相关参数正常,电机本体没有发生故障,此原因可以排除;

③ 电机过载:通过电机长期运行及运行电流监测跟踪,系统运行期间不存在电机过载的现象。

④ 引线连接处接触电阻过大:主要有两种可能,一是接线柱和连接件腐蚀导致连接部位过热,故障发生后打开接线盒后没有发现有腐蚀现象,不是本次事件的直接原因;二是安装不到位导致接线柱和连接件处接触电阻过大,在打开接线盒进行检查时,发现A相引线的锁紧螺母没有安装到位,有松动的情况发生,这个情况直接导致引线连接处接触电阻过大,电机运行时由于电流的存在,将导致引线处局部发热过热,导致引线烧断,是本次事件的直接原因。

5) 本次引线烧断导致故障的电机是 208 大修期间,原先正常运行的电动机 2-41240-PM5341 解体检修后不能通过维修后试验,发出工单 316902 使用当前烧毁的库存备用电动机进行了更换。这个电机属于预防性工作后试验不合格,处理措施应该需要通过 QDR 手续评估审批,但是维修人员,没有走 QDR 流程就直接更换,维修行为的决策控制流程失效;另外,该电机是属于 SPV 设备,工单 316902 由承包商完成评估,评估操作步骤简单,未要求工作负责人引用相关检修规程,无法控制电机更换过程中工艺要求,维修行为的实施流程管控失效。维修管理控制流程失效是本次事件的根本原因。

6) 经过核实,目前场内没有针对定子冷却水泵电机解体检修或者整体更换的专用维修规程,而是利用《98-92310-MP-1033 A 低压三相通用电机解体大修规程》来指导实施定子冷却水泵电机的相关预防性维修工作,通用规程中对电机引线恢复有步骤要求,只有定性的检查标准,没有定量的检查标准。208 大修期间更换电机工单 316902 也没有使用相应的维修规程,因此电机引线恢复过程是靠操作人员在现场掌控,无法确认是否恢复后接线是否到位,接触电阻是否满足要求。现场实际发现 A 相引线的锁紧螺母没有安装到位,有松动的情况发生,导致电机引线及连接件处出现接触电阻过大的情况,说明程序不足是本次事件的促成原因。

2. 经验教训

维修工作中未使用维修规程。

第六章　习　题

6.1　选择题(每题 4 分)

1. 鼠笼式异步电动机的转子绕组(　　)。(A)

A. 是一个闭合的多相对称绕组　　B. 是一个闭合的单相绕组

C. 经滑环与电刷外接调速电阻而闭合　　D. 经滑环与电刷外接起动电阻而闭合

2. 异步电动机转子速度(　　)定子磁场的速度。(B)

A. 相等　　B. 低于　　C. 高于　　D. 有时高于,有时低于

3. 运行中的 380 V 交流电动机对地绝缘电阻应大于(　　)MΩ方可使用。(D)

A. 3　　B. 2　　C. 1　　D. 0.5

4. 当异步电动机的负载超重时,其起动转矩(　　)。(D)

A. 愈大　　B. 愈小　　C. 变化　　D. 与负载轻重无关

6.2　判断题(每题 4 分)

1. 通过调换任意两相电枢绕组电源线的方法,即可以改变三相鼠笼式电动机的转向。(√)

2. 鼠笼式电动机在正常情况下允许启动的次数是两次,每次间隔时间不小于 5 min。(√)

3. 三相异步电动机负载和空载下起动,其起动电流大小相等。(√)

4. 额定电压使指线电压。(√)

5. 三相异步电动机转子只有鼠笼式一种结构形式。(×)

6. 鼠笼式电动机在正常情况下允许启动的次数无限制,每次间隔时间不小于 5 min。(×)

7. 电动机检查时首先要拆除电动机的电源线,接线盒回装完毕,需进行绝缘测量,防止回装接线盒时压破电缆绝缘。(√)

8. 电动机三相绕组的直流电阻测量,要求各相绕组的直流电阻值相互差别不应超过最小值的 2%(测量线间直流电阻其差别不应超过 1%)。(√)

9. 三相异步电动机的种类很多,但各类三相异步电动机的基本结构式相同的,它们都是由定子(固定部分)和转子(转动部分)这两大基本部分组成,在定子和转子之间有一定的气隙。此外,还有端盖、轴承、风扇和接线盒等其他附件。(√)

10. 不标有 8.8 或高强度代码的紧固件可看作为低碳钢紧固件(包括非铁紧固件)。(√)

6.3　简答题(每题 10 分)

1. 三相异步电动机的转子有哪些类型?

答:三相异步电动机的转子可分为鼠笼式和绕线式两种类型

2. 简述异步电动机工作原理?

答:当电枢(定子)绕组通入三相对称交流电流时,便产生了旋转磁场,闭合的转子绕组与旋转磁场存在相对运动,切割电枢磁场而感应电动势产生电流,转子电流的有功分量与电枢磁场相互作用形成电磁转矩,推动转子沿旋转磁场相同的方向转动。

3. 电动机不能转动的原因主要有哪些方面?

答:电动机不能转动的原因主要有四个方面。

1) 电源方面:电源未投入正常位置、电源缺相等。

2) 起动设备方面:起动负载过大等。

3) 机械故障方面:电动机本体轴承损坏、负载转动部分损坏等

4) 电动机本身的电气故障:电动机绕组匝间短路等。

4. 异步电动机在何种情况下发热最严重?

答:当转子卡住(堵转)时最严重。因为处于堵转状态下的异步电动机,要长时间经受5～7 倍额定电流的作用。再加上由于不能通风冷却,致使电动机急剧发热,温度迅速上升。

6.4　实操题

6.4.1　鉴定点:低压三相异步电动机结构认知

试题 1:辨别低压三相异步电动机各部件名称

1. 准备要求

考场准备:

(1) 试题名称:电机各部件名称

(2) 本题分值:20

(3) 考核时间:40 min

(4) 考核形式:实操

(5) 设备设施准备

序号	名称	规格	单位	数量	备注
1	模拟体		台	1	教学用模拟体一台,
2	工具、吊带等		套	1	解体用工具、电气试验仪器仪表

考生准备:

(1) 试题名称:辨别低压三相异步电动机各部件名称

(2) 本题分值:20

(3) 考核时间:40 min
(4) 考核形式:实操
(5) 工具及其他准备:无
2. 考核要求
(1) 本题分值:20
(2) 考核时间:40 min
(3) 考核形式:实操
(4) 具体考核要求:根据低压三相异步电动机实物,能说出电动机各零部件名称及功能
(5) 否定项说明:无
3. 配分与评分标准

序号	考核内容	考核要点	评分标准	配分	扣分	得分
1	电机实物讲解	能说出电机定子、转子、定子绕组、等部件名称	未能说出指定部件扣 2 分。	10		
2	能分辨直流电机与三相异步电机的差别	了解三相异步电机的用途	1. 不能说出类型扣 2 分。 2. 不能说出三相异步电机用途扣 2 分。	10		

否定项:1. 不了解电机的工作原理
2. 无法分辨电机部件

评分人:　　年　月　日　　　　核分人:　　年　月　日

6.4.2 实操试题:低压三相异步电动机绝缘测量

鉴定点:低压三相异步电动机绝缘测量

试题 1:低压三相异步电机绝缘测量

1. 准备要求
考场准备:
(1) 试题名称:低压三相异步电机绝缘测量
(2) 本题分值:20
(3) 考核时间:30 min
(4) 考核形式:实操
(5) 设备设施准备

序号	名称	规格	单位	数量	备注
1	模拟体		台	1	教学用模拟体一台,
2	常用工具		套	1	电气试验仪器仪表

考生准备:
(1) 试题名称:低压三相异步电动机绝缘测量

(2) 本题分值:100

(3) 考核时间:40 min

(4) 考核形式:实操

(5) 工具及其他准备:无

2. 考核要求

(1) 本题分值:20

(2) 考核时间:40 min

(3) 考核形式:实操

(4) 具体考核要求:根据低压三相异步电动机实物,进行电动机绝缘测量并正确读数及记录

(5) 否定项说明:无

3. 配分与评分标准

序号	考核内容	考核要求	评分标准	配分	扣分	得分
1	工作准备	劳保用品穿戴齐全	穿戴不齐不得分	2		
		工具齐全,符合考题要求	漏一件扣 1 分 选错一件扣 2 分,扣完为止	4		
2	兆欧表的作用	说明兆欧表的作用	不能说明用途,不得分	20		
3	操作步骤及方法	选择正确的测量档位	不会选用,扣 25 分	25		
		选择正确的测量点	不会使用,扣 20	10		
		正确的操作步骤	不会使用,扣 10 分	15		
		正确读数	读数不清不正确,扣 20 分	20		
4	操作结束	操作完收回工具、用具	少收回 1 件扣 1 分,扣完为止	4		
备注						

评分人:　　　年　　月　　日　　　　　　　　　　核分人:　　　年　　月　　日

6.4.3　实操试题:低压三相异步电机直阻测量

鉴定点:低压三相异步电机直阻测量

试题 1:低压三相异步电动机直阻测量

1. 准备要求

考场准备:

(1) 试题名称:低压三相异步电动机绝缘测量

(2) 本题分值:20

(3) 考核时间:30 min

(4) 考核形式:实操

(5) 设备设施准备

序号	名称	规格	单位	数量	备注
1	模拟体		台	1	教学用模拟体一台
2	常用工具		套	1	电气试验仪器仪表

考生准备:

(1) 试题名称:低压三相异步电动机直阻测量

(2) 本题分值:100

(3) 考核时间:40 min

(4) 考核形式:实操

(5) 工具及其他准备:无

2. 考核要求

(1) 本题分值:20

(2) 考核时间:40 min

(3) 考核形式:实操

(4) 具体考核要求:根据低压三相异步电动机实物,进行电动机直阻测量并正确读数及记录

(5) 否定项说明:无

3. 配分与评分标准

序号	考核内容	考核要求	评分标准	配分	扣分	得分
1	工作准备	劳保用品穿戴齐全	穿戴不齐不得分	2		
		工具齐全,符合考题要求	漏一件扣 1 分 选错一件扣 2 分,扣完为止	4		
2	电桥的作用	说明测量电桥的作用	不能说明用途,不得分	20		
3	操作步骤及方法	选择正确的测量档位	不会选用,扣 25 分	25		
		选择正确的测量点	不会使用,扣 20	10		
		正确的操作步骤	不会使用,扣10 分	15		
		正确读数	读数不清不正确,扣 20 分	20		
4	操作结束	操作完收回工具、用具	少收回 1 件扣 1 分,扣完为止	4		
备注						

评分人: 年 月 日　　　　核分人: 年 月 日